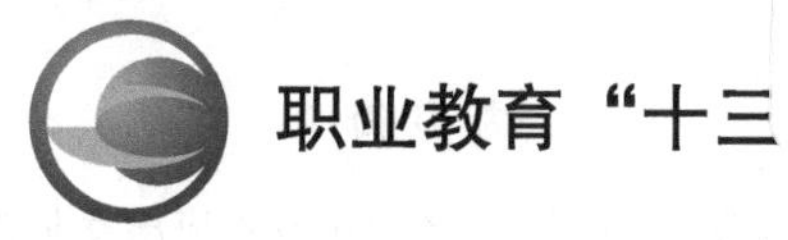

机床电气线路安装调试与故障排除

张立梅　滕少锋　张振华　主　编
刘敬慧　程世敏　杨立明　副主编

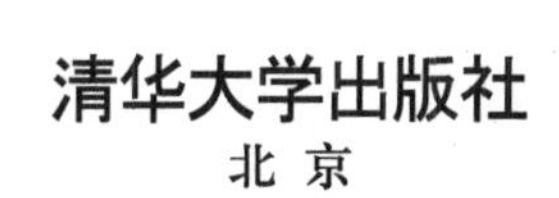

内容简介

本书依据教育部2014年颁布的《中等职业学校机电技术应用专业教学标准》，并参照相关的国家职业技能标准编写而成。

本书主要内容包括三相异步电动机单向旋转控制电路的安装与调试，三相异步电动机顺序起停控制电路的安装与调试，三相异步电动机Y-△降压起动控制电路的安装与调试，三相异步电动机正反转控制电路的安装与调试，三相异步电动机制动控制电路的安装与调试，CA6140型普通车床控制电路的安装、调试与故障排除，M7130型平面磨床控制电路的安装、调试与故障排除，X62W型万能铣床控制电路的安装、调试与故障排除。

本书可作为中等职业学校机电类、电气类相关专业的教材，也可作为岗位培训用书。

图书在版编目(CIP)数据

机床电气线路安装调试与故障排除/张立梅，滕少锋，张振华主编. —北京：清华大学出版社，2018(2025.2重印)
(职业教育"十三五"改革创新规划教材)
ISBN 978-7-302-46999-5

Ⅰ. ①机… Ⅱ. ①张… ②滕… ③张… Ⅲ. ①机床－电气设备－设备安装－中等专业学校－教材 ②机床－电气设备－故障修复－中等专业学校－教材 Ⅳ. ①TG502.34

中国版本图书馆CIP数据核字(2017)第101555号

责任编辑：孟毅新
封面设计：张京京
责任校对：袁　芳
责任印制：沈　露

出版发行：清华大学出版社
网　　址：https://www.tup.com.cn，https://www.wqxuetang.com
地　　址：北京清华大学学研大厦A座　　**邮　　编**：100084
社 总 机：010-83470000　　**邮　　购**：010-62786544
投稿与读者服务：010-62776969，c-service@tup.tsinghua.edu.cn
质量反馈：010-62772015，zhiliang@tup.tsinghua.edu.cn
印 装 者：三河市龙大印装有限公司
经　　销：全国新华书店
开　　本：185mm×260mm　　**印　　张**：15.5　　**字　　数**：353千字
版　　次：2018年7月第1版　　**印　　次**：2025年2月第4次印刷
定　　价：44.00元

产品编号：073785-01

FOREWORD

前言

本书依据教育部2014年颁布的《中等职业学校机电技术应用专业教学标准》,并参照相关的国家职业技能标准编写而成。通过本书的学习,读者可以掌握机床电气控制系统中常用低压电器的工作原理及使用方法,掌握机床电气线路安装、调试与排除故障的基础知识与基本技能。在本书的编写过程中,我们吸收企业技术人员参与,使本书内容紧密结合工作岗位,与职业岗位对接。书中选取的案例贴近生活、贴近生产实际。

在编写本书时,我们努力贯彻教学改革的有关精神,严格依据教学标准的要求。本书具有以下特色。

1. 突出实用性和指导性

(1)"机床电气线路安装调试与故障排除"是机电类、电气类专业的重要技能课程,本书内容紧扣专业课程内容和国家职业技能鉴定标准,定位科学、合理、准确,以"必需、够用"为原则,降低理论知识点的难度,突出实践技能的培养;从专业特点和需要出发,注重理论与实践结合,既突出学生职业技能的培养,又保证学生掌握必备的基本理论知识,使学生既能有操作技能,又懂得基本的操作原理知识,从而达到"懂原理、会装接、能维修"的学习目标。

(2)本书内容主要围绕机床电气设备安装、调试与故障排除进行选取,书中的相关知识和基本技能符合国家关于维修电工初级工、中级工职业技能鉴定的考核要求,兼顾工业现场的实际需要以及学生参加职业技能鉴定时须具备的实践技能。书中的每个项目均根据我国职业学校技能训练的实际情况编写,实用性强;书中设计的"知识链接"内容有利于学生专业知识的掌握和实践技能的培养与提高。

(3)本书内容通俗易懂、指导性强,不仅可供中等职业学校机电类、电气类专业或相近专业学生的全日制学习使用,也可作为社会和企业专业技术人员的专业技能培训参考用书。

2. 强调专业性和实践技能

(1)本书结合专业特点和岗位需求,注重理论与实践相结合,以学以致用为目标,使学生通过对常用低压电器的学习，理解低压电器的分类和选用方法，掌握低压电器的工作原理；通过对机床电气控制线路的学习，理解机床电气控制线路的工作原理，掌握机床电气控制线路的布线和综合调试方法，具备排除线路一般故障的能力，将电工技能从掌握电气控制线路工作原理、布线、安装调试、故障排除等综合应用能力上体现出来。

(2) 本书作为理实一体化教材，在编写中采用项目式结构，项目下设置任务。鉴于专业技能课程的特点，本书在实践训练项目上安排的学时比较充裕。在教学进程的安排上，教师可根据因材施教的原则，适当调整教学项目的学习顺序和要求，授课时也可根据任务内容的多少和学生的具体情况安排相应的课时和教学要求。

(3) 书中设置类型多样的思考与练习，降低难度，突出针对性和实用性，改变单一的"考学生"的教学观念，立足加强学生对知识点和基本技能的理解和掌握，树立引导、服务和帮助学生掌握知识的新理念，培养创新能力和自学能力。

3. 重视职业素养和探索精神

在课程学习和实践教学活动中注重渗透爱国主义教育、职业道德教育、环境保护教育、安全生产教育及创业教育，注重培养学生的探索精神、创新意识。

本书包括 8 个项目，建议学时为 116 学时，具体学时分配见下表。

项　目	项 目 名 称	建议学时
项目 1	三相异步电动机单向旋转控制电路的安装与调试	20
项目 2	三相异步电动机顺序起停控制电路的安装与调试	10
项目 3	三相异步电动机Y-△降压起动控制电路的安装与调试	12
项目 4	三相异步电动机正反转控制电路的安装与调试	18
项目 5	三相异步电动机制动控制电路的安装与调试	6
项目 6	CA6140 型普通车床控制电路的安装、调试与故障排除	18
项目 7	M7130 型平面磨床控制电路的安装、调试与故障排除	16
项目 8	X62W 型万能铣床控制电路的安装、调试与故障排除	16
合　计		116

本书由长春市机械工业学校张立梅、滕少锋、张振华担任主编，刘敬慧、程世敏、杨立明担任副主编。参加编写工作的还有长春市机械工业学校的高锋、沈莲莹、刘徽、张帅、张磊、杨静、祖玉、戚美月、王子成、朱云福、郭聿荃、温立英，十堰职业技术学校的张英。

本书在编写过程中参考了大量的文献资料，在此向文献资料的作者致以诚挚的谢意。由于编者水平有限，书中难免有不足之处，恳请广大读者批评、指正。

编　者

2017 年 11 月

CONTENTS

目录

项目 1

三相异步电动机单向旋转控制电路的安装与调试

在工农业生产中，大量使用各种各样的生产机械，这些生产机械的工作机构是通过电动机进行拖动的，如车床、磨床、铣床、钻床等。生产机械中的一些部件的运动，需要原动机进行拖动，通常使用电动机拖动生产机械的工作机构使之运转，这种工作方式称为电力拖动。

三相异步电动机具有结构简单、工作可靠、价格低廉、维护方便、效率较高、体积小、质量轻等一系列优点。在电力拖动生产设备中，三相异步电动机是所有电动机中应用最广泛的一种原动机。

在很多生产机械中，对工作机构运动方向的要求始终是一致的，因此要求电动机的转动方向要保持不变，这种控制方式称为单向旋转控制。本项目将学习三相异步电动机单向旋转直接起动控制电路、三相异步电动机单向旋转点动与连续控制电路安装与调试。

项目目标

了解刀开关、熔断器、低压断路器、按钮、交流接触器、热继电器的结构，理解它们的工作原理；理解三相异步电动机单向旋转直接控制电路工作原理，理解三相异步电动机单向旋转点动与连续控制电路工作原理；掌握自锁、欠电压保护、失电压保护、过载保护、短路保护的概念。

学会识别、选择、安装、使用刀开关、熔断器、低压断路器、按钮、交流接触器、热继电器；能阅读三相异步电动机单向旋转直接控制电路图、三相异步电动机单向旋转点动与连续控制电路图，对三相异步电动机单向旋转直接控制电路、三相异步电动机单向旋转点动与连续控制电路进行安装与调试，并进行电路一般故障排除。

任务 1.1　三相异步电动机直接起动控制电路的安装与调试

任务引入

电动机接通电源后由静止状态逐渐加速到稳定运行状态的过程称为电动机的起动。若将额定电压直接加到电动机的定子绕组上，使电动机起动旋转，称为直接起动或全压起动。

小容量电动机在起动时可以直接起动。

任务分析

通常小容量电动机可以直接起动，一般要求直接起动的电动机电路通常采用图 1-1 所示的控制方式。本工作任务将完成三相异步电动机单向旋转手动控制直接起动电路的安装与调试，并学习其工作原理。

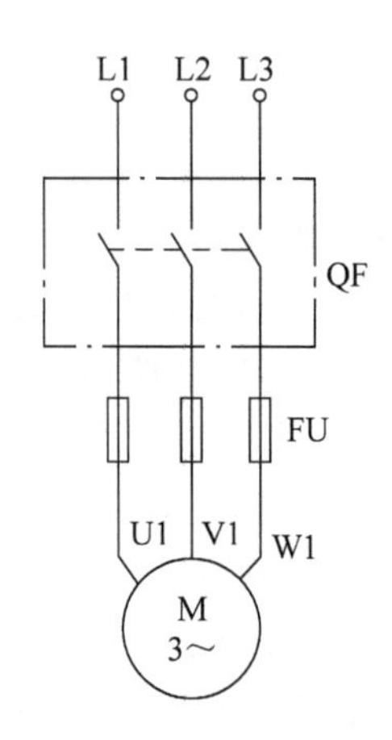

图 1-1　三相异步电动机直接起动控制电路原理图

一、电路构成

电路由低压断路器（自动空气开关）、熔断器、三相异步电动机和连接导线组成。

元器件作用如下。

(1) 低压断路器 QF：电源控制开关。

(2) 熔断器 FU：短路保护。

(3) 导线：连接电路。

(4) 电动机：电路负载。

二、工作原理分析

1. 电动机起动

合上电源控制开关 QF，三相交流电动机 M 得电起动旋转。

2. 电动机停转

断开电源控制开关 QF，三相异步电动机 M 失电停转。

3. 电路的保护

低压断路器 QF 可以进行短路保护和过载保护。

知识链接 1　元器件的认识、安装与使用

电器就是根据外界特定信号自动或手动接通、断开电路，实现对电路或非电对象的控

制，调节、控制和保护电路与设备的电工器具和装置。

一、电器的分类

电器的用途广泛，种类繁多。按照不同的分类原则可以分成以下几大类别。

1. 按照工作原理分

(1) 电磁式电器。电量控制的电器为电磁式电器，是根据电磁感应原理进行工作的电器。

(2) 非电量控制电器。其工作是靠外力或某种非电物理量的变化而动作的电器。

2. 按照动作原理分

(1) 手动电器。手动电器是在人工直接操作下完成指令任务的电器。

(2) 自动电器。自动电器不需要人工直接操作，是按照电信号或非电信号自动完成指令任务的电器。

3. 按照工作电压等级分

(1) 低压电器。低压电器是指工作在交流频率为50Hz或60Hz、额定电压1200V以下，或直流额定电压1500V以下电路中的电器。

(2) 高压电器。高压电器是指工作在交流频率为50Hz或60Hz、额定电压1200V以上，或直流额定电压1500V以上电路中的电器。

4. 按照用途分

(1) 控制电器。控制电器是用于各种控制电路和控制系统的电器。

(2) 保护电器。保护电器是用于保护电路及用电设备的电器。

(3) 配电电器。配电电器是用于电能输送和分配的电器。

(4) 执行电器。执行电器是应用于完成某种动作或传动功能的电器。

(5) 主令电器。主令电器是用于自动控制系统中发送控制指令的电器。

5. 按执行机能分

(1) 有触点电器。有触点电器是指利用触点的接触和分离对电路进行接通或断开的电器。

(2) 无触点电器。无触点电器是指利用电子电路发出的信号对电路进行接通和断开的电器。

有触点的电磁式继电器在电气自动控制电路中使用最为广泛，其类型很多，各类电磁式继电器的工作原理和构造基本相同。电磁式继电器大多由两个主要部分组成，即感测部分和执行部分。感测部分在自动切换电路中由电磁机构组成，在手动切换电路中常为操作手柄；执行部分包括触点片与灭弧装置。

二、刀开关

刀开关是一种配电电器，用于隔离电源，或在规定的条件下接通、断开电路以及换接正常或非正常的电路。

刀开关又称闸刀开关，是结构最简单、应用最广泛的一种手控电器，一般由操作手柄、刀片、触点座和底板组成。

刀开关的主要类型有大电流刀开关、负荷开关、熔断器式刀开关。常用的产品有HD11-HD14和HS11-HS13系列刀开关，HK1、HK2系列开启式负荷开关，HH3、HH4系列封闭式负荷开关，HR3系列熔断器式刀开关等。

刀开关适用于交流500V以下的小电流电路，主要作为电灯、电阻和电热等回路的控制开关使用；可作为小型电动机的手动不频繁控制开关使用，并具有短路保护作用；还可以用于不频繁接通与断开且长期工作的机械设备的电源引入。

1. 刀开关的外形、结构及符号

刀开关外观如图1-2所示，结构、符号如图1-3所示。刀开关结构简单、操作方便、工作可靠。开关与熔断器结合为一体，十分紧凑，在配电箱中应用非常方便。

(a) 两极　(b) 三极　(c) 四极

图1-2　刀开关外观

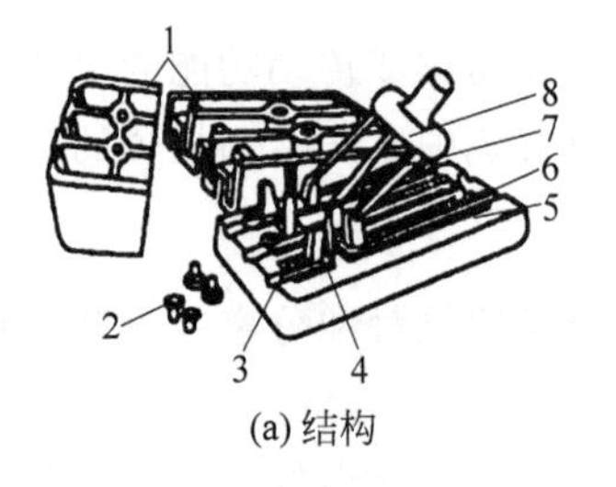

(a) 结构

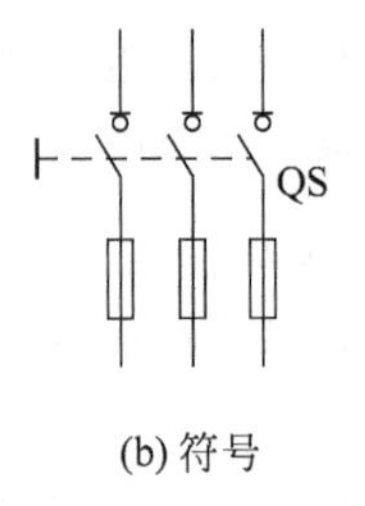

(b) 符号

图1-3　刀开关结构、符号

1—外壳；2—螺钉；3—接线柱；4—静触点；5—底座；6—保险丝及接线柱；7—动触点；8—手柄

刀开关有多种规格供选用，表1-1为HK1系列产品技术参数。HK系列刀开关由刀片和熔断器组合而成，又称开启式负荷开关。HK系列刀开关不设专门的灭弧装置，仅利用胶盖的遮护防止电弧灼伤人手，操作者在合闸和拉闸时，应动作迅速，使电弧迅速熄灭，减轻电弧对动触片和静夹座的灼伤。

由于刀开关内部安装了熔丝，当它控制的电路发生短路故障时，熔丝迅速熔断切断电路，可保护电路中其他电气设备。

表 1-1　HK1 系列产品技术参数

<table>
<tr><th rowspan="3">型　号</th><th rowspan="3">极数</th><th rowspan="3">额定电流/A</th><th rowspan="3">额定电压/V</th><th rowspan="3">可控制电动机最大容量/kW</th><th colspan="4">配用熔体规格</th></tr>
<tr><th colspan="3">熔体成分</th><th rowspan="2">熔体线径/mm</th></tr>
<tr><th>铅</th><th>锡</th><th>锑</th></tr>
<tr><td>HK1-15</td><td>2</td><td>15</td><td rowspan="3">220</td><td>1.1</td><td rowspan="6">98%</td><td rowspan="6">1%</td><td rowspan="6">1%</td><td>1.45～1.59</td></tr>
<tr><td>HK1-30</td><td>2</td><td>30</td><td>3.0</td><td>2.30～2.52</td></tr>
<tr><td>HK1-60</td><td>2</td><td>60</td><td>4.5</td><td>3.36～4.00</td></tr>
<tr><td>HK1-15</td><td>3</td><td>15</td><td rowspan="3">380</td><td>2.2</td><td>1.45～1.59</td></tr>
<tr><td>HK1-30</td><td>3</td><td>30</td><td>4.0</td><td>2.30～2.52</td></tr>
<tr><td>HK1-60</td><td>3</td><td>60</td><td>5.5</td><td>3.36～4.00</td></tr>
</table>

2. 刀开关的主要技术参数、型号表示方式及含义

(1) 额定电压。刀开关在长期工作中能承受的最大电压称为额定电压，一般交流在500V 以下，直流在 440V 以下。

(2) 额定电流。刀开关在合闸位置长期通过的最大电流称为额定电流。小电流刀开关的额定电流有 10A、15A、20A、30A、60A 五级；大电流刀开关的额定电流有 100A、200A、400A、600A、1000A、1500A 六级。

HK 系列刀开关型号的含义如下。

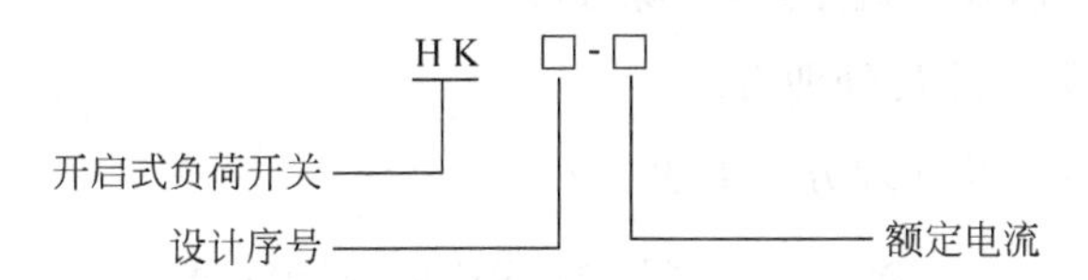

3. 刀开关的选用

(1) 刀开关根据电源种类、电压等级、电动机的容量及控制的级数进行选择。

(2) 刀开关为低压电器设备，使用交流电压不应超过 500V，直流电压不应超过 440V。

(3) 刀开关的额定电流应大于或等于电路额定电流。对频繁起动的大负荷电机电路，因起动冲击电流较大，刀开关选用额定电流值应选大于电路常态电流 2～3 倍。

(4) 用于照明电路时，可选用额定电压为 250V、额定电流等于或大于电路最大工作电流的两极开关；用于电动机直接起动时，可选用额定电压为 380V 或 500V、额定电流等于或大于电动机额定电流 3 倍的三极开关。

4. 刀开关的安装和使用

(1) 如图 1-4 所示，刀开关在安装时，必须垂直安装在控制屏或开关板上，且合闸状态时手柄应朝上，绝不允许倒装或平装，以防操作手柄因重力掉落而发生误合闸事故。

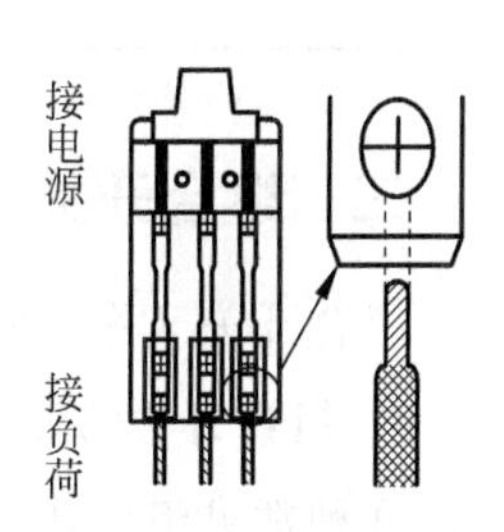

图 1-4　刀开关的安装

(2) 刀开关在接线时，应将电源进线接在刀开关上端，负载接在刀开关下端，这样拉开刀开关后，刀片与电源隔离，可防止意外事故发生。

(3) 刀开关适用于接通或断开有电压而无负载电流的电路，

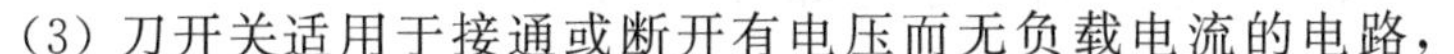

不宜分断有负载电路，可用于一般照明电路和功率小于5.5kW电动机控制电路中。

(4) 在控制照明或电热负载时，要装接熔体作短路和过载保护。接线时应把电源进线接在静触点一边的进线座上，负载接在动触点一边的出线座上，这样在开关拉开后，闸刀和熔体上不会带电。在控制电动机时，应将开关中熔体部分用铜导线直连，并在出线端另外加装熔断器作短路保护。

(5) 更换熔体时，必须在闸刀断开的情况下按原规格更换。

(6) 分闸和合闸操作动作要迅速，使电弧尽快熄灭。

(7) 由于没有专门的灭弧装置，不宜用于操作频繁的电路。

(8) 胶盖或瓷底一旦破损，必须更换后才能使用，否则易发生人身触电伤亡事故。

(9) 不允许放在地上使用，更不允许在户外露天安装使用，要注意开关的防尘、防水和防潮。

5. 刀开关的检测

合上刀开关，用万用表欧姆挡的黑红表笔分别接在上下进线端和出线端进行检测。若检测结果为零，则为正常；若检测结果为∞，说明所测量进线端和出线端间有断路现象，应仔细检查，找出断路点，排除故障。用万用表欧姆挡的黑红表笔分别接在出线端任意两点间进行检测，若检测结果为∞，则为正常；若检测结果为零，说明所测量两相间有短路现象，应仔细检查，找出短路点，排除故障。

6. 刀开关的常见故障及处理方法

刀开关的常见故障及处理方法见表1-2。

表1-2 刀开关的常见故障及处理方法

故障现象	可能原因	处理方法
合闸后，开关一相或两相不通	1. 静触点弹性消失，开口过大，造成动、静触点接触不良。 2. 熔体熔断或虚连。 3. 动、静触点氧化或有尘污。 4. 开关进出线线头接触不良	1. 修理或更换静触点。 2. 更换熔体或紧固。 3. 清洁触点。 4. 重新连接
合闸后熔体熔断	1. 外接负载短路。 2. 熔体规格偏小	1. 排除负载短路故障。 2. 按规格更换熔体
触点烧坏	1. 开关容量太小。 2. 拉、合闸动作过慢，造成电弧过大，烧坏触点	1. 更换开关。 2. 修整或更换触点，并正确操作

三、组合开关

组合开关又称转换开关，主要用于电源的引入。

1. 组合开关的外形、结构及符号

几种常见组合开关如图1-5所示，结构、符号如图1-6所示。

(a) HZ10系列组合开关

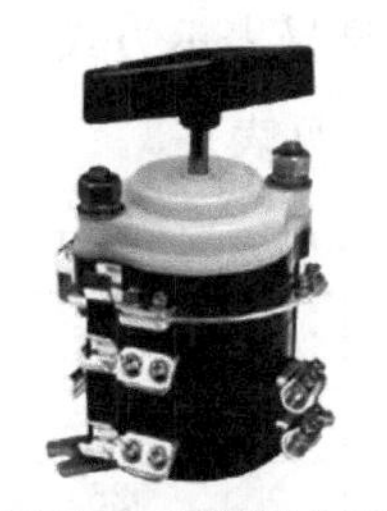

(b) HZ51WK系列组合开关

(c) HZ5D系列组合开关

图 1-5 常见的组合开关

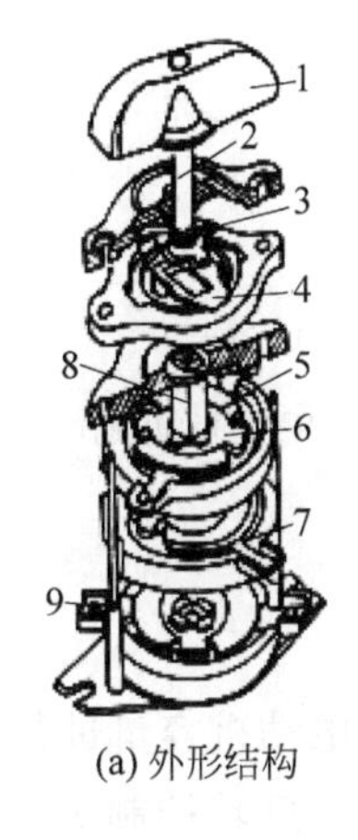

(a) 外形结构

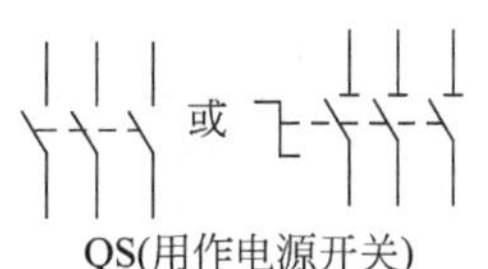

QS(用作电源开关) SA(用作控制开关)

(b) 符号

图 1-6 组合开关的结构、符号

1—手柄；2—转轴；3—弹簧；4—凸轮；5—绝缘垫板；6—动触片；7—静触片(测试按钮)；8—绝缘杆；9—接线柱

组合开关是常用的手动旋转开关，它可同时控制多路通断。组合开关可用于 50Hz、380V 以下以及直流 220V 以下的电气线路中，供手动不频繁地接通和断开电路、换接电源和负载。常用作机床电路的引入开关，可用来直接控制 5kW 以下的小容量异步电动机的非频繁起动和停止，以及控制电路的换接等。

组合开关有单极、双极、多极之分，它由测试按钮、静触片、方形转轴、手柄、定位机构及外壳等主要部件组成。

组合开关的三对静触片分别装在三层绝缘垫板上，并附有接线柱，与电源及用电设备相连，三对静触片(测试按钮)由磷铜片或硬紫铜片和具有良好灭弧性能的绝缘铜纸板铆合而成，和绝缘垫板一起套在附有手柄的绝缘杆上。手柄可以沿着任何一个方向每次转动 90°，带动三个测试按钮分别与三对静触片接通或断开，从而接通或分断电路。开关的顶盖部分由滑板、凸轮、扭簧和手柄等构成操作机构，机构由扭簧储能，可使触片快速分断或闭合，保证开关在切断负荷电流时，迅速熄灭电弧。触片分断或闭合的速度，与手柄旋转的速度无关。

组合开关设备型号为 HZ 型，如 HZ10-25/3 型。常用规格有 250V、500V、10～100A 多种。

2. 组合开关的主要技术参数、型号表示方式及含义

HZ10 系列组合开关的技术参数见表 1-3。

表 1-3 HZ10 系列组合开关的技术参数

<table>
<tr><th>型 号</th><th>极数</th><th>额定电流/A</th><th colspan="2">额定电压/V</th></tr>
<tr><td>HZ10-10</td><td>2,3</td><td>6,10</td><td rowspan="4">DC220</td><td rowspan="4">AC380</td></tr>
<tr><td>HZ10-25</td><td>2,3</td><td>25</td></tr>
<tr><td>HZ10-60</td><td>2,3</td><td>60</td></tr>
<tr><td>HZ10-100</td><td>2,3</td><td>100</td></tr>
</table>

HZ 系列组合开关型号的含义如下。

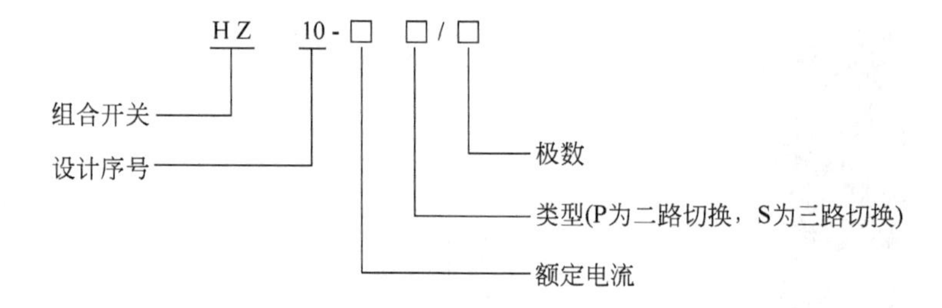

3. 组合开关的选用

(1) 组合开关主要根据电流种类、电压等级、所需触点数及电动机容量进行选择。

(2) 组合开关通常用于 5kW 以下负载小容量开关，如机床正反转控制等。当用于控制 7kW 以下电动机起动、停止时，其额定电流应等于电动机额定电流的三倍，若不直接用于起动和停机，其额定电流只需要稍大于电动机的额定电流。

4. 组合开关的安装和使用方法

(1) HZ10 系列组合开关应安装在控制箱(或壳体)内，其操作手柄最好位于控制箱的前面或侧面。开关为断开状态时应使手柄处于水平旋转位置。H23、H22 系列转换开关外壳上的接地螺钉应可靠接地。

(2) 若需在箱内操作，开关最好装在箱内右上方，并且在它的上方不安装其他电器，否则应采取隔离或绝缘措施。

(3) 组合开关的通断能力较低，不能用来分断故障电流。用于控制异步电动机的正反转时，必须在电动机完全停止转动后才能反向起动，且每小时的接通次数不能超过 20 次。

(4) 当操作频率过高或负载功率因数较低时，应降低开关容量使用，以延长其使用寿命。

(5) 倒顺开关接线时，应将开关两侧进出线中的一相互换，并分清开关接线端的标记，切勿接错，以免产生电源两相短路事故。

5. 组合开关的检测

接通转换开关，用万用表欧姆挡的黑红表笔分别接在上下进线端和出线端进行检测。

若检测结果为零，则为正常；若检测结果为∞，说明所测量进线端和出线端间有断路现象，应仔细检查，找出断路点，排除故障。用万用表欧姆挡的黑红表笔分别接在出线端任意两点间进行检测，若检测结果为∞，则为正常；若检测结果为零，说明所测量两相间有短路现象，应仔细检查，找出短路点，排除故障。

6. 组合开关的常见故障及处理方法

组合开关的常见故障及处理方法见表1-4。

表1-4　组合开关的常见故障及处理方法

故障现象	可能原因	处理方法
手柄转动后，内部触点没有动	1. 手柄上的轴孔受磨损而变形。 2. 绝缘杆变形。 3. 手柄与方轴或轴与绝缘杆配合松动。 4. 操作机构损坏	1. 调换手柄。 2. 更换绝缘杆。 3. 紧固松动部分。 4. 修理更换
手柄转动后，动、静触点不能按要求动作	1. 型号选用不正确。 2. 触点角度装配不正确。 3. 触点失去弹性或接触不良	1. 更换开关。 2. 重新装配。 3. 更换触点或清除氧化层
接线柱间短路	因铁屑或油污附着在接线柱间，形成导电层，将绝缘损坏形成短路	更换开关

四、低压断路器

低压断路器也称自动空气断路器或自动空气开关，简称断路器，是低压配电系统和电力拖动系统中非常重要的电器。低压断路器的共同特点是：触点利用空气灭弧装置灭弧，能在过流或短路时，自动断开电路实现电路保护。部分产品还与漏电保护器组合使用，进行漏电保护。

低压断路器相当于刀开关、熔断器、过电流、欠电压及热继电器的组合，具有多种控制与保护功能，具有结构精巧、操作安全、工作可靠、使用方便、安装简单、分断能力强等优点，且在分断故障电流后一般不需要更换零部件，目前应用极为普遍。

低压断路器可用于不频繁地接通和断开电路以及控制电动机的运行，当电路中发生短路、过载和欠电压等故障时，能自动切断故障电路，有效地保护串联在其后的电气设备。

1. 低压断路器的外形、结构及符号

低压断路器的外形如图1-7(a)、图1-7(b)所示，结构如图1-7(c)所示。

2. 低压断路器的工作原理

低压断路器的工作原理图如图1-8(a)所示，符号如图1-8(b)所示。

在图1-8(a)中，当前状态为电路接通状态。

(1) 接通时

按下接通按钮14，此时，锁扣右移压缩弹簧16，锁扣3与搭扣4勾紧，电路三组动静触点闭合，电路处于正常通路。而机构3、4、16处于激发状态，即“结扣”状态。

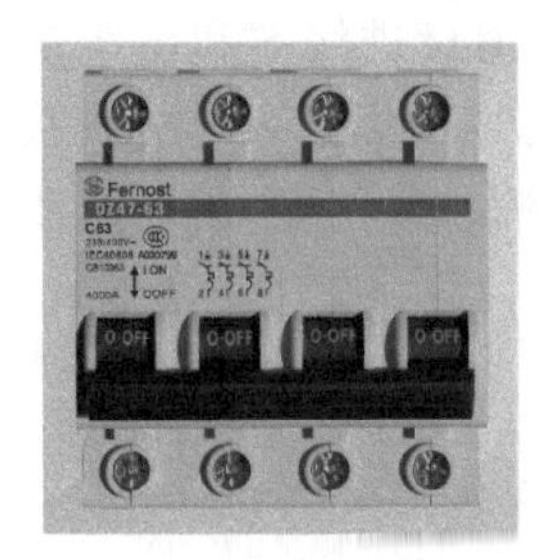
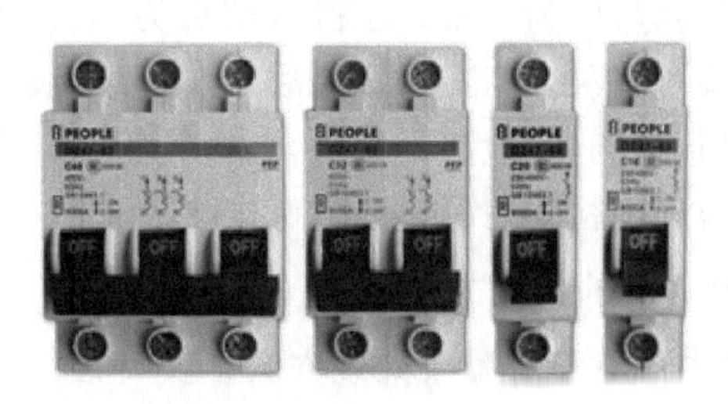

(a) DZ47-63系列断路器

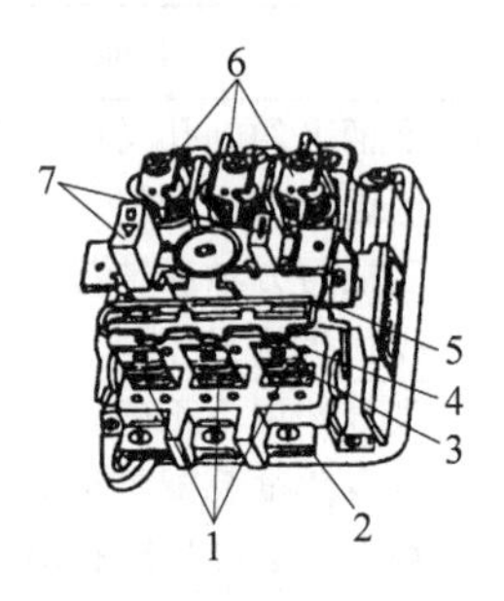

(b) DZ5-20系列断路器　　(c) DZ5-20断路器内部结构

图 1-7　低压断路器的外形和结构

1—热脱扣器；2—接线柱；3—静触点；4—动触点；5—自由脱扣器；6—电磁脱扣器；7—按钮

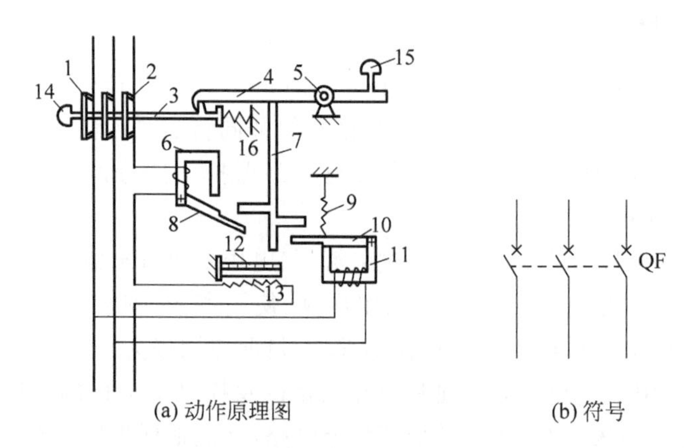

(a) 动作原理图　　(b) 符号

图 1-8　低压断路器的工作原理图和符号

1—动触点；2—静触点；3—锁扣；4 —搭扣；5—转轴座；6—电磁脱扣器；7—杠杆；8—电磁脱扣器衔铁；9—拉力弹簧；10—欠压脱扣器衔铁；11—欠压脱扣器；12—双金属片；13—热元器件；14—接通按钮；15—停止按钮；16—弹簧

（2）脱扣过程

当电路出现故障时，工作过程如下。

① 手动脱扣。只要按下停止按钮 15，则搭扣 4 和锁扣 3 即行脱离，锁扣 3 被弹簧 16 推开使测试按钮左移，断开电路，这一过程称为手动脱扣。手动脱扣是人工切断电源的关闭过程。

② 短路脱扣。当线路短路时，线路电流远远超过额定工作电流，并超过设计脱扣电

流。此时，电磁脱扣器 6 磁力猛增，吸动电磁脱扣器衔铁 8，使杠杆 7 上移推动搭扣 4 上扬，锁扣 3 与搭扣 4 脱钩断开电路。

③ 过流脱扣。当线路长时间过流时，如果过流量不是猛增，且过流不大时，双金属片 12 被长时间加热后，渐渐弯曲变形。当过流值超出规定脱扣电流时，弯曲的金属片推动杠杆 7 使机构脱扣。短路脱扣反应及时，过流脱扣反应缓慢，对短时间过荷并不脱扣。

④ 欠压脱扣。有些电气设备不允许欠压运行。欠压脱扣器 11 执行欠压脱扣功能。当电路电压为额定时，欠压脱扣磁铁正常吸合，如电压低于脱扣电压则欠压，电磁铁吸力大减，释放欠压脱扣器衔铁 10，欠压脱扣器衔铁 10 在拉力弹簧 9 的拉力下推动杠杆 7 上移，使机构脱扣断电。

3. 低压断路器的技术参数、型号表示方式及含义

DZ5-20 系列低压断路器的技术参数见表 1-5。

表 1-5　DZ5-20 系列低压断路器的技术参数

型　　号	额定电压/V	主触点额定电流/A	极数	脱扣器形式	热脱扣器额定电流/A	电磁脱扣器瞬时动作整定电流/A
DZ5-20/330	AC380,DC220	20	3	复式	0.10～0.15	为热脱扣器额定电流的8～12倍
DZ5-20/230			2		0.15～0.20	
DZ5-20/320			3	电磁脱扣器式	0.20～0.30	
DZ5-20/220			2		0.30～0.45 0.45～0.65	
DZ5-20/310			3	热脱扣器式	0.65～1.00 1.00～1.50	
DZ5-20/210			2		1.50～2.00 2.00～3.00 3.00～4.50 4.50～6.50 6.50～10.00 10.00～15.00 15.00～20.00	
DZ5-20/300			3	—		
DZ5-20/200			2			

低压断路器型号的表示方式和含义如下。

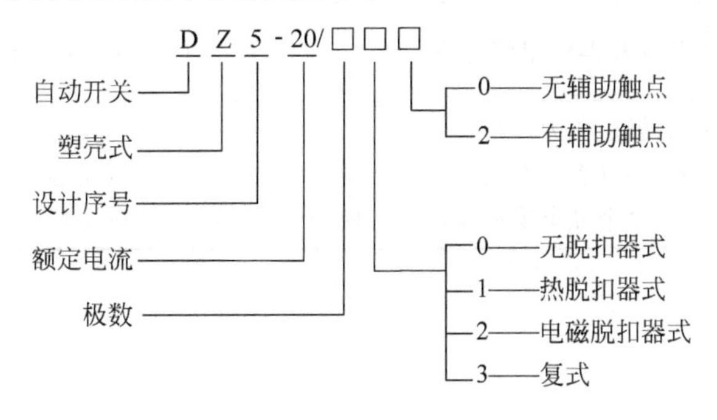

4. 低压断路器的选用

(1) 低压断路器的额定电压应大于或等于电路的额定电压。

(2) 低压断路器的额定电流应大于或等于电路或设备的额定电流。

(3) 低压断路器的通/断能力应大于或等于电路中可能出现的最大短路电流。

(4) 欠电压脱扣器的额定电压等于电路额定电压。

(5) 分励脱扣器的额定电压等于控制电源电压。

(6) 长延时电流整定值等于电动机额定电流。

(7) 瞬时整定电流：对于保护笼型异步电动机的低压断路器，瞬时整定电流为电动机额定电流的 8～15 倍；对于保护绕线型异步电动机的低压断路器，瞬时整定电流为电动机额定电流的 3～6 倍。

5. 低压断路器的检测

合上低压断路器，用万用表欧姆挡的黑红表笔分别接在上下进线端和出线端进行检测。若检测结果为零，则为正常；若检测结果为∞，说明所测量进线端和出线端间有断路现象，应仔细检查找出断路点，排除故障。用万用表欧姆挡的黑红表笔分别接在出线端任意两点间进行检测，若检测结果为∞，则为正常；若检测结果为零，说明所测量两相间有短路现象，应仔细检查找出短路点，排除故障。

6. 低压断路器的常见故障及处理方法

低压断路器的常见故障及处理方法见表 1-6。

表 1-6 低压断路器的常见故障及处理方法

故障现象	可能原因	处理方法
不能合闸	1. 欠压脱扣器无电压或线圈损坏。 2. 储能弹簧变形。 3. 反作用弹簧力过大。 4. 机械不能复位再扣	1. 检查电压或更换线圈。 2. 更换储能弹簧。 3. 重新调整。 4. 调整再扣接触面到规定值
电流达到整定值，断路器不动作	1. 热脱扣器双金属片损坏。 2. 电磁脱扣器的衔铁与铁心距离太大或电磁线圈损坏。 3. 主触点熔焊	1. 更换双金属片。 2. 调整衔铁与铁心的距离或更换新断路器。 3. 检查原因并更换触点
起动电动机时断路器立即分断	1. 电磁脱扣器瞬时动作整定值过小。 2. 电磁脱扣器损坏	1. 调高整定值至规定值。 2. 更换脱扣器
断路器闭合后，经一定时间自行分断	热脱扣器整定值过小	调高整定值至规定值
断路器温升过高	1. 触点压力过小。 2. 触点表面磨损或接触不良。 3. 两个导电零件连接螺钉松动	1. 调整触点压力或更换弹簧。 2. 更换触点或修整接触面。 3. 重新拧紧螺钉

五、熔断器

熔断器是低压配电系统和电力拖动系统中进行过载和短路保护的电器，当流过熔断器的电流大于规定值一定时间后，其自身产生的热量使熔体熔化而切断电路，实现对电路的短路和严重过载保护。熔断器结构简单、体积小、重量轻，使用维护方便、价格低廉，是最常见的保护电器，广泛应用于各种电气电路中。

1. 熔断器的外形、结构及符号

熔断器的种类繁多。按照结构分为半封闭插入式、无填料密闭管式、有填料封闭式；按照用途分为一般工业用、半导体器件保护用快速熔断器和特殊熔断器；按照使用对象分为专职人员使用的、非熟练人员使用的、半导体器件保护用的熔断器。常见熔断器如图 1-9 所示，熔管如图 1-10 所示。

(a) RT1系列熔断器

(b) RM10无填料封闭管式熔断器

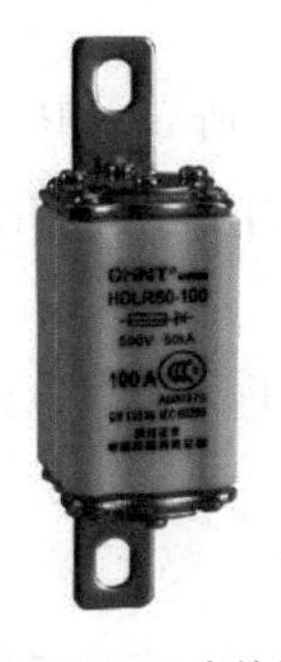

(c) HDLRS0系列半导体快速熔断器

(d) RL1系列熔断器

(e) RT0有填料低压熔断器

图 1-9　几种常见熔断器

插入式熔断器由熔体和安装部件构成。熔体由低温熔化合金片、丝等构成，安装部件由瓷座、槽、夹等构成。

熔断器在使用时串联在被保护电路中，正常工作时，熔体流过相应的电流不会熔化，当电路出现短路或严重过载时，电流超过额定值 5～6 倍，熔体流过很大的故障电流，该电流产生的热量达到熔体的熔点使熔体熔化，自动切断电路，达到过载或短路保护的目的。熔断器常见结构有 RC1A 系列、RL1 系列、RM10 系列。

(1) RC1A 系列瓷插式熔断器

RC1A 系列瓷插式熔断器的外形、结构及符号如图 1-11 所示。

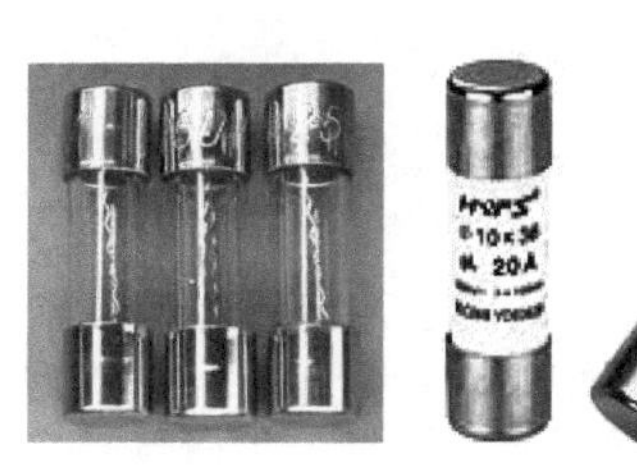

图 1-10　熔管

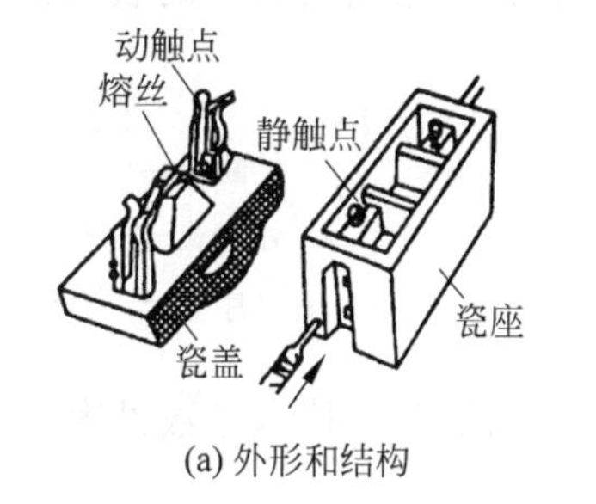

(a) 外形和结构

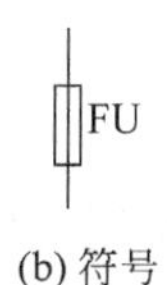

(b) 符号

图 1-11　RC1A 系列瓷插式熔断器的外形、结构及符号

RC1A 系列瓷插式熔断器主要应用于 380V、100A 以下电路短路保护和一定程度的过载保护。

RC1A 系列瓷插式熔断器型号的表示方式如下。

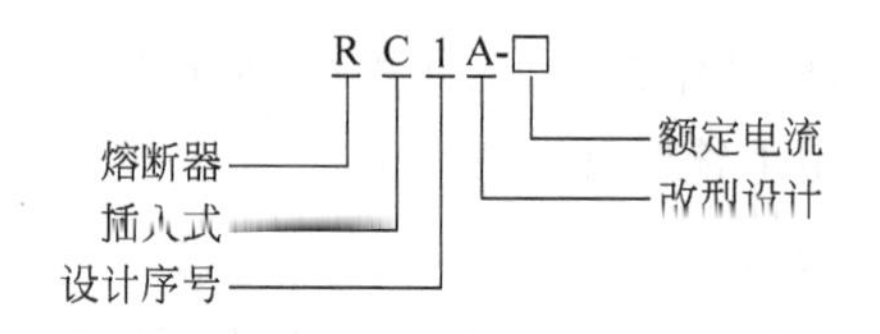

(2) RL1 系列螺旋式熔断器

螺旋式熔断器由熔断体、载熔件、底座构成。熔断体是装有熔体的部件，由熔体、熔断体连接点和指示器等组成；载熔件是用来装载熔断体的可动部件；底座是具有触点、接线端子和盖子的熔断器固定部分。

RL1 系列螺旋式熔断器如图 1-12 所示。RL1 系列螺旋式熔断器型号及使用与 RC1A 相似，由于熔断体封闭于熔断管内，熔体熔化时只限制在管内，不污染其他部件。

(3) RM10 系列封闭管式熔断器

RM10 系列封闭管式熔断器如图 1-13 所示，由钢纸管、黄铜套管、铜帽、插刀、熔体组成。

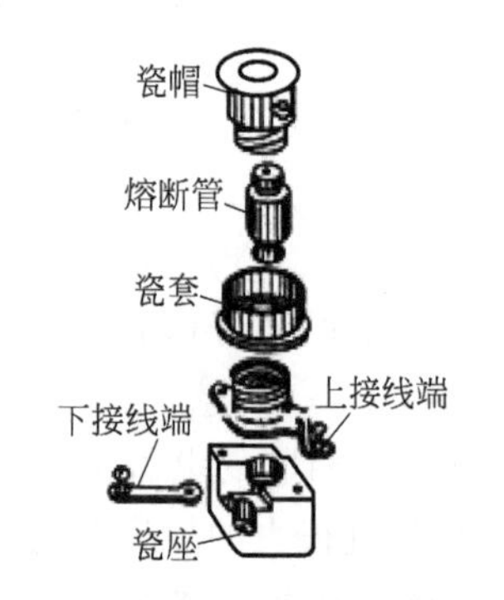

图 1-12 RL1 系列螺旋式熔断器

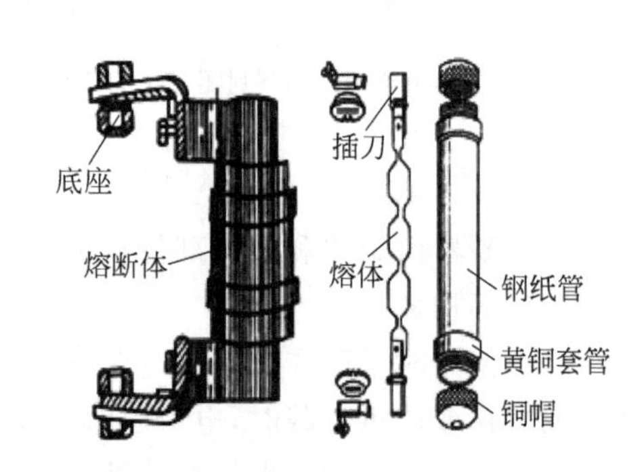

图 1-13 RM10 系列封闭管式熔断器

2. 熔断器的主要技术参数、型号表示方式及含义

RL1 系列瓷插式熔断器型号的表示方式如下。

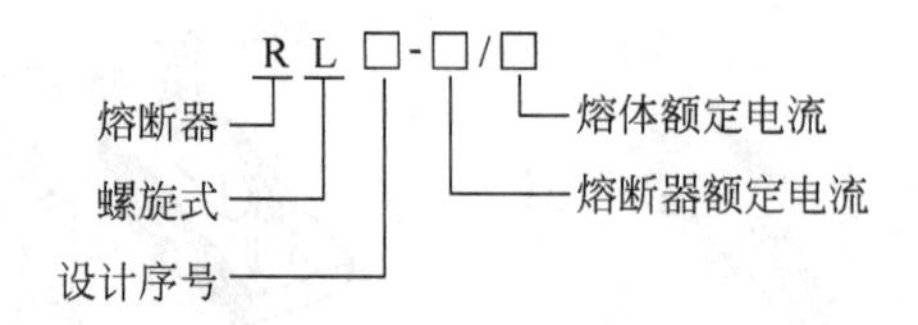

常用电压熔断器基本技术参数见表 1-7。

表 1-7　常用电压熔断器基本技术参数

类　　别	型　号	额定电压/V	额定电流/A	熔体额定电流等级/A
瓷插式熔断器	RC1A	380	5	2,4,5
			10	2,4,6,10
			15	6,10,15
			30	15,20,25,30
			60	30,40,50,60
			100	60,80,100
螺旋式熔断器	RL1	500	15	2,4,6,10,15
			60	20,25,30,35,40,50,60
			100	60,80,100
			200	100,125,150,200
	RL2	500	25	2,4,6,10,15,20,25
			60	25,32,50,60
			100	80,100
无填料封闭管式熔断器	RM10	380	15	6,10,15
			60	15,20,25,35,45,60
			100	60,80,100
			200	100,125,160,200
			350	200,225,260,300,350
			600	350,430,500,600
有填料封闭管式熔断器	RT0	AC380,DC440	100	30,40,50,60,80,100
			200	120,150,200
			400	200,250,300,350,400
			600	450,500,550,600

3. 熔断器的选用

(1) 熔断器类型的选择。根据使用环境和负载性质选择适当类型的熔断器。在小容量照明电路中,常选用 RC1A 系列瓷插式熔断器;在机床控制电路中,常选用 RL1 系列螺旋式熔断器;在开关柜或配电屏中,常选用 RM10 系列无填料封闭管式熔断器等。

(2) 熔体额定电流的选择。

① 对照明、电炉等电流较平稳、无冲击电流的负载短路保护,熔体的额定电流 I_{RN} 应等于或稍大于负载的额定电流 I_N,即 $I_{RN} \geqslant I_N$。

② 对一台不经常起动且起动时间不长的电动机的短路保护,熔体的额定电流 I_{RN} 应大于或等于 1.5～2.5 倍电动机额定电流 I_N,即 $I_{RN} \geqslant (1.5 \sim 2.5) I_N$。

对于频繁起动或起动时间较长的电动机,上式的系数应增加到 3～3.5,即 $I_{RN} \geqslant (3 \sim 3.5) I_N$。

③ 对多台电动机的短路保护,熔体的额定电流 I_{RN} 应大于或等于其中最大容量电动机的额定电流 I_{Nmax} 的 1.5～2.5 倍加上其余电动机额定电流的总和 $\sum I_N$,即 $I_{RN} \geqslant (1.5 \sim 2.5) I_{Nmax} + \sum I_N$。

(3) 熔断器额定电压和额定电流的选择。熔断器的额定电压必须等于或大于电路的额定电压；熔断器的额定电流必须等于或大于所装熔体的额定电流。

(4) 熔断器的分断能力应大于电路中可能出现的最大短路电流。

4. 熔断器的安装和使用方法

熔断器安装时应保证熔体与触点、触点与上下接线端接触良好；更换熔体的规格应与所要求的熔体一致以保证动作的可靠性；熔体的额定电流不能大于熔管的额定电流；熔断器的额定电压与电路的电压相等，熔断器的极限分断能力高于被保护的最大短路电流。

(1) 熔断器应完整无损，安装时应保证熔体和夹座接触良好，并具有额定电压、额定电流值标志。

(2) 瓷插式熔断器应垂直安装，螺旋式熔断器的电源线应接在瓷底座的下接线座上，负载线应接在螺纹壳的上接线座上。这样在更换熔断管时，旋出螺帽后螺纹壳上不带电，保证了操作者的安全。

(3) 熔断器内要安装合格的熔体，不能用多根小规格熔体并联代替一根大规格熔体。在安装熔体时，应保证接触良好，在螺栓上沿顺时针方向缠绕，注意不损伤熔体。

(4) 安装熔断器时，各级熔体应相互配合，并做到下一级熔体的规格比上一级小。

(5) 更换熔体或熔管时，应切断电源，严禁带负荷操作，以免发生电弧灼伤。

(6) 严禁在三相四线制电路的中性线上安装熔断器。

(7) 熔断器兼做隔离器件使用时应该安装在控制开关的电源进线端，若仅作短路保护，应该安装在控制开关的出线端。

5. 熔断器的检测

装入熔断器的熔体，用万用表欧姆挡的黑红表笔分别接在上下进线端和出线端进行检测。若检测结果为零，则为正常；若检测结果为∞，说明所测量进线端和出线端间有断路现象，应仔细检查，先确认熔体是否完好，找出断路点，排除故障。

6. 熔断器的常见故障及处理方法

熔断器的常见故障及处理方法见表 1-8。

表 1-8 熔断器的常见故障及处理方法

故障现象	可能原因	处理方法
电路接通瞬间，熔体熔断	1. 熔体电流等级选择过小。 2. 负载侧短路或接地。 3. 熔体安装时受机械损伤	1. 更换熔体。 2. 排除负载故障。 3. 更换熔体
熔体未见熔断，但电路不通	熔体或接线座接触不良	重新连接

六、端子排

端子排是可承载多个或多组相互绝缘的端子组件并用于固定支持件的绝缘部件。端子排的作用是将屏内设备和屏外设备的线路相连接，起到信号(电流电压)传输的作用。

使用端子排后，使得电路方便安装，接线美观整齐。在远距离线间连接时主要是牢靠，可以直接从端子排上接线，所以不需要对原来的控制回路进行更改，施工和维护方便。

知识链接2　电气线路检测方法

一、自检

(1) 核查电路。按电路图或接线图从电源端开始，逐段核对接线及接线端子处是否正确，有无漏接、错接等现象。检查导线接点是否符合要求，压接是否牢固。接触应良好，以免带负载运行时产生电弧、发热现象。

(2) 检查电路的通断情况时，应选用万用表较低倍率的电阻挡，并进行校零，以防短路故障的发生。对控制电路进行检查时(可断开主电路)，将表笔分别搭在电源进线端上，读数应为“∞”。按下起动按钮时，读数应为接触器线圈的电阻值。然后断开控制电路再检查主电路有无开路或短路现象，此时可用手动来代替接触器通电进行检查。

二、通电试车

为确保人身安全，在通电试车时，要认真执行安全操作规程的有关规定，一人监护，一人操作。试车前应检查与通电试车有关的电气设备是否有不安全的因素存在，若查出应立即整改，然后方能试车。

(1) 通电试车前，必须征得指导教师同意，由教师接通三相电源 L1、L2、L3，并在现场监护。学生合上电源开关后，用验电笔检查熔断器出线端，氖管亮说明电源接通。按下起动按钮，观察接触器情况是否正常，是否符合电路功能要求；观察电气元器件动作是否灵活，有无卡阻及噪声过大等现象；观察电动机运行是否正常等，但不得对电路接线进行带电检查。观察过程中，若有异常现象应马上停车。当电动机运行平稳后，用钳形电流表测量三相电流是否平衡。

(2) 以通电后电路一切运行正常为试车成功，否则必须重新检查，直到正常为止。计算通电检查次数，作为评分的依据。

(3) 出现故障后，学生应独立进行检修。若需带电进行检查，则教师必须在现场监护。

检修完毕后，如需再次试车，应该有教师监护，并做好记录。

三、注意事项

元器件质量检测的一般原则如下。

(1) 检查元器件质量应该在断开电源的情况下进行。

(2) 元器件的技术数据(如规格、型号、额定电压、额定电流等)应该完整并符合电路要求，外观无损伤，备件、附件完好齐全。

(3) 元器件电磁机构动作应灵活，无衔铁卡阻等不正常现象。用万用表检查电磁线圈的通电情况以及各触点的分合情况。

(4) 接触器线圈的额定电压应与电源电压一致。

(5) 对电动机的质量进行常规检查。

知识链接3 认识电工工具及仪器仪表

一、电工工具

电工工具是电气操作的基本工具，电气操作人员必须掌握电工常用工具的结构、性能和正确的使用方法。工具不符合规格、质量不好或使用不当，都将影响施工质量、降低工作效率，甚至造成安全隐患或事故。常用电工工具如图1-14所示。

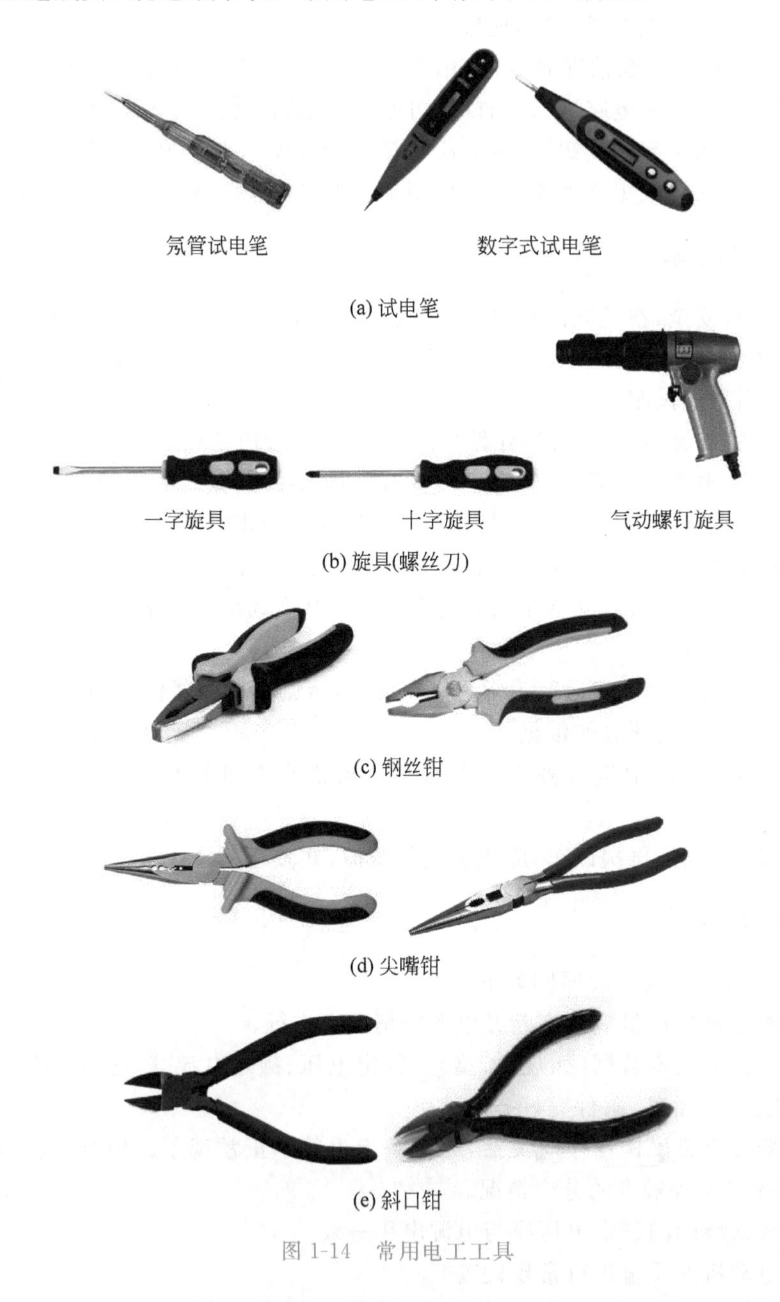

图1-14 常用电工工具

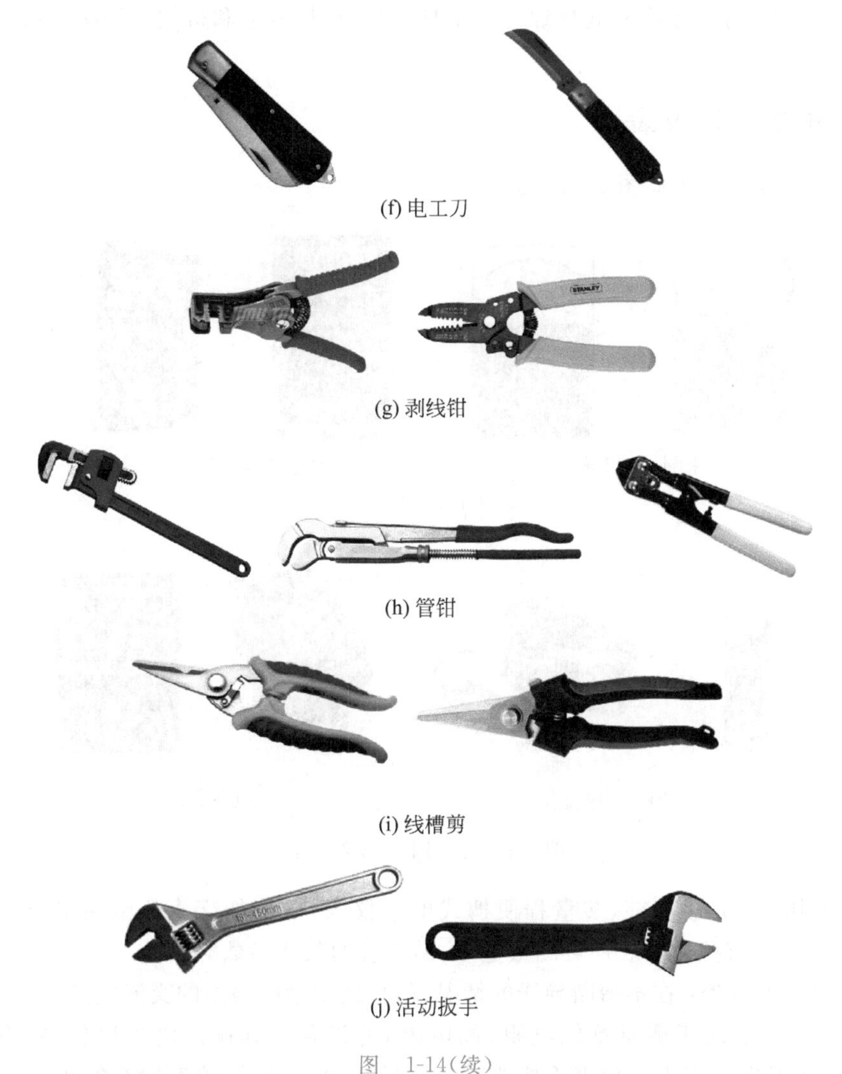

(f) 电工刀

(g) 剥线钳

(h) 管钳

(i) 线槽剪

(j) 活动扳手

图　1-14(续)

(1) 试电笔：用于检验电路和电器是否带电。

(2) 旋具：也称螺丝刀，用于旋动螺钉。

(3) 钢丝钳：用于剪切电线、金属丝，剥削电线绝缘层，起拔螺钉等。

(4) 尖嘴钳：用于在较狭小空间操作及钳夹小零件、金属丝等。

(5) 斜口钳：主要用于剪切导线、元器件多余的引线，还常用来代替一般剪刀剪切绝缘套管、尼龙扎线等。

(6) 电工刀：剥削电线绝缘层、削切物品等。

(7) 剥线钳：剥削导线线头绝缘层。

(8) 管钳：拆卸和紧固管子。

(9) 线槽剪：剪切线槽。

(10) 活动扳手：紧固和起松螺母的工具，也是机械制造和机械维修必不可少的专用工具。

二、电工仪器仪表

常用电工仪器仪表如图 1-15 所示。

指针式万用表

数字式万用表

(a) 万用表

(b) 钳形电流表

(c) 兆欧表

图 1-15 常用电工仪器仪表

(1) 万用表：是多功能、多量程便携式电工仪表，可测量交直流电路电压、电流、电阻、音频电平等，有些万用表还可测量电容、晶体管的某些参数等。

(2) 钳形电流表：在不剪断导线的情况下，直接测量电路中的交流电流。

(3) 兆欧表：用于测量绝缘电阻(高电阻)的设备。其输出电压比较高，有 500V、1000V 等，但是电流很小。触摸手摇兆欧表的输出电极会有“麻”的感觉，但不会造成严重的人身伤害。

一、准备工具

安装调试所需工具为验电笔、螺钉旋具(一字形和十字形)、钢丝钳、尖嘴钳、斜口钳、剥线钳、电工刀、万用表等。

二、元器件及导线的选用

所需材料明细见表 1-9。

表 1-9 所需材料明细表

序号	名　　称	文字符号	型号与规格	功　　能	单位	数量
1	三相四线制电源		～3×380/220V,20A	提供电源	处	1
2	三相异步电动机	M	Y112M-4,4kW,380V,△连接	负载	台	1
3	低压断路器	QF	DZ47-63D/3P,C10	接通或断开电路	只	1
4	熔断器	FU	RL98-16,2A	短路保护	只	3
5	连接导线		BVR-1.5mm², 1.0mm² 塑料软铜导线	连接电路	m	若干
6	接线端子排	XT	JX2-1015,500V,10A,15 节数或配套自定	板内外导线对接	条	1

三、电路装接

不同的电气线路结构各不相同,但它们的安装方法和工艺要求是基本相同的。电路装接的主要步骤包括元器件的安装、控制板板前明线布线和控制板线槽内配线。

(1) 根据图 1-1 所示原理图,选取所用元器件,并进行检测。

(2) 在网孔板上按位置图安装元器件,如图 1-16 所示。要求:各元器件的安装位置应整齐、匀称、牢固、间距合理,便于元器件的更换。

(3) 按照接线图(见图 1-17)进行接线。

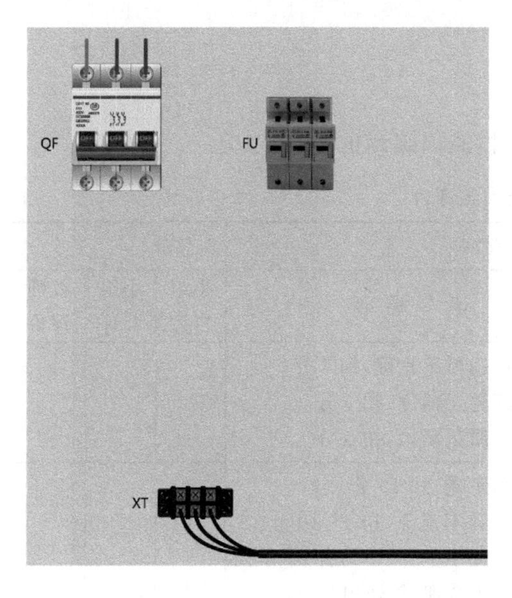

图 1-16 三相异步电动机直接起动控制电路元器件位置图

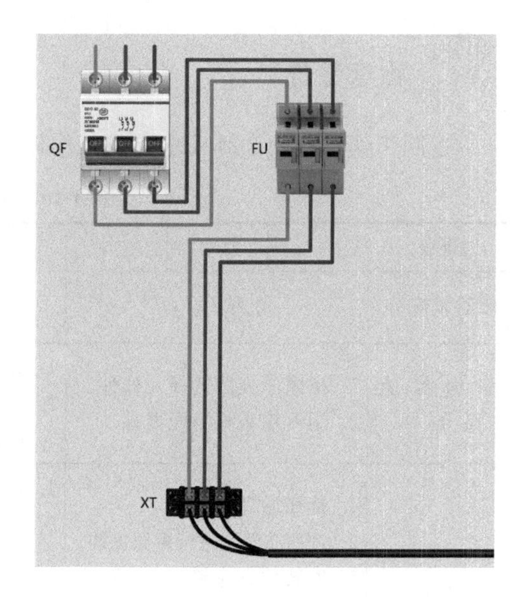

图 1-17 三相异步电动机直接起动控制电路接线图

四、电路调试

电路调试的步骤如下。

(1) 根据电路原理图检查接线的正确性。从电源端开始,逐端核对接线及接线端子处是否正确,有无漏接、错接之处。检查接点是否符合要求,压接是否牢固。

(2) 检查无误后,用万用表检查电路的通断情况。检查时,应选用数字万用表或机械万用表的电阻挡,机械万用表必须先进行挡位选择和机械调零。检查电路时,先测量两相间是否有短路,分别用表笔测量 U1 与 V1、U1 与 W1、V1 与 W1,此时读数应为电动机线圈的电阻值。

(3) 通电检测。经指导教师检查无误后方可接入三相电和电动机通电试车。首先合上 QF,观察电动机是否旋转。断开 QF,观察电动机是否停转。

通电试车完毕,停转,切断电源 QF,先拆除三相电源线,再拆除电动机线。

五、电路的一般故障排除

(1) 开路或短路故障。检查接线是否有压绝缘皮的情况,连接线路是否有错误。

(2) 主电路开路故障。检查自动开关 QF 触点是否接触不良。

(3) 主电路没有接通。检查导线与接线端子排连接处,如果没有紧固或压绝缘皮,会造成电路实际上没有接通。

(4) 电源没有正常供电。检查电源开关是否闭合或实训台是否正常供电。

检查评价

按照工作任务的训练要求完成工作任务。技能训练评价见表 1-10。

表 1-10 技能训练评价

班级		姓名		指导教师		总分	
项目及配分	考核内容			评分标准		小组自评	小组互评	教师评价
装前检查(15分)	1. 按照原理图选择元器件。 2. 用万用表检测元器件			1. 元器件选择不正确,扣5分。 2. 不会筛选元器件,扣5分。 3. 电动机质量漏检,扣5分				
安装元器件(20分)	1. 读懂原理图。 2. 按照布置图进行电路安装。 3. 安装位置应整齐、匀称、牢固、间距合理,便于元器件的更换			1. 读图不正确,扣10分。 2. 电路安装不正确,扣5~10分。 3. 安装位置不整齐、不匀称、不牢固或间距不合理,每处扣5分。 4. 不按布置图安装,扣15分。 5. 损坏元器件,扣15分				

续表

项目及配分	考 核 内 容	评 分 标 准	小组自评	小组互评	教师评价
布线(25分)	1. 布线时应横平竖直,分布均匀,尽量不交叉,变换走向时应垂直。 2. 剥线时严禁损伤线心和导线绝缘层。 3. 接线点或接线柱严格按要求接线	1. 不按原理图接线,扣20分。 2. 布线不符合要求,每根扣5～10分。 3. 接线点(柱)不符合要求,扣5分。 4. 损伤导线线心或绝缘层,每根扣5分。 5. 漏线,每根扣2分			
电路调试(20分)	1. 会使用万用表测试控制电路。 2. 完成电路调试使电动机正常工作	1. 测试控制电路方法不正确,扣10分。 2. 调试电路参数不正确,每步扣5分。 3. 电动机不转,扣5～10分			
检修(10分)	1. 检查电路故障。 2. 排除电路故障	1. 查不出故障,扣10分。 2. 查出故障但不能排除,扣5分			
职业与安全意识(10分)	1. 工具摆放、工作台清理、余废料处理。 2. 严格遵守操作规程	1. 工具摆放不整齐,扣3分。 2. 工作台清理不干净,扣3分。 3. 违章操作,扣10分			

任务小结

通过本任务的学习,应学会识读三相异步电动机直接起动控制电路的电路原理图、元器件位置图、电气互连图,掌握三相异步电动机直接起动控制电路的安装、调试、检查电路的基本方法,掌握对三相异步电动机直接起动控制电路一般故障的查找和排除的方法。

知识拓展

一、熔断器的主要技术参数

1. 额定电压

额定电压是指熔断器长期工作所能承受的电压。如果熔断器的实际工作电压大于其额定电压,熔体熔断时可能会发生电弧不能熄灭的危险。

2. 额定电流

额定电流是指保证熔断器能长期正常工作的电流,是由熔断器各部分长期工作时的允许温升决定的。

3. 分断能力

分断能力是指在规定的使用和性能条件下,在规定电压下熔断器能分断的预期分断电流值,常用极限分断电流值来表示。

二、熔断器额定电流与熔体额定电流的区别

熔断器额定电流与熔体额定电流是两个不同的概念。熔体的额定电流是指在规定的工作条件下长时间通过熔体而不会熔断的最大电流值。通常一个额定电流等级的熔断器可以配用若干个不同额定电流等级的熔体，但要保证熔断器的额定电流要大于熔体的额定电流。例如型号为 RL1-60 的熔断器，其额定电流为 60A，它可以配用额定电流为 20A、25A、30A、35A、40A、50A、60A 的熔体。

三、快速熔断器与自复式熔断器

快速熔断器又称半导体器件保护熔断器，用于半导体功率器件变流装置的过流保护，它具有快速熔断的特点，能满足半导体功率器件过载保护的要求。常见的快速熔断器有 RS0、RS3、RLS2 等系列。需要注意的是，普通熔体不具有快速熔断的特性，所以快速熔断器不能用普通熔体来替代。

自复式熔断器的熔体由非线性电阻元件制成，在特大短路电流产生的高温下，熔体气化，阻值剧增，即达到瞬间高阻状态，从而能将故障电流限制在较小范围内。

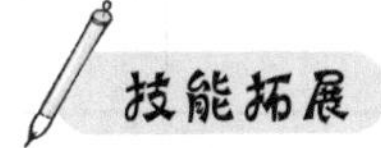

熔断器的识别与检测。

一、练习目标

（1）熟悉常用熔断器的外形和基本结构，能辨别不同类型的熔断器。

（2）识读常用熔断器说明书，进一步掌握熔断器的型号、符号、用途、技术参数及适用场合。

（3）通过测量，能判断常用熔断器质量的好坏。

（4）会更换熔断器的熔体。

二、工具、仪表及器材

（1）工具、仪表：由学生根据需要自行选定并校验。

（2）器材：瓷插式熔断器（RC1A 系列）、螺旋式熔断器（RL1 系列）等不同类型熔断器若干只（可将铭牌用胶布盖住）。

三、训练内容

（1）识别熔断器的型号、记录型号、解释型号的意义。

（2）识读使用说明书，根据所给熔断器的说明书，说明该熔断器的主要技术参数和适用场合。

（3）熔断器的结构与测量：拆开熔断器，仔细观察熔断器的结构，熟悉其主要部件的名称、作用及工作原理；用万用表测量熔体的阻值，判断熔断器中熔体的好坏。

（4）更换熔断器的熔体：对已经熔断的熔体，按原规格选配新熔体并进行更换。

四、注意事项

(1) 使用仪表测量时应注意仪表的适用规程。

(2) 拆卸、测量熔断器时应防止损坏熔断器。

(3) 更换熔体时，为 RC1A 系列熔断器安装熔丝，熔丝的缠绕方向一定要正确，安装过程中不得损伤熔丝；对于 RL1 系列熔断器，熔管不能倒装。

任务 1.2　三相异步电动机点动控制电路的安装与调试

机床电气设备正常工作时，电动机一般处于连续运行状态，要求对电动机进行连续控制；在维修维护时，又需要对电动机进行点动控制。本任务将完成三相异步电动机点动与连续控制电路的安装与调试，并学习其工作原理。

机床电气设备正常工作时，电动机一般处于连续运行状态，但在试车、调整刀具、调整加工工件位置时，需要对电动机进行点动控制运行。一般要求对电动机进行点动控制，通常采用图 1-18 所示的控制电路。

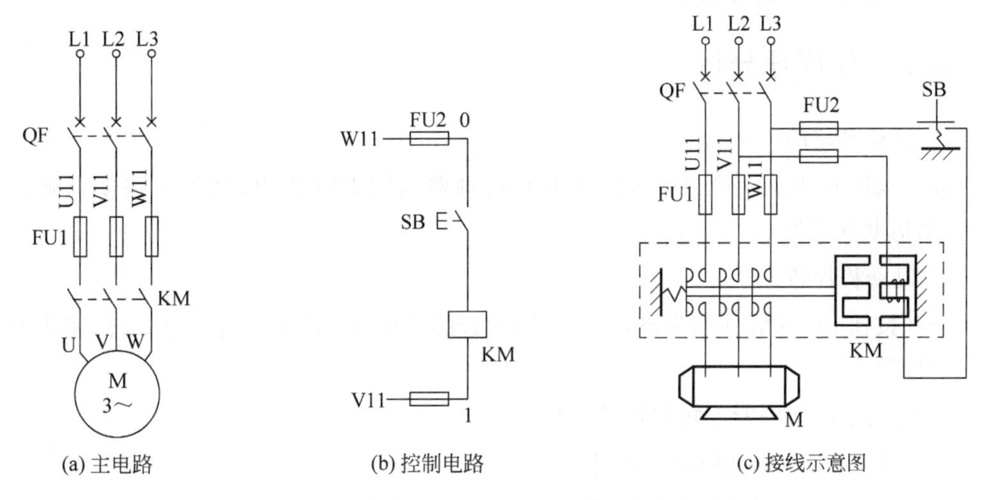

图 1-18　无过载保护的三相异步电动机点动控制电路

手动控制电路的特点是结构简单、使用的控制设备数量少，但是安全性差，而且电路不能频繁通断，所以不便于远距离控制和自动控制。

在实际生产过程中，生产机械常常需要频繁通断、远距离控制和自动控制，如车床溜板箱快速移动电动机、电葫芦中的起重电动机,都是采用按下按钮电动机起动运转、松开按钮电动机停止运转的控制方法。这种由按钮、接触器控制电动机运转的控制电路称为点动控制电路,这种控制方式称为点动控制。

一、电路构成

根据电气控制线路原理图的绘图原则,识读三相异步电动机点动控制电路电气原理图,明确电路所用元器件及它们之间的关系。

如图 1-18 所示,电气线路按照不同的功能分为主电路和控制电路。主电路包括从电源到电动机的电路,一般电流较大,控制电路用于控制整个电路的运行状态,一般由按钮、元器件的线圈、接触器的辅助触点、继电器的触点组成,一般电流较小。

电路组成:低压断路器(自动空气开关)、熔断器、按钮、接触器、三相异步电动机和连接导线。

元器件作用如下。

(1) 低压断路器 QF:电源控制开关。

(2) 熔断器 FU:进行短路保护。

(3) 按钮:手动控制电路通断。

(4) 接触器:自动控制电路通断。

(5) 导线:连接电路。

(6) 电动机:电路负载。

二、工作原理分析

1. 电动机起动

合上 QF,按下点动按钮 SB,控制电路接触器线圈 KM 得电,其主电路动合触点闭合,电动机起动旋转。

2. 电动机停转

松开按钮 SB,KM 线圈失电,其主电路动合触点断开,M 电动机失电停转,实现电动机点动控制。

3. 电路中的熔断器起短路保护作用

熔断器在电路中一般起短路保护作用。

知识链接　元器件的认识、安装与使用

一、控制按钮

1. 控制按钮的外形、结构及符号

控制按钮简称按钮,是手动按压式开关,多应用于低压、小电流的弱电控制电路,是主令电器,如图 1-19 所示是几种常见的按钮。

(a) ZXF系列防爆防腐按钮

(b) LA蘑菇头控制按钮

(c) LA4系列按钮

(d) LA5821系列防爆防腐按钮

图 1-19　几种常见的控制按钮

按钮主要用于远距离手动控制电磁式电器，如继电器、接触器等，还可用于转换各种信号电路和电气联锁电路。

LA19 系列按钮外形如图 1-20(a)所示，原理结构及符号如图 1-20(b)、(c)所示。控制按钮一般由按钮、复位弹簧、触点和外壳组成。

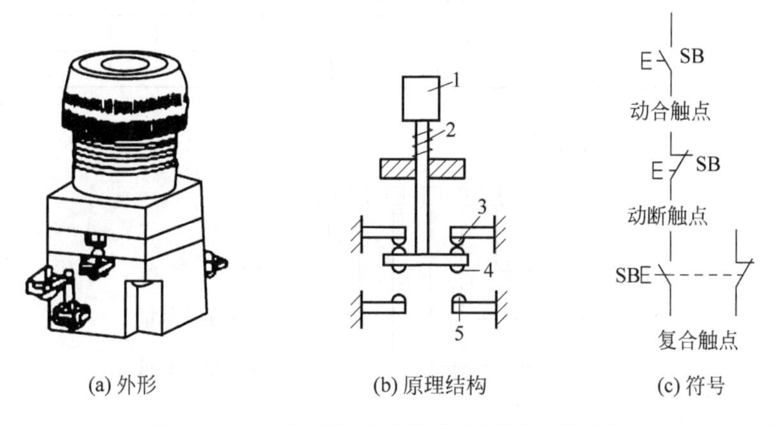

图 1-20　LA19 系列按钮外形、原理结构及符号

1—按钮帽；2—复位弹簧；3—动断静触点；4—动触点；5—动合静触点

按钮的触点有动断、动合和复合触点 3 种，复合触点包括一闭、一开触点。按钮可做成单式(一个按钮)、复式(两个按钮)、三联式(三个按钮)等。为便于识别各个按钮的作用，避免误操作，通常在按钮上做出不同的标志或涂上不同的颜色，一般红色表示停止按钮，绿色或黑色表示起动按钮。

2. 按钮的种类

按钮按保护形式分为开启式、保护式、防水式、防腐式、防爆式等；按结构分为嵌压式、紧急式、钥匙式、带信号灯式、带灯紧急式等。

常用按钮有 LA-18、LA-19、LA-20 等系列。除单支按钮外，常见几支按钮组合在一起的组合开关，应用更为方便。

3. 按钮的工作原理

按下按钮时，先分断动断触点，然后再接通动合触点；按钮释放后，在复位弹簧的作用下，动合触点先分断，动断触点后闭合。

4. 按钮的技术参数、型号表示方式及含义

常用按钮的基本技术参数见表 1-11。

表 1-11 常用按钮的基本技术参数

型 号	额定电压/V	额定电流/A	结构形式	触点对数		按钮数	按钮颜色
				动断	动合		
LA2	500	5	元器件	1	1	1	黑、绿、红
LA10-2K			开启式	2	2	2	黑、绿、红
LA10-3K			开启式	3	3	3	黑、绿、红
LA10-2H			保护式	2	2	2	黑、绿、红
LA10-3H			保护式	3	3	3	黑、绿、红
LA18-22J			元器件(紧急式)	2	2	1	红
LA18-44J			元器件(紧急式)	4	4	1	红
LA18-22Y			元器件(钥匙式)	2	2	1	黑
LA18-44Y			元器件(钥匙式)	4	4	1	黑
LA18-66X			元器件(旋钮式)	6	6	1	黑
LA19-11J			元器件(旋钮式)	1	6	1	红
LA19-11D			元器件(带指示灯)	1	1	1	红、绿、黄、蓝、白

按钮的型号表示方式及含义：

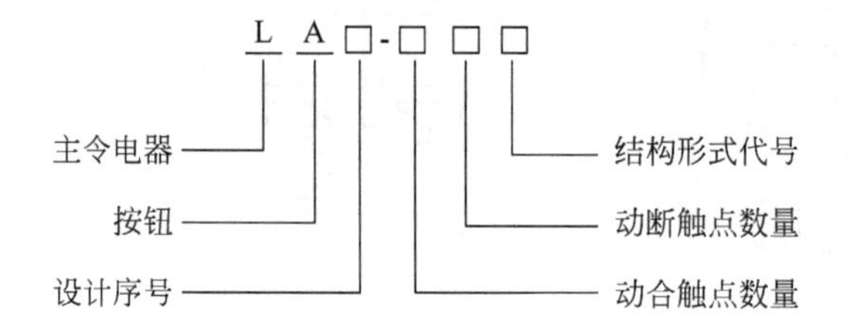

5. 按钮的检测

用万用表欧姆挡的黑红表笔分别接在触点的两端进行检测，当接在动合触点两端时，按下按钮帽，若检测结果为零，则为正常；若检测结果为∞，说明所测量两触点间有断路现象，应仔细检查找出断路点，排除故障。接在动断触点两端，按下按钮帽，若检测结果为∞，则为正常，若检测结果为零，说明所测量触点间有短路现象，应仔细检查找出短路点，排除故障。

6. 按钮的常见故障及处理方法

按钮的常见故障及处理方法见表 1-12。

表 1-12 按钮的常见故障及处理方法

故障现象	可能原因	处理方法
触点接触不良	1. 触点烧损。 2. 触点表面有尘垢。 3. 触点弹簧失灵	1. 修整触点或更换产品。 2. 清理触点表面。 3. 更换产品
触点间短路	1. 塑料受热变形，导致接线螺钉相碰而短路。 2. 杂物或油污在触点间形成短路	1. 更换产品，并查明发热原因。 2. 清洁按钮内部

二、交流接触器

交流接触器是一种低压自动切换并具有控制与保护作用的电磁式电器，是以电磁力代替人工动作的开关设备。如图 1-21 所示是几种常见的交流接触器。

(a) CJ20系列交流接触器

(b) GSC1(CJX4-d)四极交流接触器

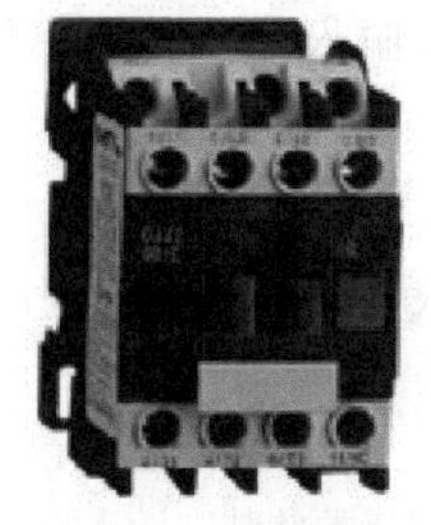

(c) CJX系列交流接触器

(d) CKJ5系列真空交流接触器

图 1-21　几种常见的交流接触器

1. 交流接触器的外形、结构及符号

交流接触器主要由三部分组成：电磁系统、触点系统和灭弧装置。

(1) 电磁系统

电磁系统由铁心及电磁线圈组成。上铁心为可动铁心，下铁心和外壳一体为静铁心。上铁心在电磁力驱动下，可向下移动，平时上铁心在复位弹簧作用下复位，两铁心处于分离状态。

铁心中间安装电磁线圈与铁心组成可动电磁铁。线圈通电后，将上方动铁心拉下，带动测试按钮与静触点闭合(或分离)。

(2) 触点系统

静触点与机壳相对不动，测试按钮与上磁体为一体结构，上下触点均为桥形，触点有较大的电流容量，由银或银合金制作，适于负载电路开断，并设有接线端子，方便接线。

(3) 灭弧装置

开关在断开时，由于电路储能作用，触点之间将产生电弧放电，由于交流电路不能用电容泄放能量，要采用金属隔板式灭弧器来减弱电弧强度，提高触点寿命。

CJ20-63 型交流接触器结构、图形、文字符号如图 1-22 所示。

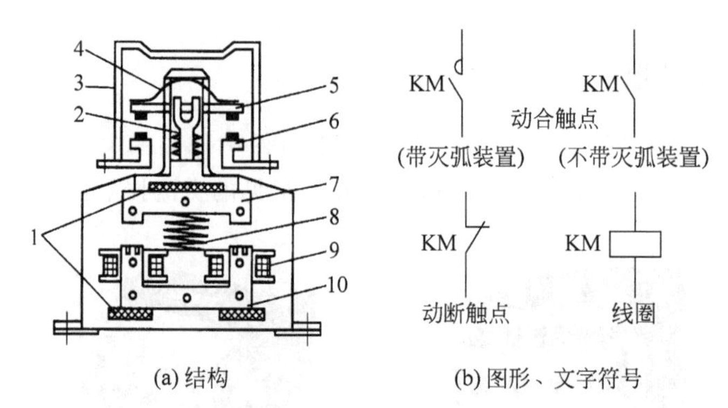

(a) 结构　(b) 图形、文字符号

图 1-22　CJ20-63 型交流接触器结构、图形、文字符号

1—垫毡；2—触点弹簧；3—灭弧罩；4—触点压力弹簧片；5—动触点(测试按钮)；6—静触点；7—衔铁；8—缓冲弹簧；9—电磁线圈；10—铁心

2. 交流接触器的使用要求

(1) 一般工作电压不应超过额定值±5%，如果输入电压过低，不能确保可靠吸合；电压过高可能会导致线圈烧毁。

(2) 触点的额定电流容量要大于负载电流 2～3 倍。

3. 交流接触器的技术参数、型号表示方式及含义

常用交流接触器的技术参数见表 1-13。

表 1-13　常用交流接触器的技术参数

型号	主触点			辅助触点			线圈		可控制三相异步电动机的最大功率/kW		额定操作频率/(次/h)
	对数	额定电流/A	额定电压/V	对数	额定电流/A	额定电压/V	电压/V	功率/(V·A)	220V	380V	
CJ10-5	3	5	均为380	动合	5	380	36，110，(127)，220，380	6	1.2	2.2	≤600
CJ10-10	3	10						11	2.2	4	
CJ10-20	3	20		两动合两动断				22	5.5	10	
CJ10-40	3	40						32	11	20	
CJ10-60	3	60						70	17	30	
CJ0-10	3	10						14	2.5	4	
CJ0-20	3	20						33	5.5	10	
CJ0-40	3	40						33	11	20	
CJ0-75	3	75						55	22	40	

交流接触器的型号表示方式及含义：

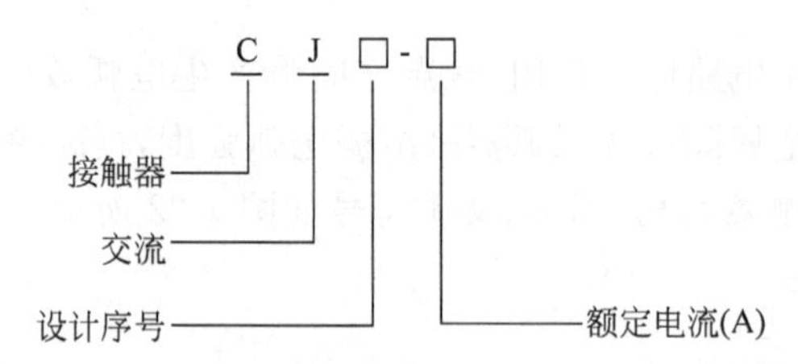

4. 接触器的选用

(1) 接触器的类型。应根据电路中负载电流的种类来选择接触器。交流负载选用交流接触器,直流负载选用直流接触器。

(2) 主触点的额定电压和额定电流。接触器主触点的额定电压应大于或等于线路的额定电压;主触点的额定电流应不小于负载电路的额定电流。

(3) 接触器吸合线圈的额定电压由所控制电路电压确定。

(4) 接触器触点数和种类应满足主电路和控制电路要求。

(5) 额定操作频率(次/h),即每小时允许接通的最多次数。

5. 交流接触器的安装与使用

(1) 交流接触器一般应安装于垂直面上,倾斜度不得超过 5°,若有散热孔,则应将有孔的一面放在垂直方向上,以利散热,并按规定留有适当的飞弧空间,以防飞弧烧坏相邻电器。

(2) 安装要牢固,防止松动和产生振动,接线时注意导线要压紧,不能使交流接触器受到拉力,不能让杂物进入接触器内部。

(3) 交流接触器使用时,灭弧装置必须完整有效,否则不能通电运行。

(4) 应对接触器进行定期检查,观察螺钉有无松动、可动部分是否灵活等。

(5) 保持触点清洁,对电灼伤触点进行更换。

(6) 拆装时不能损坏灭弧罩。不允许在不带灭弧罩或带破损灭弧罩的情况下运行,以免发生电弧短路事故发生。

6. 交流接触器的检测

按下交流接触器上的测试按钮(相当于线圈得电,动合触点闭合,动断触点断开),用万用表欧姆挡的黑红表笔分别接在主触点(或辅助动合触点)的两端进行检测,若检测结果为零,则为正常(此两点为动合触点);若检测结果为∞,说明所测量两触点间有断路现象,应仔细检查找出断路点,排除故障。

按下交流接触器上的黑色按钮,用万用表欧姆挡的黑红表笔分别接在辅助动断触点间进行检测,若检测结果为∞,则为正常(此两点为动断触点);若检测结果为零,说明所测量触点间有短路现象,应仔细检查找出短路点,排除故障。

用万用表欧姆挡的黑红表笔分别接在辅助动合触点间进行检测,若检测结果为零,则为正常(此两点为动合触点);若检测结果为∞,说明所测量触点间有断路现象,应仔细检查找出断路点,排除故障。

松开交流接触器上的测试按钮(相当于线圈失电,动合触点恢复断开,动断触点恢复闭合),用万用表测量的结果应与上面描述的相反。

7. 交流接触器的常见故障及处理方法

交流接触器的常见故障及处理方法见表 1-14。

表 1-14 交流接触器的常见故障及处理方法

故障现象	可能原因	处理方法
触点过热	1. 动、静触点间的电流过大(触点容量选择不当或带故障运行;系统电压过高或过低;用电设备超负荷运行等)。 2. 动、静触点间的接触电阻过大(触点压力不足;触点表面接触不良)	1. 更换接触器;检查系统电源电压是否正常;检查设备是否超负荷。 2. 更换触点压力弹簧;修整触点表面等
触点磨损	1. 电磨损。 2. 机械磨损	更换新触点,若磨损过快,应查明原因,排除故障
触点熔焊	1. 接触器容量选择不当,负载电流超过触点容量。 2. 触点压力过小。 3. 线路过载,使通过触点的电流过大	1. 选择合适的接触器。 2. 更换或调整触点压力弹簧。 3. 查明原因后更换新触点
铁心噪声大	1. 衔铁与铁心的接触面接触不良或衔铁歪斜。 2. 短路环损坏。 3. 机械方面原因	1. 修整铁心接触面。 2. 更换短路环。 3. 消除机械原因
衔铁吸不上	1. 线圈引出线连接处脱落、线圈断线。 2. 电源电压过低烧毁。 3. 机械部分卡阻	1. 更换线圈。 2. 检查电压过低的原因。 3. 消除机械原因
衔铁不能释放	1. 触点熔焊。 2. 机械部分卡阻。 3. 反作用弹簧损坏。 4. 铁心端面有油污。 5. E形铁心的防剩磁间隙过小导致剩磁过大	1. 更换触点。 2. 消除机械原因。 3. 更换反作用弹簧。 4. 清除铁心端面油污。 5. 调整剩磁间隙
线圈过热或烧毁	1. 线圈匝间短路(线圈绝缘损坏或受机械损伤,形成匝间短路或局部对地短路)。 2. 铁心与衔铁闭合时有间隙。 3. 线圈两端电压过高或过低	1. 更换线圈。 2. 调整铁心与衔铁间的间隙。 3. 检查线圈电源电压,保证线圈电压符合参数要求

一、准备工具

安装调试所需工具为验电笔、螺钉旋具(一字形和十字形)、钢丝钳、尖嘴钳、斜口钳、剥线钳、电工刀、万用表等。

二、元器件及导线的选用

所需材料明细见表 1-15。

表 1-15　所需材料明细表

序号	名　　称	文字符号	型号与规格	功　　能	单位	数量
1	三相四线制电源		～3×380/220V,20A	提供电源	处	1
2	三相异步电动机	M	Y112M-4,4kW,380V,△连接	负载	台	1
3	低压断路器	QF	DZ47-60D/3P,C10	接通或断开电路	只	1
4	熔断器	FU	RL98-16,2A	短路保护	只	5
5	控制按钮	SB	LA-18	接通或断开控制电路	只	1
6	交流接触器	KM	CJX1-9/22,380V	实现电路的自动控制	只	1
7	连接导线	黄、绿、红三色线,控制线黑色或蓝色	BVR-1.5mm²,1.0mm²塑料软铜导线	连接电路	m	若干
8	接线端子排	XT	TB2510	板内外导线对接	条	1

三、线路装接

(1) 根据图 1-18 所示原理图,选取所用元器件,并进行检测。

(2) 在网孔板上按位置图安装元器件,如图 1-23 所示。要求:各元器件的安装位置应整齐、匀称、牢固、间距合理,便于元器件的更换。

(3) 按照主电路接线,如图 1-24 所示;按照控制电路接线,如图 1-25 所示。

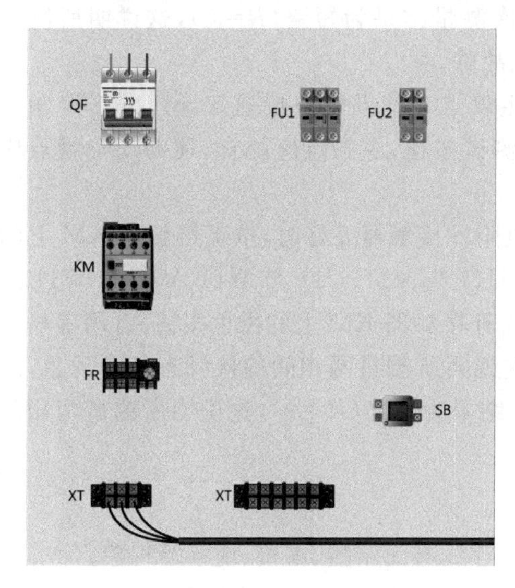

图 1-23　三相异步电动机点动控制电路元器件位置图

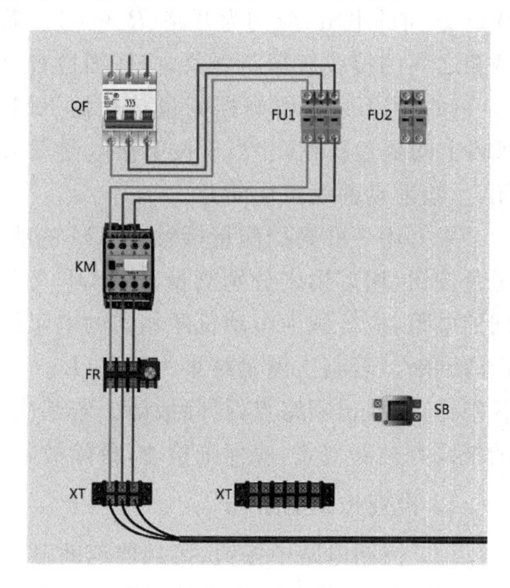

图 1-24　三相异步电动机点动控制电路(主电路)接线图

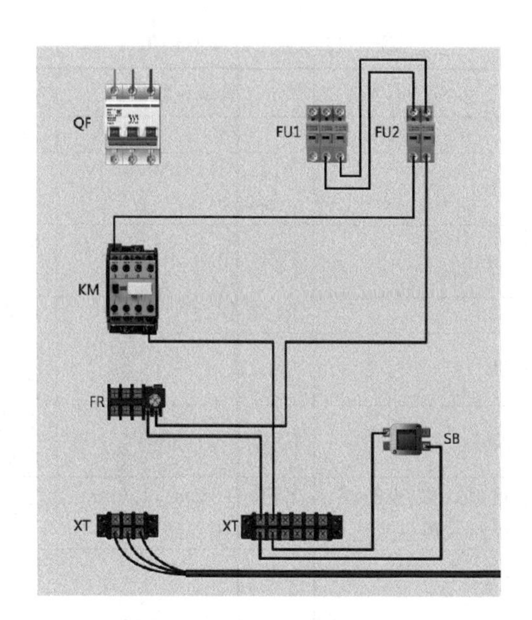

图 1-25　三相异步电动机点动控制电路(控制电路)接线图

四、线路检修

1. 检查主电路

(1) 取下 FU2 熔体,断开控制电路。

(2) 用万用表欧姆挡分别测量开关 QF 下端子 U11 与 V11、U11 与 W11、V11 与 W11 之间的电阻,应均为开路($R\to\infty$)。若某次测量结果为短路($R=0$),这说明所测量两相之间的接线有短路现象,应仔细检查,排除故障。

(3) 用万用表欧姆挡测量接触器 KM 的主触点和辅助触点接通情况。按下接触器 KM 上的黑色按钮,相当于按下接触器 KM 的测试按钮,主触点应闭合,辅助动合触点应闭合,辅助动断触点应断开。

用万用表欧姆挡测量接触器 KM 的线圈电阻。接触器完好时,按下接触器 KM 上的黑色按钮,用万用表分别测量开关 QF 下端子 U11 与 V11、U11 与 W11、V11 与 W11 之间的电阻,应分别为电动机两相间的电阻值;松开接触器 KM 上的黑色按钮,万用表显示由通到断。若某次测量结果为开路($R\to\infty$),这说明所测量两相间的接线有断开现象,应仔细检查,找出断路点,排除故障。若某次测量结果为短路($R=0$),这说明所测量两相间的接线有短路现象,应仔细检查,排除故障。

2. 检查控制电路

(1) 控制电路中按钮、接触器辅助触点间的连线有无错接、漏接、虚接等现象。

(2) 取下 FU1 熔体,装好 FU2 熔体,断开主电路。将万用表表笔分别接到 FU2 下端子 0 号线、1 号线上。

(3) 检查起动、停止控制电路。按下起动按钮 SB,万用表显示电路由通到断,起动电路接通;松开按钮 SB,万用表显示电路由通到断。

五、注意事项

(1) 对照电气原理图、元器件位置图、电路接线图进行检查,核对线号,防止接线错误和漏接。

(2) 检查按钮盒内的接线。

(3) 检查接线端子紧固情况,排除虚接现象。

(4) 用万用表检查电路通断情况,手动操作来模拟触点分合动作。

检修时应先检查主电路,后检查控制电路。检查控制板内部布线的正确性,一般在不带电的情况下进行,必要时也可进行通电校验,但考虑操作条件和安全等因素,一般不允许通电情况下进行检验。

六、电路通电调试

为确保人身安全,在通电试车时,要认真执行安全操作规程的有关规定,一人监护,一人操作。检查三相电源,将热继电器按电动机的额定电流整定好。试车前应检查与通电试车有关的电气设备是否有不安全的因素存在,若查出应立即整改,然后方能试车。

(1) 按照电路检修的基本方法,根据电路原理图检查接线的正确性。从电源端开始,逐端核对接线及接线端子处是否正确,有无漏接、错接之处。检查接点是否符合要求,压接是否牢固。

(2) 检查无误后,用万用表检查电路的通断情况。检查时,应选用数字万用表或机械万用表的电阻挡,机械万用表必须先进行挡位选择和机械调零。检查电路时,先测量两相间是否有短路,分别用表笔测量 U11 与 V11、U11 与 W11、V11 与 W11,此时两相间应该断开。

(3) 检查控制电路时,将表笔分别搭接在控制电路的 U11、V11 线端上,读数应为 $R\to\infty$。按下 SB 时,读数应为接触器线圈的电阻值。若不按 SB 按钮,万用表读数应为 $R\to\infty$,说明控制电路工作正常。

(4) 通电检测:经指导教师检查无误后方可接入三相电和电动机通电试车。

首先合上 QF,按下 SB 按钮,观察电动机是否旋转。断开 SB,观察电动机是否停转。

通电试车完毕,停转,切断电源,先拆除三相电源线,再拆除电动机线。

七、电路的一般故障排除

(1) 开路或短路故障:检查接线是否有压绝缘线皮的情况,连接电路是否有错误。

(2) 主电路开路故障:检查自动开关 QF 触点是否接触不良,检查熔断器的熔体是否损坏,接触器主触点是否接触不良。

(3) 电路实际上没有接通:检查导线与接线端子排连接处,如果没有紧固或压绝缘线皮,会造成电路实际上没有接通。

(4) 电源没有正常供电:检查电源开关是否闭合或实训台是否正常供电。

按照工作任务的训练要求完成工作任务，技能训练评价见表 1-16。

表 1-16 技能训练评价

班级		姓名		指导教师		总分		
项目及配分	考核内容			评分标准		小组自评	小组互评	教师评价
装前检查（15分）	1. 按照原理图选择元器件。 2. 用万用表检测元器件			1. 元器件选择不正确，扣5分。 2. 不会筛选元器件，扣5分。 3. 电动机质量漏检，扣5分				
安装元器件（20分）	1. 读懂原理图。 2. 按照布置图进行电路安装。 3. 安装位置应整齐、匀称、牢固、间距合理，便于元器件的更换			1. 读图不正确，扣10分。 2. 电路安装不正确，扣5～10分。 3. 安装位置不整齐、不匀称、不牢固或间距不合理，每处扣5分。 4. 不按布置图安装，扣15分。 5. 损坏元器件，扣15分				
布线（25分）	1. 布线时应横平竖直，分布均匀，尽量不交叉，变换走向时应垂直。 2. 剥线时严禁损伤线心和导线绝缘层。 3. 接线点或接线柱严格按要求接线			1. 不按原理图接线，扣20分。 2. 布线不符合要求，每根扣5～10分。 3. 接线点（柱）不符合要求，扣5分。 4. 损伤导线线心或绝缘层，每根扣5分。 5. 漏线，每根扣2分				
线路调试（20分）	1. 会使用万用表测试控制电路。 2. 完成电路调试使电动机正常工作			1. 测试控制电路方法不正确，扣10分。 2. 调试电路参数不正确，每步扣5分。 3. 电动机不转，扣5～10分				
检修（10分）	1. 检查电路故障。 2. 排除电路故障			1. 查不出故障，扣10分。 2. 查出故障但不能排除，扣5分				
职业与安全意识（10分）	1. 工具摆放、工作台清理、余废料处理。 2. 严格遵守操作规程			1. 工具摆放不整齐，扣3分。 2. 工作台清理不干净，扣3分。 3. 违章操作，扣10分				

任务小结

通过本任务的学习，应学会识读三相异步电动机点动控制电路的电路原理图、元器件位置图、电气互连图，掌握三相异步电动机点动控制电路的安装、调试、检查电路的基本方法，掌握对三相异步电动机点动控制电路一般故障的查找和排除的方法。

一、CJ20 系列交流接触器

CJ20 系列交流接触器主要用于交流 50Hz、电压 660V 以下、电流 630A 及以下的动力电路中，供远距离接通和分断电路以及频繁地控制电动机的起动和停止。

产品结构采用立式布局，主触点采用双断点的桥式触点，材料选用银基合金，具有很高的抗熔焊和耐电磨损性能。不同产品的辅助触点根据额定电流的不同可进行组合，灭弧罩按额定电压和额定电流不同采用栅片式和纵缝式灭弧。线圈电压可采用交流 50Hz、电压为 36V、127V、230V、380V 或直流 24V、48V、110V、220V 等多种。外形如图 1-26 所示。

图 1-26　CJ20 系列交流接触器外形图

二、CJK 系列真空接触器

CJK 系列真空接触器的特点是主触点在真空灭弧室内，灭弧能力强，因而体积小、寿命长、维修工作量小。

常用的 CJK 系列产品适用于交流 50Hz、额定电压 660V 或 1140V 以下、额定电流 600A 的电力电路中，供远距离接通或分断电路及频繁地控制电动机的起动和停止。可与保护装置配合使用，组成防爆型电磁起动器。其外形如图 1-27 所示。

图 1-27　CJK 系列真空接触器外形图

接触器的识别与检测。

一、练习目标

(1) 熟悉常用接触器的外形和基本结构,能辨别不同类型的接触器

(2) 识读常用接触器的说明书,进一步掌握接触器的型号、符号、用途、技术参数及适用场合。

(3) 通过测量,能判断常用接触器质量的好坏。

二、工具、仪表及器材

(1) 工具、仪表由学生根据需要自行选定并校验。

(2) 器材:CJ10、CZ0 等系列接触器若干个(可将其铭牌用胶布盖住)。

三、训练内容

(1) 识别接触器的型号、记录型号、解释型号的意义。

(2) 识读使用说明书,根据所给接触器的说明书,说明该接触器的主要技术参数和适用场合。

(3) 接触器的结构与测量:仔细观察接触器的结构,熟悉其主要部件的名称、作用及工作原理;用万用表测量接触器各对主触点、辅助触点之间的电阻和线圈的直流电阻,以判断接触器的好坏。

(4) 更换熔断器的熔体,对已经熔断的熔体,按原规格选配新熔体并进行更换。

四、注意事项

(1) 使用仪表测量时,应注意仪表的使用规程。

(2) 测量接触器时,应防止损坏接触器。

任务 1.3 三相异步电动机连续控制电路

机床电气设备正常工作时,电动机一般处于连续运行状态,在点动控制电路中,手指必须一直按在按钮上电动机才能连续运转,手指松开后,电动机停转,这种控制电路对于生产机械中电动机的短时间控制非常有效,但是这种控制方式无法对需要电动机长期连续运转工作的电路进行有效控制,操作人员的一只手被固定,不方便进行其他操作,并且劳动强度大。因此,在要求电动机连续控制的电路中,通常采用图 1-28 所示的控制电路。

本次工作任务将完成三相异步电动机连续控制电路的安装与调试，并学习其工作原理。

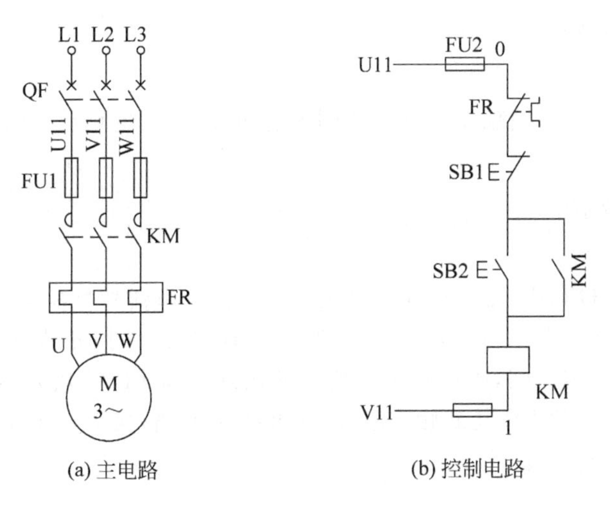

(a) 主电路　(b) 控制电路

图 1-28　具有过载保护的单向旋转连续控制电路

为了改善控制电路，通常采用三相异步电动机接触器自锁控制电路，可以解决连续运转问题。

一、电路构成

电路由低压断路器(自动空气开关)、熔断器、按钮、接触器、热继电器、三相异步电动机和连接导线等构成。

元器件作用如下。

(1) 低压断路器 QF：电源控制开关。

(2) 熔断器 FU：进行短路保护。

(3) 按钮：手动控制电路通断。

(4) 接触器：自动控制电路通断。

(5) 热继电器：过载保护。

(6) 导线：连接电路。

(7) 电动机：电路负载。

二、工作原理分析

1. 电动机起动

合上电源开关 QF，按下起动按钮 SB2，接触器 KM 线圈得电并吸合，其主触点闭合，电动机 M 运转，同时 KM 动合辅助触点闭合起自锁作用。这种用接触器本身的触点来使其线圈保持通电的环节称为“自锁”环节，与起动按钮 SB2 并联的 KM 的动合辅助触点称为自锁触点。当放开起动按钮后，仍可保证 KM 线圈通电，电动机仍然正常运行，实现电动机的连续运行控制。

2. 电动机停止

按下停止按钮 SB1，接触器 KM 因线圈失电而释放，其主触点、动合辅助触点断开，电动机 M 停转。

3. 电路中的保护

(1) 过载保护

电动机在运行过程中，如果由于过载或其他原因使电流超过额定值时，这将引起电动机过热。因此，必须对电动机进行过载保护。常用的过载保护元器件是热继电器。当电动机过载时，经过一定时间，串接在主电路中的热继电器 FR 的热元器件因受热弯曲，能使串接在控制电路中的 FR 动断触点断开，切断控制电路，接触器 KM 的线圈断电，主触点断开，电动机 M 便停转。

(2) 短路保护

由于热继电器的发热元器件有热惯性，热继电器不会因电动机短时过载冲击电流和短路电流的影响而瞬时动作，所以在使用热继电器作过载保护的同时，还必须设有短路保护，并且选作短路保护的熔断器熔体的额定电流不应超过 4 倍热继电器发热元器件的额定电流。

(3) 欠电压保护

在电动机运行时，如果电源电压下降，电动机的电流就会上升，若电源电压下降严重，可能烧坏电动机。在具有自锁控制的电路中，当电动机旋转时，电源电压降到较低(一般在工作电压的 85%以下)时，接触器线圈的磁通则变得很弱，电磁吸力不足，动铁心在反作用弹簧的作用下释放，自锁触点断开，失去自锁，同时主触点也断开，电动机断电停转，得到了保护。这种在电动机电源电压较低时能自动切断电动机电源的保护作用称为欠电压保护。

(4) 失电压保护

在电动机运行时，有时会遇到电源临时停电，在恢复供电时，如果没有防范措施而使电动机自行起动运行，很容易造成设备损坏和人身事故。在具有自锁控制的电路中，由于自锁触点和主触点在停电时已经同时断开，所以在恢复供电时，控制电路和主电路都不会自行接通，电动机不会自行起动，只有按下起动按钮，电动机才能起动运行。这种在突然断电时能自动切断电动机电源的保护作用称为失电压保护。

电气控制线路的功能各不相同，主电路和控制电路的结构也不同，但对电路进行保护的原理和措施与上面所述方法基本相同。

知识链接 元器件的认识、安装与使用

继电器是一种根据输入信号(电量或非电量)的变化，接通或断开小电流电路，实现自动控制和保护的电力拖动装置的电器。继电器一般不直接控制电流较大的主电路，而是通过接触器或其他电器对主电路进行控制。它具有触点分断能力小、结构简单、体积小、重量轻、反应灵敏、动作准确、工作可靠等特点。

继电器主要由感测机构、中间机构和执行机构三部分组成。通过感测机构将感测到的电量或非电量传递给中间机构，并将它与预定值(整定值)比较，当达到预定值时，中间

机构便使执行机构动作，从而接通或断开电路。

继电器按输入信号的性质可分为电压继电器、电流继电器、时间继电器、速度继电器、压力继电器等；按工作原理可分为电磁式继电器、电动式继电器、感应式继电器、晶体管式继电器和热继电器等；按输出方式可分为有触点式继电器和无触点式继电器。

下面介绍热继电器，其他继电器将在后面的项目中陆续介绍。

热继电器是利用电流的热效应来切断电路的保护电器，它在电路中用作电动机的长期过载保护。

一、热继电器的外形、结构及符号

图 1-29 所示是几种常见的热继电器。

(a) JR36-63型热继电器

(b) 3UA5040-1C型热继电器

(b) JR20-10L型热继电器

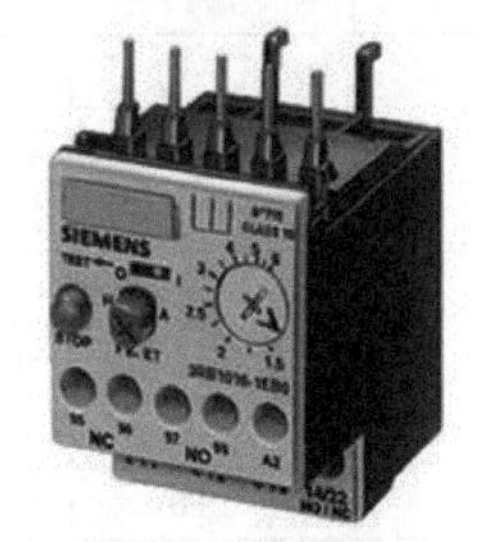

(d) 电子式热继电器

图 1-29 几种常见的热继电器

热继电器由热元器件、触点系统、动作机构、复位按钮、整定电流装置和温升补偿元器件等部分组成，如图 1-30 所示，其中图 1-30(a)为结构图，图 1-30(b)为图形和文字符号。

二、热继电器的工作原理

热元器件由主双金属片 1、2 及围绕其外面的电阻丝 3、4 组成。双金属片是由两种热膨胀系数不同的金属经辗压而成。热元件应串接于电动机定子绕组电路中，当电动机正常运行时，热元件产生的热量虽能使双金属片产生弯曲变形，但还不足以使继电器的触点动作。当电动机过载时，工作电流增大，热元件产生的热量也增多，温度升高，使双金属片弯曲位移增大，并推动导板 5 使继电器触点动作，从而切断电动机控制电路，达到过载保护的目的。

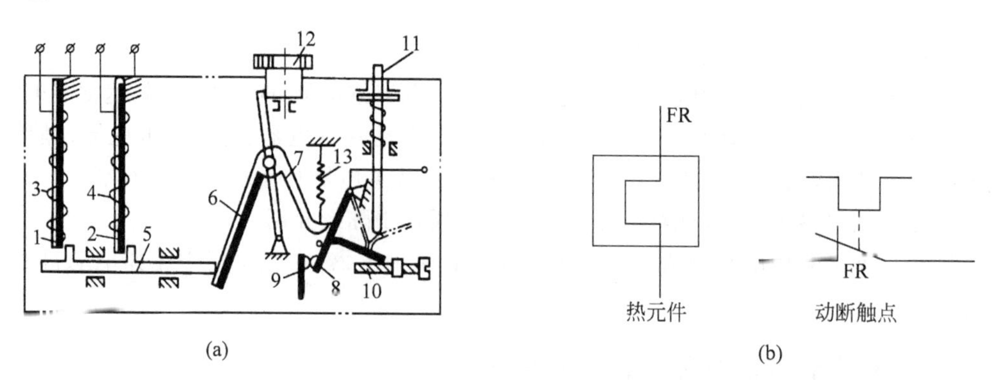

图 1-30 热继电器结构图、图形和文字符号

1、2—主双金属片；3、4—电阻丝；5—导板；6—温度补偿双金属片；7—推杆；8—动触点（测试按钮）；9—静触点；10—螺钉；11—复位按钮；12—调节凸轮；13—弹簧

三、热继电器的技术参数、型号表示方式及含义

常用热继电器的技术参数见表 1-17。

表 1-17 常用热继电器的技术参数

型号	额定电压/V	额定电流/A	相数	热元件 最小规格/A	热元件 最大规格/A	热元件 挡数	断相保护	温度补偿	复位方式	动作灵活性检测装置	动作后的指示	触点数量
JR16（JR0）	380	20	3	0.25～0.35	14～22	12	有	有	手动或自动	无	无	1动合、1动断
		60		14～22	10～63	4						
		150		40～63	100～160	4						
JR15		10	2	0.25～0.35	6.8～11	10	无					
		40		6.8～11	30～45	5						
		100		32～50	60～100	3						
		150		68～110	100～150	2						
JR20	660	6.3	3	0.1～0.15	5～7.4	14	无	有	手动或自动	有	有	1动合、1动断
		16		3.5～5.3	14～18	6	有					
		32		8～12	28～36	6						
		63		16～24	55～71	6						
		160		33～47	144～170	9						
		250		83～125	167～250	4						
		400		130～195	267～400	4						
		630		200～300	420～630	4						

热继电器的型号及含义：

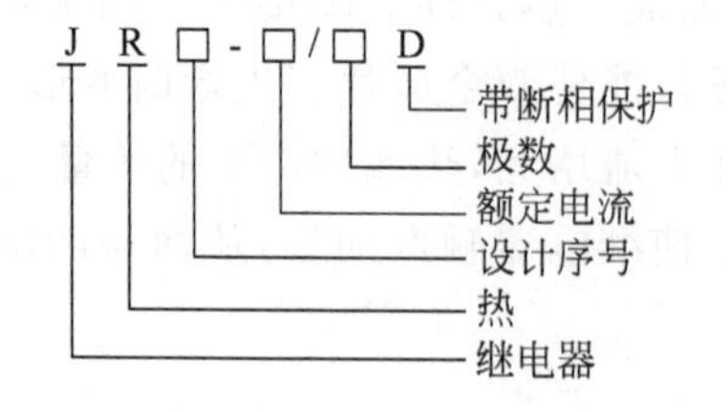

四、热继电器的选用

选择热继电器时，主要根据所保护电动机的额定电流来确定热继电器的规格和热元件的电流等级。

(1) 选择热继电器的规格时，应使热继电器的额定电流略大于电动机的额定电流。

(2) 热元件的电流等级和整定电流值选择。在确定热元件的电流等级时要考虑整定电流应留有一定的上下限调整范围。一般情况下，热元件的整定电流为电动机额定电流的0.95～1.05倍。但如果电动机拖动的是冲击性负载或起动时间较长及拖动的设备不允许停电的场合，则热继电器的整定电流可取电动机额定电流的1.1～1.5倍。如果电动机的过载能力较差，则热继电器的整定电流可取电动机额定电流的0.6～0.8倍。

(3) 热继电器的结构形式选择。对于定子绕组作Y连接的电动机可选用普通三相结构的热继电器，而作△连接的电动机应选用三相带断相保护装置的热继电器。

五、热继电器的安装与使用

(1) 热继电器必须按照产品说明书中规定的方式安装。安装处的环境温度应与电动机所处环境温度基本相同。当与其他电器安装在一起时，应注意将热继电器安装在其他电器的下方，以免其动作特性受到其他电器发热的影响。

(2) 热继电器安装时应检查、清除触点表面尘污，以免因接触电阻过大或接触不良而影响热继电器的动作性能。

(3) 热继电器出线端的连接导线应按规定选用，否则会影响热继电器的动作。这是因为导线的粗细和材料将影响热元件端接点传导到外部热量的多少。导线过细，轴向导热慢，热继电器超前动作；导线过粗，轴向导热快，热继电器滞后动作。

(4) 使用中的热继电器应定期通电校验。此外，当发生短路事故后，应检查热元件是否已发生永久变形。若已变形，则需通电校验。因热元件变形或其他原因致使动作不准确时，只能调整其可调部件，绝不能弯折热元件。

(5) 热继电器在出厂时均调整为手动复位方式，如果需要自动复位，则只要将复位螺钉顺时针方向旋转3～4圈，稍微旋紧即可。

(6) 热继电器在使用中应定期清除尘埃和污垢，若发现双金属片上有锈斑，则应用清洁棉布轻轻擦除，切勿用砂纸打磨。

六、热继电器的检测

用万用表欧姆挡的黑红表笔分别接在热继电器的动断触点的两端进行检测，若检测结果为零，则为正常(此两点为动断触点)；若检测结果为∞，说明所测量两触点间有断路现象，应仔细检查找出断路点，排除故障。

按下热继电器上的红色按钮(相当于动合触点闭合，动断触点断开)，用万用表欧姆挡的黑红表笔分别接在动断触点间进行检测，若检测结果为∞，则为正常(此两点为动断触点)；若检测结果为零，说明所测量触点间有短路现象，应仔细检查找出短路点，排除故障。

断开热继电器上的红色按钮(相当于动合触点恢复断开,动断触点恢复闭合),用万用表测量的结果与上面描述的正好相反。

七、热继电器的常见故障及处理方法

热继电器的常见故障及处理方法见表1-18。

表1-18 热继电器的常见故障及处理方法

故障现象	可能原因	处理方法
热元件烧断	1. 负载侧电流过大或短路。 2. 动作频率过高	1. 排除故障,更换热继电器。 2. 更换参数合适的热继电器
热继电器不动作	1. 热继电器的额定电流值选用不合适。 2. 整定值偏大。 3. 动作触点接触不良。 4. 热元件烧断或脱焊。 5. 动作机构卡阻。 6. 导板脱出	1. 按所保护设备额定电流重新选择。 2. 合理调整整定值。 3. 消除触点接触不良因素。 4. 更换热继电器。 5. 消除卡阻原因。 6. 重新调整并调试
动作不稳定,时快时慢	1. 内部机构某些部件松动。 2. 双金属片变形。 3. 通电电流波动太大。 4. 接线螺钉松动	1. 将这些部件加以固定。 2. 更换双金属片。 3. 检查电源电压或所保护设备。 4. 拧紧接线螺钉
动作太快	1. 整定值偏小。 2. 电动机起动时间太长。 3. 连接导线太细。 4. 操作频率太高。 5. 可逆转换(正反转)太频繁。 6. 安装环境温度与电动机所处环境温度差太大	1. 合理调整整定值。 2. 按起动时间的要求,选择具有合适的可返回时间的热继电器或在起动过程将中继电器短接。 3. 选择合适的连接导线。 4. 更换合适的型号。 5. 可改用其他保护形式。 6. 按两地温差选用配置合适的热继器
主电路断相	1. 热元件烧断。 2. 接线螺钉松动或脱落	1. 更换热元件或热继电器。 2. 将接线螺钉紧固
控制电路不通	1. 触点烧坏或接触不良。 2. 可调整式旋钮转到了不合适的位置。 3. 动作后没有复位	1. 更换触点或弹簧片或热继电器。 2. 调整旋钮或螺钉。 3. 按动复位按钮

一、准备工具

安装调试所需工具为验电笔、螺钉旋具(一字形和十字形)、钢丝钳、尖嘴钳、斜口钳、剥线钳、电工刀、万用表等。

二、元器件及导线的选用

所需材料明细见表1-19。

表1-19 所需材料明细表

序号	名　称	文字符号	型号与规格	功　能	单位	数量
1	三相四线制电源		～3×380/220V,20A	提供电源	处	1
2	三相异步电动机	M	Y112M-4,4kW,380V,△连接	负载	台	1
3	低压断路器	QF	DZ47-60D/3P,C10	接通或断开电路	只	1
4	熔断器	FU	RL98-16,2A	短路保护	只	5
5	控制按钮	SB	LA-18	接通或断开控制电路	只	2
6	交流接触器	KM	CJX1-9/22,380V	实现电路的自动控制	只	1
7	热继电器	FR	JR20	过载保护	只	1
8	连接导线	黄、绿、红三色线,控制线黑色或蓝色	BVR-1.5mm^2,1.0mm^{2}塑料软铜导线	连接电路	m	若干
9	接线端子排	XT	TB2510	板内外导线对接	条	1

三、线路装接

(1) 根据图1-28所示控制电路图,选取所用元器件,并进行检测。

(2) 在网孔板上安装元器件如图1-31所示。要求:各元器件的安装位置应整齐、匀称、牢固、间距合理,便于元器件的更换。

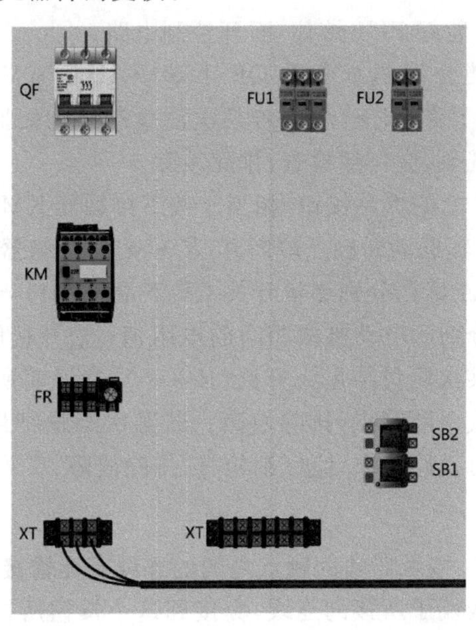

图1-31 三相异步电动机单向旋转连续控制电路元器件位置图

(3) 按照主电路接线图(见图 1-32)、控制电路接线图(见图 1-33)进行接线。

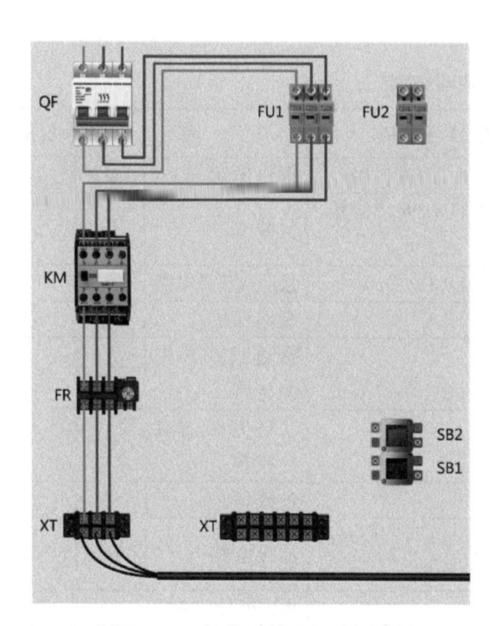

图 1-32 三相异步电动机单向旋转连续控制电路(主电路)接线图

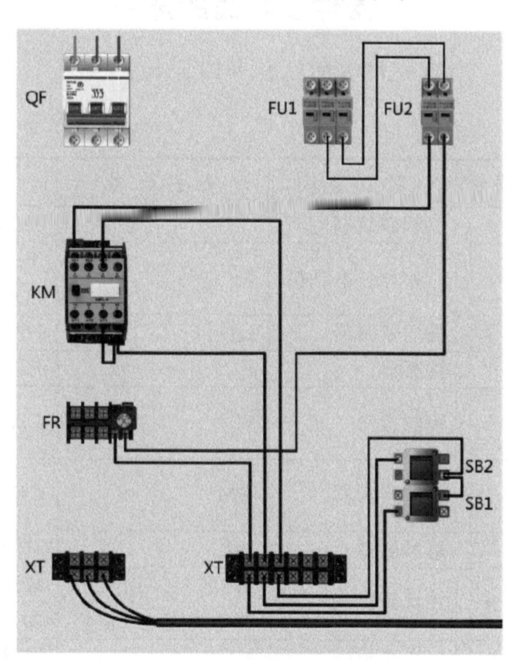

图 1-33 三相异步电动机单向旋转连续控制电路(控制电路)接线图

四、线路检修

1. 检查主电路

(1) 取下 FU2 熔体,装好 FU1 熔体,断开控制电路。

(2) 用万用表欧姆挡分别测量开关 QF 下端子 U11 与 V11、U11 与 W11、V11 与 W11 之间的电阻,应均为开路($R\to\infty$)。若某次测量结果为短路($R=0$),这说明所测量两相之间的接线有短路现象,应仔细检查,排除故障。

(3) 按下接触器 KM 上的黑色按钮,相当于按下接触器 KM 的测试按钮,KM 的辅助动合触点应闭合($R=0$),辅助动断触点应断开($R\to\infty$)。接触器完好时,按下接触器 KM 上的测试按钮,用万用表欧姆挡分别测量开关 QF 下端子 U11 与 V11、U11 与 W11、V11 与 W11 之间的电阻,应分别为电动机两相间的电阻值;松开接触器 KM 的黑色按钮,万用表显示由通到断。若某次测量结果为开路($R\to\infty$),这说明所测量两相之间的接线有断路现象,应仔细检查,找出断路点,排除故障。若某次测量结果为短路($R=0$),这说明所测量两相之间的接线有短路现象,应仔细检查,排除故障。

2. 检查控制电路

(1) 控制线路中按钮、接触器辅助触点之间的连线有无错接、漏接、虚接等现象,起动按钮的动合触点上下接线端子所接的连线,应接到这个按钮所控制的接触器的自锁触点端子。尤其要注意每一对触点的上下端子接线不可颠倒,同一根导线两端线号应相同。

(2) 取下 FU1 熔体，装好 FU2 熔体，断开主电路。将万用表表笔分别接到 FU2 下端子 0 号线、1 号线上。

(3) 检查起动、停止控制电路。按下起动按钮 SB2，万用表显示电路由断到通，电动机起动电路接通；按下停车按钮 SB1，万用表显示电路由通到断。

(4) 检查自锁电路。按下接触器 KM 的测试按钮(KM 的动触点)，与起动按钮 SB2 并联的 KM 辅助动合触点闭合，万用表显示电路由通到断，自锁电路接通；放开接触器 KM 的测试按钮，与起动按钮 SB2 并联的 KM 辅助动合触点断开，万用表显示电路由通到断。

若发现异常，重点检查接触器自锁线路、触点上下端子的连线及线圈有无断线和接触不良。容易发生错误的是 KM 自锁线接错位置，将动断触点误接成自锁线的动合触点使用，使控制电路异常。

(5) 检查过载保护环节。用万用表欧姆挡测量热继电器 FR 动断触点，按下热继电器 FR 上的测试按钮，相当于轻拨热元件自由端使其触点动作，测得热继电器动断触点由通到断，松开热继电器 FR 上的红色按钮，热继电器动断触点由通到断。

五、电路通电调试

(1) 将电路连接完整，根据电路原理图检查接线的正确性。从电源端开始，逐端核对接线及接线端子处是否接线正确，有无漏接、错接之处。检查接点是否符合要求，压接是否牢固。

(2) 检查无误后，用万用表检查线路的通断情况。检查时，应选用数字万用表或机械万用表的欧姆挡，机械万用表必须先进行挡位选择和机械调零。检查主电路时，先测量两相间是否有短路，分别用表笔测量 U11 与 V11、U11 与 W11、V11 与 W11，此时两相间应该断开。

(3) 检查控制电路时，将表笔分别搭接在 U11、V11 线端上，读数应为 $R\to\infty$。按下 SB2 时，读数应为接触器线圈的电阻值。若不按 SB2 按钮只按下接触器辅助动合触点时，万用表仍显示接触器线圈的电阻值，说明自锁可以工作。

(4) 通电检测：经指导教师检查无误后方可接入三相电和电动机通电试车。

首先按下 SB2，观察接触器吸合是否正常，此时 KM 应吸合。同时观察电动机是否旋转。

接下来再按下 SB1，KM 线圈断电，接触器触点松开，观察电动机是否停转。

通电试车完毕，停转，切断电源 QF，先拆除三相电源线，再拆除电动机线。

六、电路的一般故障排除

(1) 开路或短路故障：检查接线是否有压绝缘线皮的情况，连接线路是否有错误。

(2) 主电路开路故障：检查熔断器的熔体是否损坏，接触器主触点是否接触不良，热继电器动断触点是否接触不良。

(3) 电路实际上没有接通：检查导线与接线端子排连接处，是否没有紧固或压绝缘皮，造成电路实际上没有接通。

（4）电路没有自锁：自锁控制电路连线错误或压绝缘皮。

（5）电源没有正常供电：检查电源开关是否闭合或实训台是否正常供电。

检查评价

按照工作任务的训练要求完成工作任务，技能训练评价见表1-20。

表1-20 技能训练评价

班级		姓名		指导教师		总分		
项目及配分	考核内容			评分标准		小组自评	小组互评	教师评价
装前检查（15分）	1. 按照原理图选择元器件。 2. 用万用表检测元器件			1. 元器件选择不正确，扣5分。 2. 不会筛选元器件，扣5分。 3. 电动机质量漏检，扣5分				
安装元器件（20分）	1. 读懂原理图。 2. 按照布置图进行电路安装。 3. 安装位置应整齐、匀称、牢固、间距合理，便于元器件的更换			1. 读图不正确，扣10分。 2. 电路安装不正确，扣5～10分。 3. 安装位置不整齐、不匀称、不牢固或间距不合理，每处扣5分。 4. 不按布置图安装，扣15分。 5. 损坏元器件，扣15分				
布线（25分）	1. 布线时应横平竖直，分布均匀，尽量不交叉，变换走向时应垂直。 2. 剥线时严禁损伤线心和导线绝缘层。 3. 接线点或接线柱严格按要求接线			1. 不按原理图接线，扣20分。 2. 布线不符合要求，每根扣5～10分。 3. 接线点（柱）不符合要求，扣5分。 4. 损伤导线线心或绝缘层，每根扣5分。 5. 漏线，每根扣2分				
线路调试（20分）	1. 会使用万用表测试控制电路。 2. 完成线路调试，使电动机正常工作			1. 测试控制电路方法不正确，扣10分。 2. 调试电路参数不正确，每步扣5分。 3. 电动机不转，扣5～10分				
检修（10分）	1. 检查电路故障。 2. 排除电路故障			1. 查不出故障，扣5分。 2. 查出故障但不能排除，扣5分				
职业与安全意识（10分）	1. 工具摆放、工作台清理、余废料处理。 2. 严格遵守操作规程			1. 工具摆放不整齐，扣3分。 2. 工作台清理不干净，扣3分。 3. 违章操作，扣10分				

通过本任务的学习，掌握过载保护、短路保护、欠电压保护、失电压保护等基本概念，能够识读三相异步电动机连续控制电路的电路原理图、元器件位置图、电气互连图，掌握三相异步电动机连续控制电路的安装、调试、检查电路的基本方法，掌握对三相异步电动机连续控制电路一般故障的查找和排除的方法。

一、电流继电器

输入量为电流的继电器称为电流继电器。使用时电流继电器的线圈应串联在被测电路中，根据通过线圈电流值的大小而动作。其线圈的匝数少、导线线径粗、阻抗小。电流继电器分为过电流继电器和欠电流继电器两种。

1. 过电流继电器

当线圈通过的电流为额定值时，它所产生的电磁吸力不足以克服反作用弹簧的反作用力，此时衔铁不动作。当线圈中通过的电流超过额定值时，电磁吸力大于弹簧的反作用力，铁心吸引衔铁动作，带动动断触点断开，动合触点闭合。

通过调整反作用弹簧的作用力，可整定继电器的动作电流值。

常用的过电流继电器有 JT4 系列过电流继电器。该系列过电流继电器有的带有手动复位机构，当过电流动作后，即使电流减小甚至到零时，衔铁也不能自动复位，只有在操作人员检查并排除故障后，手动松开锁扣机构，衔铁才能在复位弹簧的作用下返回，避免重复过电流事故的发生。

2. 欠电流继电器

当通过继电器的电流减小到低于整定值时灯座的继电器称为欠流继电器。该种继电器在线圈电流正常时，其衔铁与铁心是吸合的。它常用于直流电动机励磁电路和电磁吸盘的弱磁保护。

常用的欠流继电器有 JL14-Q 等系列产品，其动作电流为线圈额定电流的 30%～50%，释放电流为线圈额定电流的 10%～20%。当通过欠电流继电器线圈的电流降到额定电流的 10%～20%时，继电器立即释放复位，动断触点闭合，动合触点断开，使控制电路做出相应的反应。

二、电压继电器

输入量为电压的继电器称为电压继电器。使用时电压继电器的线圈应并联在被测电路中，根据线圈两端电压的大小而接通或断开电路。其线圈的匝数多、导线线径细、阻抗大。

电压继电器可分为过电压继电器、欠电压继电器和零电压继电器三种。

过电压继电器是当线圈两端的电压大于其整定值时动作，用于对电路或设备作过电压保护。常用的为 JT4-A 系列，动作电压可在 105%～120%额定电压范围内调整。

欠电压继电器是当电压降到某一规定分为时动作。

零电压继电器是欠电压继电器的一种特殊形式，是当线圈两端电压降到或接近消失时才动作。常用的欠电压继电器、零电压继电器有 JT4-P 系列欠电压继电器，可在额定电压的 40%～70%范围内整定，零电压继电器的释放电压可在额定电压的 10%～35%范围内调整。

热继电器的识别与检测。

一、练习目标

(1) 熟悉常用热继电器的外形和基本结构，能辨别不同类型的热继电器。

(2) 识读常用热继电器的说明书，进一步掌握热继电器的型号、符号、用途、技术参数及适用场合。

(3) 通过测量，能判断常用热继电器质量的好坏。

二、工具、仪表及器材

(1) 工具、仪表由学生根据需要自行选定并校验。

(2) 器材：JR36-63、3UA5040-1C、JR20-10L 系列继电器若干个(可将其铭牌用胶布盖住)。

三、训练内容

(1) 识别热继电器的型号、记录型号、解释型号的意义。

(2) 识读使用说明书，根据所给热继电器的说明书，说明该热继电器的主要技术参数和适用场合。

(3) 热继电器的结构与整定电流的整定。

① 观察热继电器的结构：将后绝缘盖板拆开，认清三对热元件、接线柱、复位按钮和动合、动断触点，并说明它们的作用。

② 用万用表测量热继电器的三对热元件的阻值，动合、动断触点的电阻值，分清触点的形式。

四、注意事项

(1) 测量时应注意仪表的使用规程。

(2) 测量接触器时应防止损坏接触器。

项目总结

通过本项目的学习，应掌握刀开关、断路器、熔断器的使用方法，掌握机床电气线路布线工艺要求及电气线路检测方法。具备安装、调试刀开关、熔断器的能力；学会识读三相异步电动机单向旋转手动控制电路的电气原理图、元器件位置图、电气互连图，掌握三相异步电动机单向旋转手动控制电路的安装、调试、检查电路的基本方法，掌握对电路一般故障的查找和排除的方法。

思考与练习

一、判断题

1. 将额定电压直接加到电动机的定子绕组上，使电动机起动运转称为直接起动或全压起动。　（　）

2. 低压熔断器集控制和多种保护功能于一体，对电路或用电设备实现过载、短路和欠电压等保护，也可以用于不频繁动作的转换电路和起动电动机。　（　）

3. 刀开关适用于交流500V以下的小电流电路。　（　）

4. 在装接RL1系列熔断器时，电源线应接在上接线座。　（　）

5. 熔断器的额定电流就是熔体的额定电流。　（　）

6. 熔断器对略大于负载额定电流的过载保护是十分可靠的。　（　）

7. 刀开关、组合开关等的额定电流要大于实际电路的电流。　（　）

8. 交流接触器铁心材料用硅钢片叠压铆成，以减少铁心中产生的涡流和磁滞损耗，防止铁心发热。　（　）

9. 热继电器不能用于短路保护。　（　）

10. 对于频繁起动的电动机的过载保护，适合采用热继电器。　（　）

11. 按钮主要用于远距离手动控制电磁式电器，如继电器、接触器等，还可用于转换各种信号电路和电气联锁电路。　（　）

12. 为消除衔铁振动，交流接触器和直流接触器都装有短路环。　（　）

13. 按钮是手按下即动作，手松开即释放复位，是小电流开关电器。　（　）

14. 热继电器的整定电流是指热继电器连续工作时而动作的最小电流。　（　）

15. 交流接触器线圈电压过低或过高都会造成线圈过热。　（　）

16. 交流接触器线圈通电时，动合触点先闭合，继而动断触点断开。　（　）

17. 按钮也可作为一种低压开关，通过手动操作完成主电路的接通与分断。　（　）

18. 动断按钮可用作停止按钮使用。　（　）

二、填空题

1. 刀开关在安装时，在合闸状态下手柄应该向________，不能________或________。

2. 熔断器是低压配电网络和电力拖动系统中最常用的安全保护电器，主要用作________，有时也可用于过载保护。

3. 刀开关的额定电压应不小于电路实际工作的________。

4. 漏电保护器________安装好后，应进行试跳，试跳方法即将试跳按钮按一下，如漏电保护器开关跳开，则为________。如发现拒跳，则应送修理单位检查修理。

5. 低压电器通常指工作在额定交流电压________以下或直流电压________以下电路中的电器。

6. 使用时，熔断器应________接在所保护的电路中。

7. 低压断路器可用于________地接通和断开电路以及控制电动机的运行，当电路发生________、________和________等故障时，能自动切除故障电路，有效地保护串联在其后的电气设备。

8. 按钮一般情况下不作直接控制________的通断，而是在控制电路中发出指令或信号去控制________、继电器等电器。

9. 按钮是一种用来短时间接通或断开电路的手动主令电器，由于按钮的触点允许通过的电流较小，一般不超过________ A。

10. 继电器是一种根据________或________的变化，________或________控制电路，实现自动控制和保护电力拖动装置的电器。

11. 热继电器是利用电流流过________产生热量来使检测元件受热弯曲，进而推动执行机构动作的一种保护电器。

12. 热继电器是一种保护用继电器，主要用作三相电动机的________保护和________保护。使用中发热元件应串联在________电路中，动断触点应串联在________电路中。

13. 使用热继电器时，应将电阻丝________在主电路中，触点________在控制电路中(填串联或并联)。

14. 接触器主要由________、________和________组成。可用于远距离频繁地接通或分断交直流主回路和大容量控制电路。其符号分别是________、________和________。

15. 电器原理图中各触点的状态都按电器________和________时的开闭状态画出。

16. 热继电器的复位机构有________、________两种形式。

17. 电器的动合触点是指________；动断触点是________。

18. 实现自锁控制的基本方法是________，自锁控制电路均具有________和________保护功能。

三、选择题

1. 铁壳开关应按规定(　　)，不允许(　　)。

A. 垂直安装　　B. 水平安装　　C. 随意放在地上

2. 自动空气开关热脱扣器的保护作用是(　　)。

A. 过载保护　　B. 短路保护　　C. 失压保护

3. 在电气原理图中，熔断器的文字符号是(　　)。

A. QF　　B. XT　　C. FU　　D. QS

4. 用于电动机直接起动时，可选用额定电流大于或等于电动机额定电流(　　)倍的三极开启式负荷开关。

A. 1　　B. 3　　C. 5

5. 对于单台不经常起动且起动时间不长的电动机进行短路保护，熔断器熔体的额定电流应大于或等于电动机额定电流的(　　)倍。

A. 1　　B. 3　　C. 1.5～2.5

6. 对照明、电炉等电流较平稳、无冲击电流的负载进行短路保护，熔断器熔体的额定电流应(　　)负载的额定电流 I_N。

A. 等于或稍大于　　B. 等于3倍　　C. 等于1.5～2.5倍

7. RL1系列熔断器的熔管内充填石英砂是为了(　　)。

A. 绝缘　　B. 防护　　C. 灭弧和散热

8. 刀开关在接线时，应将(　　)接在刀开关上端，(　　)接在下端。

A. 电动机定子　　B. 转子　　C. 电源进线　　D. 负载

9. 接触器检修后由于灭弧装置损坏，该接触器(　　)使用。

A. 仍能继续　　B. 不能继续

C. 在额定电流下可以　　D. 短路故障下也可以

10. 交流接触器在检修时，发现短路环损坏，该接触器(　　)使用。

A. 能继续　　B. 不能继续

C. 在额定电流下可以　　D. 不影响

11. 选用热继电器对星形连接的三相异步电动机进行过载保护时，无须考虑的因素是(　　)。

A. 电动机额定电流的大小　　B. 电动机的起动时间和起动电流

C. 是否具有断相保护功能　　D. 电动机的绝缘等级和工作情况

12. 按下复合按钮或接触器线圈通电时，其触点动作顺序是(　　)。

A. 动断触点先断开　　B. 动合触点先闭合

C. 两者同时动作

13. 自锁控制电路具有失压保护功能，实现该功能的电器是(　　)。

A. 按钮　　B. 热继电器

C. 熔断器　　D. 接触器和按钮

14. 交流接触器铁心上装有短路环，其作用是(　　)。

A. 增加吸力　　B. 减缓冲击　　C. 消除铁心振动和噪声

15. 具有失压保护作用的控制方式是(　　)。

A. 自锁控制　　B. 刀开关手动控制

C. 点动控制

16. 设三相异步电动机 I_N=10A，进行频繁地带负载起动，熔体的额定电流应选(　　)A。

A. 10　　B. 15　　C. 50　　D. 25

17. 一般情况下，选择热继电器的热元件的整定电流为电动机额定电流的(　　)倍。

A. 0.95～1.05　　B. 1.1～1.5　　C. 0.6～0.8

18. 熔体的额定电流必须(　　)熔断器的额定电流。

A. 大于　　B. 小于　　C. 等于　　D. 小于等于

19. 热继电器的手动复位按钮是在(　　)操作。

A. 一过载就　　　　B. 过载动作 2min 后

四、简答题

1. 什么是低压电器?有哪些种类?

2. 什么是刀开关?主要用途是什么?

3. 什么是断路器?主要用途是什么?主要由哪些部分组成?简述各脱扣机构的工作原理。

4. 什么是熔断器?主要用途是什么?

5. 什么是电动机直接起动?三相笼形异步电动机在什么情况下允许直接起动?直接起动的缺点是什么?

6. 接触器主要由哪几部分构成?简述接触器的工作原理。分析交流励磁接触器铁心上的短路环起什么作用?

7. 接触器选用原则有哪些?交流接触器在使用中应注意哪些问题?

8. 熔断器能否作过载保护?为什么?

9. 电气控制对热继电器的性能要求有哪些?

10. 在电动机主电路中既然装熔断器,为什么还要装热继电器?它们各有什么作用?它们之间可否替代?为什么?

11. 简述自锁正转控制电路的工作原理并绘制接线图。

12. 简述点动和自锁概念和用途。

13. 什么是失压和欠压保护作用?利用哪些电气元件可以实现失压和欠压保护?

14. 为什么说接触器自锁控制电路具有失压和欠压保护作用?

15. 简述按钮的组成和功能。它接在主电路还是控制电路中?

16. 已知交流接触器吸引线圈的额定电压为 220V,若误接在 380V 交流电压上,会产生什么后果?为什么?若误接在 110V 交流电压上,后果又如何?

17. 机床控制电路安装完毕,如何检测?

18. 简述图 1-34 所示点动正转控制电路的工作原理并画出接线图。

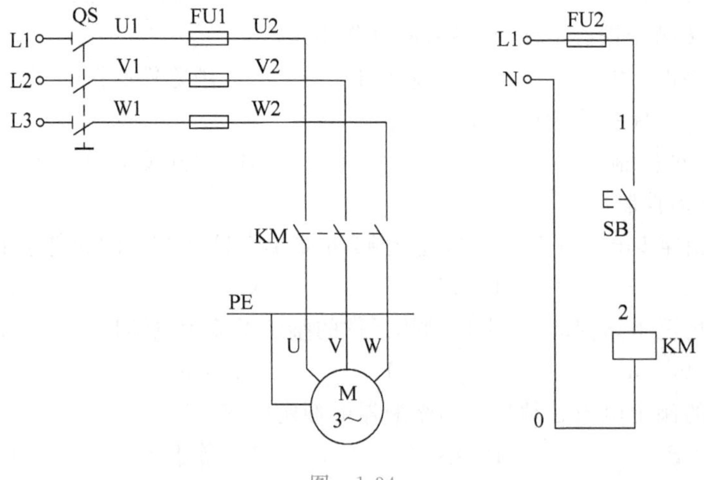

图　1-34

五、分析题

1. 分析图 1-35 所示各电路能否实现自锁控制？若不能则指出操作中产生的现象。

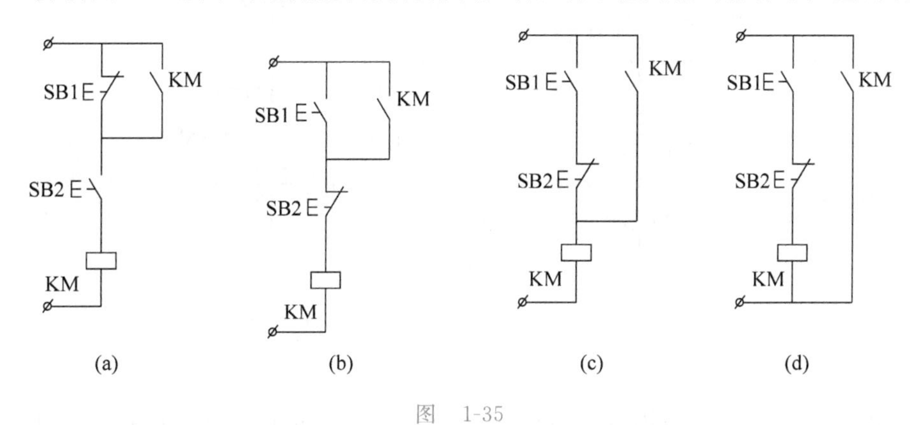

图　1-35

2. 分析图 1-36 所示各电路能否实现自锁控制？若不能则指出操作中出现的现象。

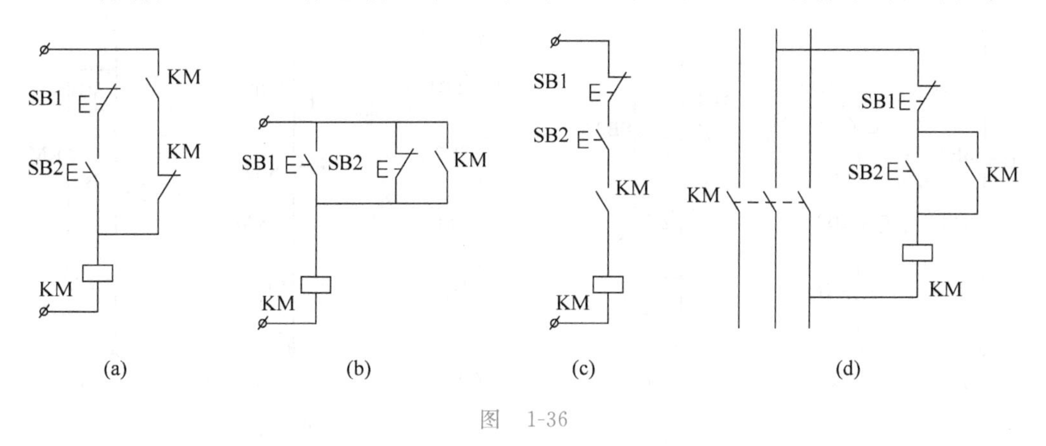

图　1-36

3. 图 1-37 所示各电路中，(　　)图能正常地起动与停机；图 1-38 所示各电路中(　　)图按正常操作后会出现短路现象。

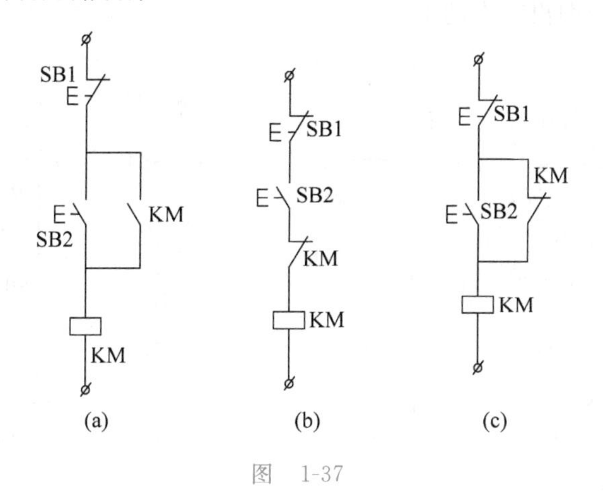

图　1-37

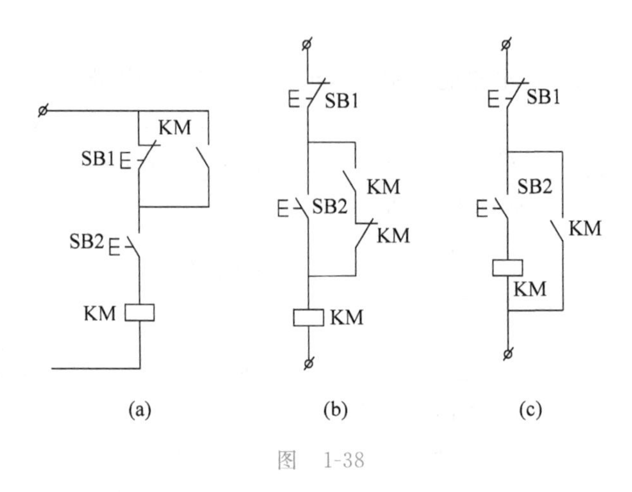

图 1-38

4. 图 1-39 所示各电路中，按正常操作时(　　)图会出现点动工作状态；图 1-40 所示各电路中，按正常操作时(　　)图 KM 无法得电动作。

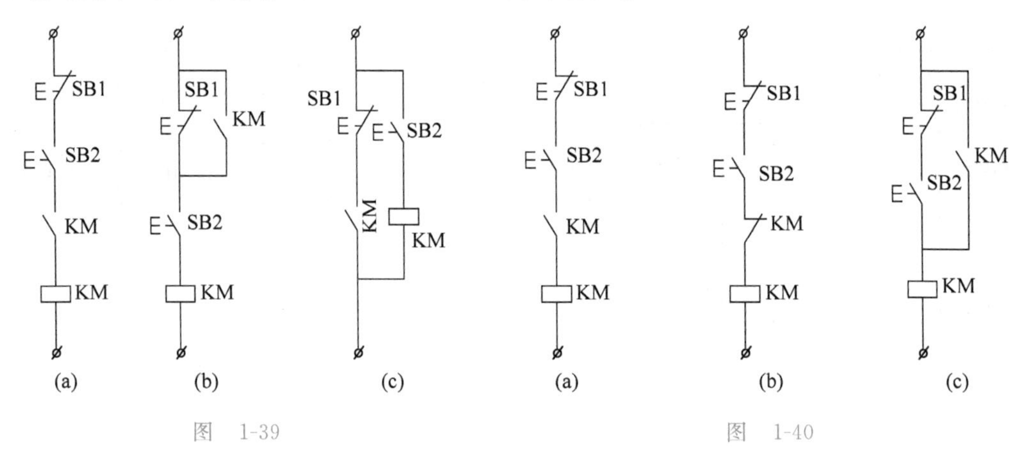

图 1-39　　图 1-40

5. 图 1-41 所示各电路中，(　　)图能实现点动和长动工作；图 1-42 所示各电路中，按正常操作时(　　)图出现点动工作。

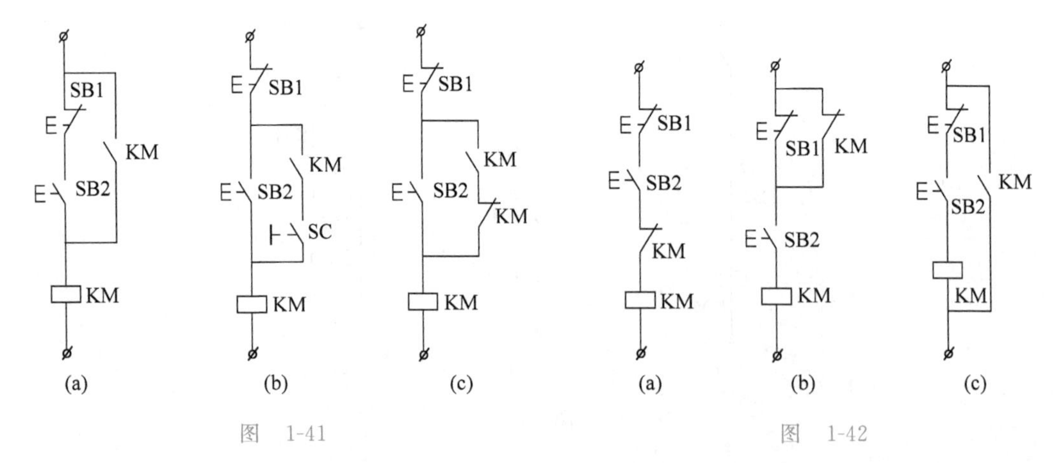

图 1-41　　图 1-42

项目2

三相异步电动机顺序起停控制电路的安装与调试

在装有多台电动机的生产机械上，各个电动机所起的作用是不同的，有时需要按一定的顺序起动或停止，才能保证操作过程的合理和工作的安全可靠。例如，M7130 型平面磨床的冷却泵电动机，要求在砂轮电动机起动后才能起动；X62W 型万能铣床上的进给电动机，要求在主轴电动机起动后才能起动。像这种要求几台电动机的起动或停止必须按一定的先后顺序来完成的控制方式称为电动机的顺序控制。

了解时间继电器的结构；理解其工作原理；理解三相异步电动机顺序起停手动和自动控制电路工作原理；掌握顺序控制概念。

学会识别、选择、安装、使用空气阻尼式时间继电器；能识读三相异步电动机顺序起停手动和自动控制电路图，根据电路图及控制要求对电路进行安装、调试与一般故障排除。

任务 2.1　三相异步电动机顺序起停手动控制电路的安装与调试

现有两台电动机按照一定的顺序起动或停止，电动机 M2 必须在电动机 M1 起动后才能起动；电动机 M2 先停止运行，电动机 M1 才能停止运行。其电气原理图如图 2-1 所

示。本工作任务将完成两台电动机顺序起动、顺序停止运行控制电路安装与调试，并学习其工作原理。

一、电路构成

根据电气控制电路原理图的绘图原则，识读两台三相异步电动机顺序起动、顺序停止控制电路电气原理图，明确电路所用元器件及它们间的关系。

在图 2-1 中，接触器 KM1 作 M1 的三相电源控制，接触器 KM2 作 M2 的三相电源控制。

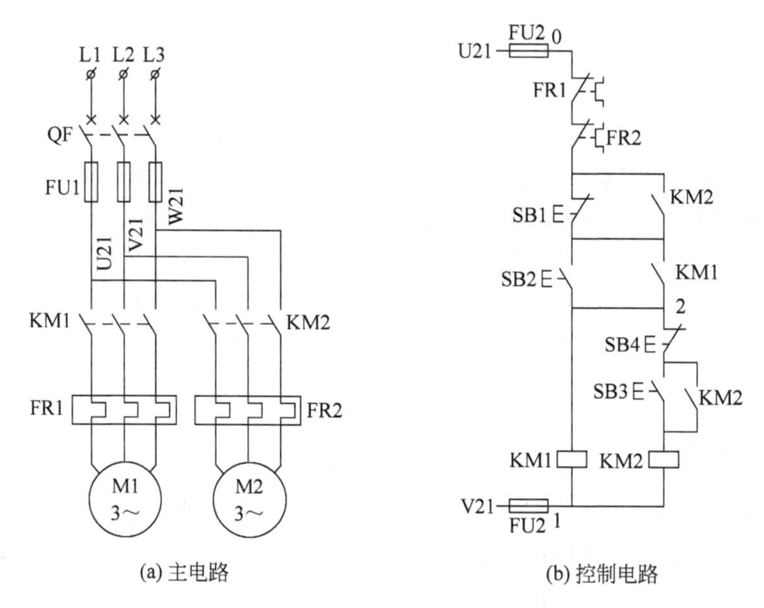

图 2-1　两台三相异步电动机顺序起停手动控制电路

二、工作原理分析

1. 电动机起动

合上电源开关 QF，先按下起动按钮 SB2，接触器 KM1 线圈得电并吸合，其三个主触点闭合，电动机 M1 起动旋转，同时 KM1 动合辅助触点闭合起自锁作用，也为 KM2 线圈得电做准备。当松开起动按钮 SB2 后，通过闭合着的 KM1 的辅助动合触点仍能使 KM1 线圈通电，电动机正常运行。此时再按下起动按钮 SB3，接触器 KM2 线圈得电并吸合，其主触点闭合，电动机 M2 旋转，同时 KM2 动合辅助触点闭合，可保证 KM2 线圈通电，松开按钮 SB3，通过闭合着的 KM1、KM2 的辅助动合触点仍能使 KM2 线圈通电，使电动机 M2 连续正常运行，实现了 M1 起动后，M2 才能起动。

2. 电动机停转

若先按下停止按钮 SB1,接触器 KM2 辅助动合触点闭合,无法断开电路。

若先按下停止按钮 SB4,KM2 线圈失电释放,其主触点、动合辅助触点断开,电动机 M2 停转;再按下 SB1,KM1 线圈失电释放,其主触点、动合辅助触点断开,电动机 M1 停转,实现了 M2 停转后,M1 才能停转。

知识链接 电气控制系统图绘图原则

一、电气原理图的图形符号和文字符号

1. 图形符号

图形符号是用于表示一个设备或概念的图形、标记或字符。例如,"~"表示交流,"—"表示直流。《电气图用图形符号》(GB 4728—2000)及《电气制图国家标准》(GB/T 6988.1—2016)规定了电气图中图形符号及图形的画法。在电气图中所有图形符号都应符合国家标准要求。

2. 文字符号

文字符号是用来表示电气设备、装置和元器件种类与功能的字母代码。文字符号分为基本文字符号、辅助文字符号和补充文字符号。

(1) 基本文字符号

基本文字符号有单字母符号与双字母符号两种。

单字母符号是用字母将各种电气设备、装置和元器件划分为 23 大类,每大类用一个专用单字母符号表示。如"Q"表示开关类,"C"表示电容器类等。

双字母符号是由一个表示种类的单字母符号与另一个字母组成,以单字母符号在前、另一个字母在后的次序列出。如"R"表示电阻器类,"RT"表示热敏电阻器。只有当用单字母符号不能满足要求,需要将大类进一步划分时,才采用双字母符号,以便较详细和更具体地表示电气设备、装置和元器件。

(2) 辅助文字符号

辅助文字符号用来表示电气设备、装置和元器件以及电路的功能、状态和特征。如"SYN"表示同步,"L"表示限制,"RD"表示红色等。辅助文字符号也可放在表示种类的单字母符号后边组成双字母符号,如"KS"表示速度继电器,"YV"表示电磁阀等。为简化文字符号,若辅助文字符号由两个以上字母组成时,允许只采用辅助文字符号的第一位字母进行组合,如"MS"表示同步电动机等。辅助文字符号还可以单独使用,如"ON"表示接通,"M"表示中间线,"PE"表示保护接地等。

(3) 补充文字符号

在使用中基本文字符号和辅助文字符号仍不够用时,可用补充文字符号进行补充,但要按照国家标准中的有关原则进行。例如,当需要在电气原理图中对相同的设备或

元器件加以区别时，常使用数字进行编号。如“G1”表示1号发动机，“T2”表示2号变压器。

二、电气原理图

电气原理图也称为电路图，它表示电流从电源到负载的传输情况和元器件的动作原理，但它不表示元器件的结构尺寸、安装位置和实际配线方法。

1. 绘图原则

绘制电气原理图应遵循以下原则。

(1) 原理图一般分主电路和控制电路两部分：主电路为从电源到电动机的电路，是大电流通过的部分，用粗线条画在原理图的左边；控制电路是通过小电流的电路，一般是由按钮、元器件的线圈、接触器的辅助触点、继电器的触点等组成的控制回路、照明电路、信号电路及保护电路等，用细线条画在原理图的右边。

(2) 电路图中各电气元器件一律采用国家标准规定的图形符号绘出，用国家标准文字符号标记。

(3) 需要测试和拆、接外部引出线的端子，应用空心圆表示；导线的交叉点用实心圆表示。

(4) 采用元器件展开图的画法。同一元器件的各部件可以不画在一起，但文字符号要相同。若有多个同一种类的元器件，可在文字符号后加上数字序号，如KM1、KM2等。

(5) 所有按钮、触点均按没有外力作用和没有通电时的原始状态画出。

(6) 控制电路的分支电路按动作顺序和信号流自上而下或自左至右的原则绘制。

(7) 电路图应按主电路、控制电路、照明电路、信号电路分开绘制。直流和单相电源电路用水平线画出，一般画在图纸上方(直流电源的正极)和下方(直流电源的负极)；多相电源集中水平画在图纸上方，按相序自上而下(或自左而右)排列；中性线(N)和保护接地线(PE)放在相线之下；主电路与电源垂直画出。控制电路与信号电路垂直画在两条水平电源线之间；耗电元器件(如电器的线圈、电磁铁、信号灯等)直接与下方水平线连接，控制触点连接在上方水平线与耗电元器件之间。

(8) 电路中各元器件触点图形符号，当图形垂直放置时以“左开右闭”绘制，即垂线左侧的触点为动合触点，垂线右侧的触点为动断触点；当图形水平放置时以“上闭下开”绘制，即在水平线上方的触点为动断触点，在下方的触点为动合触点。

2. 图区的划分

电气原理图按功能分成若干图区，通常是一条回路或一条支路划分为一个图区，并从左到右依次用阿拉伯数字编号，标注在图区下部的图形区栏中，上部为对应的功能栏。下面以CA6132型车床电气原理图为例进行说明，如图2-2所示。在图2-2中，图纸下方的1，2，3，…数字为图区编号，以便于检索、阅读和分析电气电路，避免遗漏。图区编号也可以设置在图的上方。

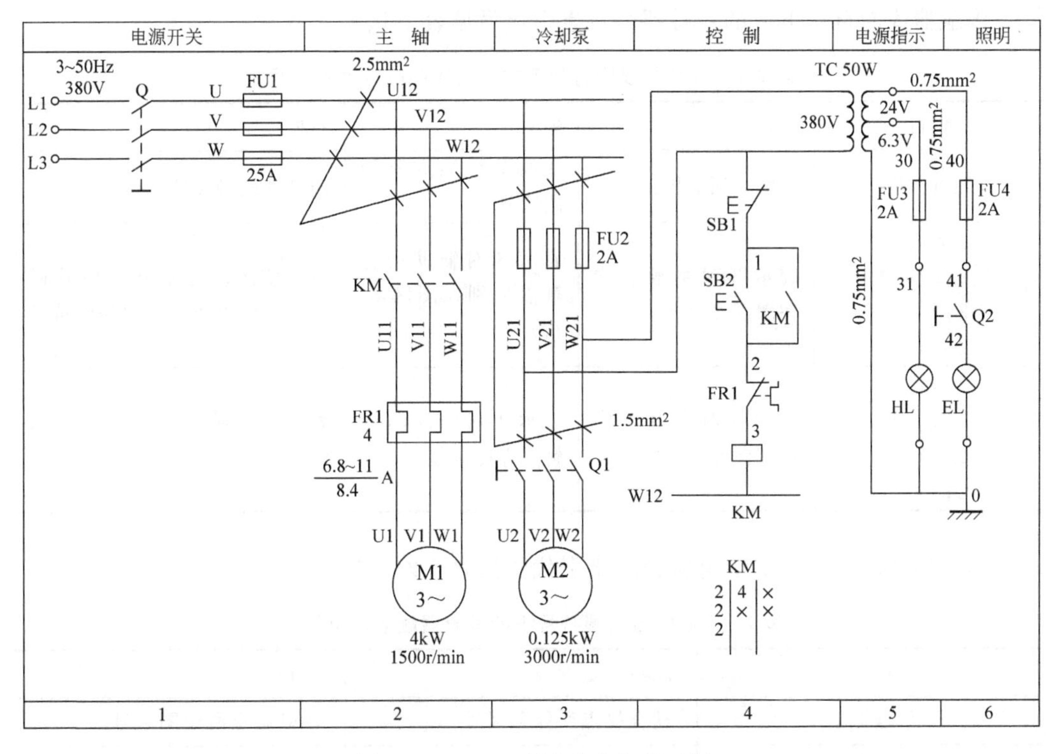

图 2-2　CA6132 型车床电气原理图

3. 符号位置

图纸上方的“电源开关”等字样，表明对应区域下方某个元器件或某部分电路的功能，以利于理解全电路的工作原理。在原理图中相应线圈的下方，给出触点的图形符号，并在其下方注明相应触点的位置，对未使用的触点用“×”表示，也可以不画。

在电气原理图中，接触器、继电器线圈与触点之间存在从属关系，对于接触器，各栏的含义为：

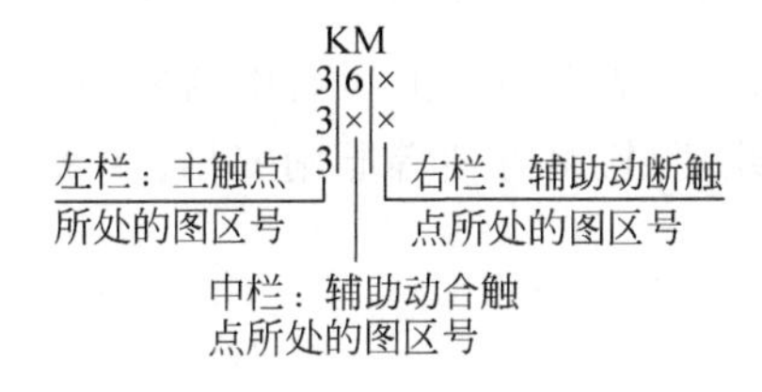

对于继电器，各栏的含义为：

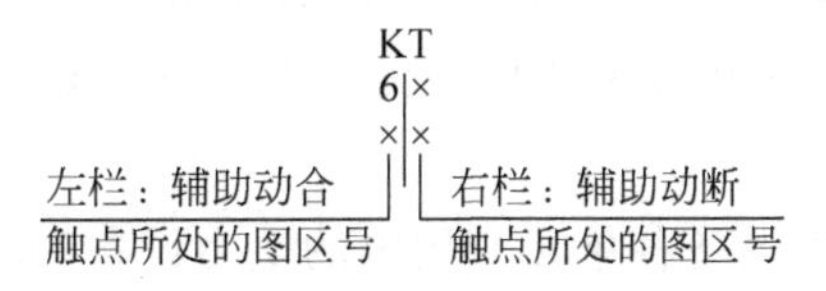

接触器线圈符号下方的接触器触点索引代号见表 2-1。

表 2-1 接触器线圈符号下方的接触器触点索引代号

<table>
<tr><th>栏目</th><th>左栏</th><th>中栏</th><th>右栏</th></tr>
<tr><td>触点类型</td><td>主触点所处图区号</td><td>辅助动合触点所处图区号</td><td>辅助动断触点所处图区号</td></tr>
<tr><td>KM
2 | 5 | ×
2 | 7 | ×
2 | 9 |</td><td>表示 3 对主触点均在图区 2</td><td>表示 3 对辅助动合触点分别在图区 5、7、9</td><td>对没使用的触点在相应的栏中用×标出或不标出任何符号</td></tr>
<tr><td>KM
2 | 9 | 12
2 | |
2 | |</td><td>表示 3 对主触点均在图区 2</td><td>表示 1 对辅助动合触点在图区 9</td><td>表示 1 对辅助动断触点在图区 12</td></tr>
</table>

继电器线圈符号下的继电器触点索引代号见表 2-2。

表 2-2 继电器线圈符号下的继电器触点索引代号

<table>
<tr><th>栏目</th><th>左栏</th><th>右栏</th></tr>
<tr><td>触点类型</td><td>动合触点所处图区号</td><td>动断触点所处图区号</td></tr>
<tr><td>KA
3 |
3 |
3 |</td><td>表示 3 对动合触点均在图区 3</td><td>表示动断触点未使用</td></tr>
<tr><td>KT
14 | 13
|</td><td>表示 1 对动合触点在图区 14</td><td>表示 1 对动断触点在图区 13</td></tr>
</table>

三、元器件位置图

元器件位置图主要用来表示成套设备上所有电器实际位置，各电气元器件的位置根据元器件布置合理、连接导线短、检修方便等原则安排。CA6132 型车床控制盘元器件位置如图 2-3 所示。

四、电气互连图

电气互连图是电气原理图的具体表现形式，可直接用于安装配线。电气互连图仅表示元器件的安装位置和实际配线方式等，不明确表示电路的原理和元器件之间的控制关系，在实际应用中接线图要与电路图及位置图一起使用。CA6132 型车床电气互连图如图 2-4 所示。

电气互连图是表明电气设备各单元与用电的电力设备(如电动机)之间的接线关系的电气图，它清楚地表明了电气设备外部元器件的相对位置及它们之间的电气连接，是实际

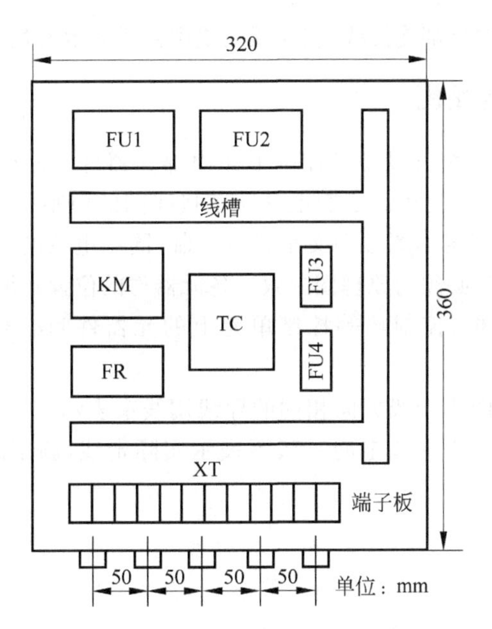

图 2-3　CA6132 型车床控制盘元器件位置图

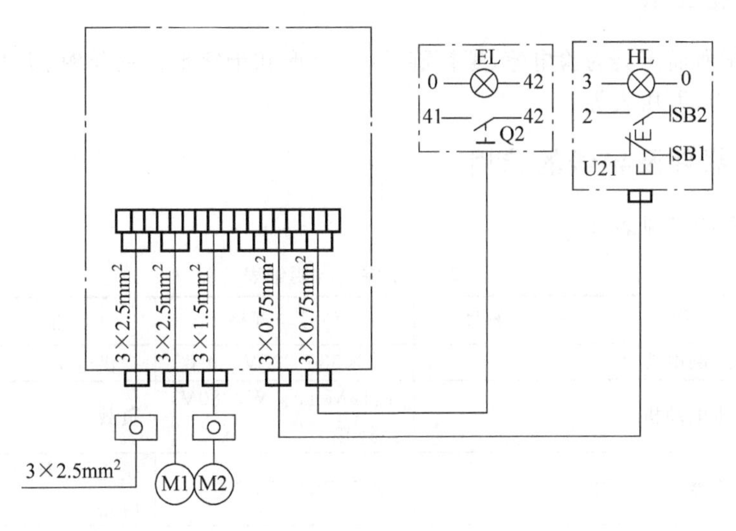

图 2-4　CA6132 型车床电气互连图

安装接线的依据，在具体施工和检修中能够起到电气原理图所起不到的作用，在生产现场得到广泛应用。绘制电气互连图的原则如下。

(1) 外部单元同一电器的各部件画在一起，布置尽可能符合电器的实际情况。

(2) 电气元器件的图形符号、文字符号和回路标记均以电气原理图为准，并保持一致。

(3) 不在同一控制箱和同一配电盘上的各电气元器件的连接，必须经接线端子板进行。互连图中的电气互连关系用线束表示，连接导线应表明导线规范(数量、截面积等)，一般表示实际走线途径，施工时由操作者根据实际情况选择最佳走线方式。

(4) 对于控制装置的外部连接线,应在图上或用接线表示清楚,并标明电源的引入点。

五、电气安装接线图

电气安装接线图表明电气设备各控制单元内部元器件之间的接线关系,是实际安装接线的依据,主要用于生产现场。绘制电气安装接线图的原则如下。

(1) 电气元器件用规定的图形和文字符号绘制,同一电器的各部分必须画在一起,其图形和文字符号及端子号必须与原理图一致。各元器件的位置必须与元器件位置图一致。

(2) 不在同一控制柜、控制箱等控制单元上的元器件间必须通过端子板进行电气连接。

(3) 电气安装接线图中走线方向相同的导线用线束表示。

(4) 电气安装接线图中导线走向一般不表示实际走线,施工时由操作者根据实际情况选择最佳走线方式。

一、准备工具

安装调试所需工具为验电笔、螺钉旋具(一字形和十字形)、钢丝钳、尖嘴钳、斜口钳、剥线钳、电工刀、万用表等。

二、元器件及导线的选用

所需材料明细见表 2-3。

表 2-3 所需材料明细表

序号	名　称	文字符号	型号与规格	功　能	单位	数量
1	三相四线制电源		~3×380/220V,20A	提供电源	处	1
2	三相异步电动机	M	Y112M-4,4kW,380V,△连接	负载	台	1
3	低压断路器	QF	DZ47-60D/3P,C10	接通或断开电路	只	1
4	熔断器	FU	RL98-16,2A	短路保护	只	5
5	控制按钮	SB	LA-18	接通或断开控制电路	只	3
6	交流接触器	KM	CJX1-9/22,380V	实现电路的自动控制	只	2
7	热继电器	FR	JR20	过载保护	只	1
8	连接导线	黄、绿、红三色线,控制线为黑色或蓝色	BVR-1.5mm^2,1.0mm^2 塑料软铜导线	连接电路	m	若干
9	接线端子排	XT	TB2510	板内外导线对接	条	1

三、线路装接

(1) 根据图 2-1 所示原理图,选取所用元器件,并进行检测。

(2) 在网孔板上按位置图安装元器件,如图 2-5 所示。要求:各元器件的安装位置应整齐、匀称、牢固、间距合理,便于元器件的更换。

(3) 按照主电路接线图(见图 2-6)、控制电路接线图(见图 2-7)进行接线。

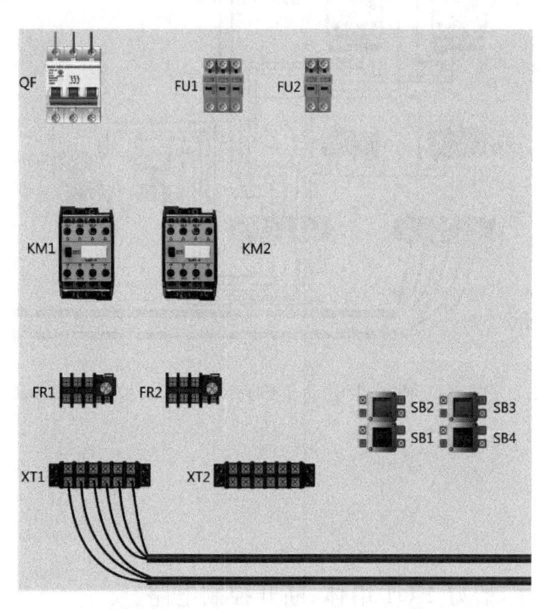

图 2-5 两台三相异步电动机顺序起停手动控制电路元器件位置图

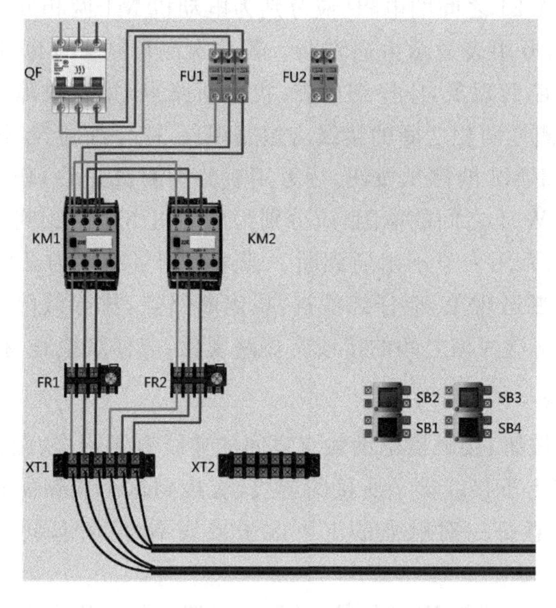

图 2-6 两台三相异步电动机顺序起停手动控制电路(主电路)接线图

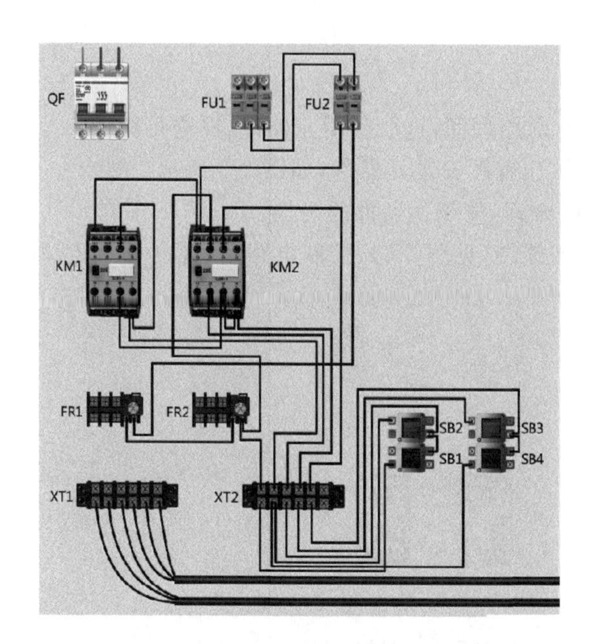

图 2-7 两台三相异步电动机顺序起停手动控制电路接线图

四、线路检修

1. 检查主电路

(1) 取下 FU2 熔体,装好 FU1 熔体,断开控制电路。

(2) 按下接触器 KM1 的测试按钮,用万用表分别测量开关 QF 下端子 U21 与 V21、U21 与 W21、V21 与 W21 之间的电阻,应分别为电动机 M1 两相间的电阻值。松开接触器 KM1 的测试按钮,万用表显示由通到断。若某次测量结果为断路($R\to\infty$),说明所测量两相之间的接线有断开现象,应仔细检查,找出断路点,排除故障。若某次测量结果为短路($R=0$),说明所测量两相之间的接线有短路现象,应仔细检查,排除故障。

(3) 按下接触器 KM2 的测试按钮,用万用表分别测量开关 QF 下端子 U21 与 V21、U21 与 W21、V21 与 W21 之间的电阻,应分别为电动机 M2 两相间的电阻值。松开接触器 KM2 的测试按钮,万用表显示由通到断。若某次测量结果为开路($R\to\infty$),说明所测量两相之间的接线有断开现象,应仔细检查,找出断路点,排除故障。若某次测量结果为短路($R=0$),说明所测量两相之间的接线有短路现象,应仔细检查,排除故障。

2. 检查控制电路

(1) 控制线路中按钮、接触器辅助触点之间的连线有无错接、漏接、虚接等现象,每个起动按钮的动合触点上下接线端子所接的连线,应接到这个按钮所控制的接触器的自锁触点端子。尤其要注意每一对触点的上下端子接线不可颠倒,同一根导线两端线号应相同。

(2) 取下 FU1 熔体,装好 FU2 熔体,断开主电路。将万用表表笔分别接到 FU2 下端子 0 号线和 1 号线上。

(3) 按下 SB2,测得接触器 KM1 线圈的电阻值,松开 SB2 测得结果为断路($R\to\infty$)。按下接触器 KM1 的测试按钮,测得接触器 KM1 线圈的电阻值。若测得的结果是开路,应检查 KM1 自锁触点是否正常,上下端子接线是否有脱落现象,必要时移动万用表的表笔,用缩小故障范围的方法来查找断路点。松开接触器 KM1 的测试按钮,测得结果为断路。若测量结果是短路,应检查接线是否有误。

(4) 按下 SB2,在测出 KM1 线圈电阻值的同时,按下 KM2 测试按钮,测得 KM1 和 KM2 线圈电阻并联值。若按下按钮 SB3,测得 KM1 和 KM2 线圈电阻并联值,再松开 KM1 的测试按钮和 SB2,万用表显示电路由通到断。

(5) 检查自锁电路。

按下接触器 KM1 的测试按钮,与起动按钮 SB2 并联的 KM1 辅助动合触点闭合,万用表显示电路由通到断,自锁电路接通;放开接触器 KM1 的测试按钮,与起动按钮 SB2 并联的 KM 辅助动合触点断开,万用表显示电路由通到断。

将万用表表笔分别接到 2 号线和 1 号线上。

按下接触器 KM2 的测试按钮,与起动按钮 SB3 并联的 KM2 辅助动合触点闭合,万用表显示电路由通到断,自锁电路接通;放开接触器 KM2 的测试按钮,与起动按钮 SB3 并联的 KM2 辅助动合触点断开,万用表显示电路由通到断。

若发现异常,重点检查接触器自锁线、触点上下端子的连线及线圈有无断线和接触不良。容易发生错误的是 KM 的自锁线接错位置,将动断触点误接成自锁线的动合触点使用,使控制电路异常。

五、电路调试

为确保人身安全,在通电调试时,要认真执行安全操作规程的有关规定,一人监护,一人操作。检查三相电源,将热继电器按电动机的额定电流整定好。调试前应检查与通电调试有关的电气设备是否有不安全的因素存在,若查出应立即整改,然后才能通电调试。

1. 电路功能调试

拆掉电动机绕组的连接导线,合上断路器 QF。按下起动按钮 SB2,KM1 线圈吸合并自锁。再按下起动按钮 SB3,KM2 线圈吸合并自锁。按停止按钮 SB4,KM2 线圈断电释放。再按停止按钮 SB1,KM1 线圈断电释放。重复操作几次检查线路的可靠性。

2. 电动机通电调试

断开电源,恢复电动机连接线,并做好停车准备。合上断路器 QF,接通电源。按下起动按钮 SB2,KM1 线圈吸合自锁,电动机 M1 起动。再按下起动按钮 SB3,KM2 线圈吸合自锁,电动机 M2 起动运行。应注意电动机运行的声音,观察电动机是否全电压运行且转速达到额定值。电动机运行时发现有异常现象,应立即停车检查后,再投入运行。按停止按钮 SB4,使其动断触点断开,KM2 线圈断电释放,电动机 M2 的三相电源被切断,电动机 M2 停转。再按停止按钮 SB1,使其动断触点断开,KM1 线圈断电释放,电动机 M1 的三相电源被切断,电动机 M1 停转。当电动机运行平稳后,用钳形电流表测量三相电流是否平衡。

3. 出现故障后，应独立进行检修

若需带电进行检查时，必须由教师现场监护。检修完毕后，如需再次调试，也应该有教师监护，并做好时间记录。

4. 通电调试完毕，按下停止按钮，电动机停转，切断电源

先拆除三相电源线，再拆除电动机线。

六、电路的一般故障排除

该电路出现的主要故障现象：电动机 M1 不能起动、电动机 M2 不能起动。故障分析检查方法如下。

1. 电动机 M1 不能起动的故障

对主电路而言，可能存在接触器 KM1 主触点闭合接触不良、熔断器 FU1 断路、热继电器 FR1 主电路有断点及电动机绕组有故障等问题。对控制电路而言，可能存在熔断器 FU2 断路，热继电器 FR1、FR2 动断触点接触不良，起动按钮 SB2 动合触点压合接触不良，停止按钮 SB1 动断触点接触不良等。

检查步骤为：按下起动按钮 SB2，观察接触器 KM1 线圈是否吸合。若接触器 KM1 吸合，则是主电路的问题，可重点检查电动机 M1 绕组；若接触器 KM1 线圈未吸合，则为控制电路的问题，重点检查熔断器 FU1、FU2，热继电器 FR1、FR2 动断触点及按钮 SB1 动断触点，FR1、FR2、SB1 动断触点有可能接触不良。

2. 电动机 M2 不能起动的故障

对主电路而言，可能存在接触器 KM2 主触点闭合接触不良、热继电器 FR2 主电路有断点及电动机 M2 绕组有故障等问题。对控制电路而言，可能存在停止按钮 SB4 动断触点接触不良、起动按钮 SB3 动合触点压合接触不良、接触器 KM2 线圈损坏等问题。

检查步骤为：M1 起动后，按下起动按钮 SB3，观察接触器 KM2 线圈是否吸合。若接触器 KM2 吸合，则检查接触器 KM2 主触点；若接触器 KM2 线圈未吸合，则重点检查按钮 SB4 的动断触点。

按照工作任务的训练要求完成工作任务，技能训练评价见表 2-4。

表 2-4 技能训练评价

<table>
<tr><td>班级</td><td></td><td>姓名</td><td></td><td>指导教师</td><td></td><td colspan="2">总分</td><td colspan="2"></td></tr>
<tr><td>项目及配分</td><td colspan="3">考 核 内 容</td><td colspan="2">评 分 标 准</td><td>小组自评</td><td colspan="2">小组互评</td><td>教师评价</td></tr>
<tr><td>装前检查（15 分）</td><td colspan="3">1. 按照原理图选择元器件。
2. 用万用表检测元器件</td><td colspan="2">1. 元器件选择不正确，扣 5 分。
2. 不会筛选元器件，扣 5 分。
3. 电动机质量漏检，扣 5 分</td><td></td><td colspan="2"></td><td></td></tr>
</table>

续表

项目及配分	考核内容	评分标准	小组自评	小组互评	教师评价
安装元器件(20分)	1. 读懂原理图。 2. 按照布置图进行电路安装。 3. 安装位置应整齐、匀称、牢固、间距合理,便于元器件的更换	1. 读图不正确,扣10分。 2. 电路安装不正确,扣5～10分。 3. 安装位置不整齐、不匀称、不牢固或间距不合理,每处扣5分。 4. 不按布置图安装,扣15分。 5. 损坏元器件,扣15分			
布线(25分)	1. 布线时应横平竖直,分布均匀,尽量不交叉,变换走向时应垂直。 2. 剥线时严禁损伤线心和导线绝缘层。 3. 接线点或接线柱严格按要求接线	1. 不按原理图接线,扣20分。 2. 布线不符合要求,每根扣5～10分。 3. 接线点(柱)不符合要求,扣5分。 4. 损伤导线线心或绝缘层,每根扣5分。 5. 漏线,每根扣2分			
电路调试(20分)	1. 会使用万用表测试控制电路。 2. 完成电路调试使电动机正常工作	1. 测试控制电路方法不正确,扣10分。 2. 调试电路参数不正确,每步扣5分。 3. 电动机不转,扣5～10分			
检修(10分)	1. 检查电路故障。 2. 排除电路故障	1. 查不出故障,扣10分。 2. 查出故障但不能排除,扣5分			
职业与安全意识(10分)	1. 工具摆放、工作台清理、余废料处理。 2. 严格遵守操作规程	1. 工具摆放不整齐,扣3分。 2. 工作台清理不干净,扣3分。 3. 违章操作,扣10分			

任务小结

通过本任务的学习,学会识读三相异步电动机顺序起停手动控制电路的电路原理图、元器件位置图、电气互连图,掌握三相异步电动机顺序起停手动控制电路的安装、调试、检查电路的基本方法,掌握对三相异步电动机顺序起停手动控制电路一般故障的查找和排除的方法。

知识拓展

两台三相交流异步电动机主电路顺序控制电路除了可以接成上面所学的电路外,还可以接成图2-8所示的电路,同学们自行分析电路工作原理。

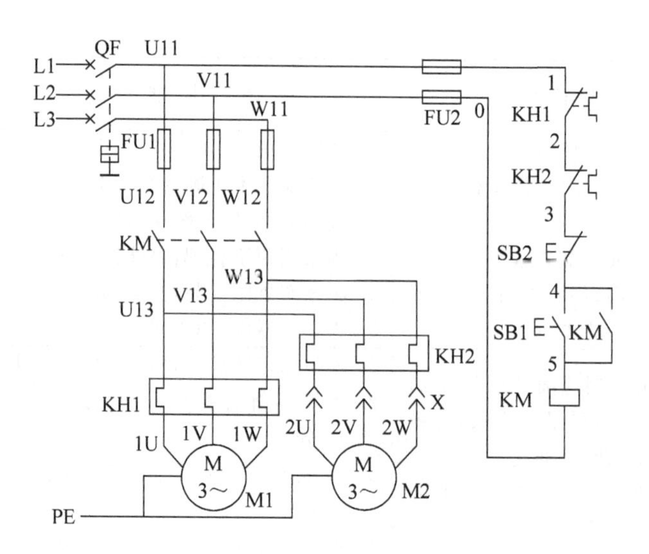

图 2-8　两台三相交流异步电动机主电路顺序控制电路

技能拓展

根据图 2-8 所示的两台三相交流异步电动机主电路顺序控制电路原理图，设计元器件位置图、电路接线图，然后进行线路的安装与调试，使用的工具、仪器仪表、元器件及设备与前面所学相同。

任务 2.2　三相异步电动机延时顺序起动控制电路的安装与调试

现有两台电动机按照一定的顺序延时起动，同时停止，如电动机 M2 必须在电动机 M1 起动 10s 后才能起动，而电动机 M1、M2 同时停止运动。其电气原理图如图 2-6 所示。本次工作任务将完成两台电动机顺序起动、同时停止运行控制电路安装与调试，并学习其工作原理。

一、电路构成

根据电气控制线路原理图的绘图原则，识读两台三相异步电动机顺序起动、同时停止运行控制电路电气原理图，明确电路所用元器件及它们之间的关系。

两台三相异步电动机延时顺序起动的控制电路原理图如图 2-9 所示。接触器 KM1 作 M1 的三相电源控制,接触器 KM2 作 M2 三相电源控制,时间继电器 KT 整定时间为 10s,中间继电器 KA 转换控制信号。

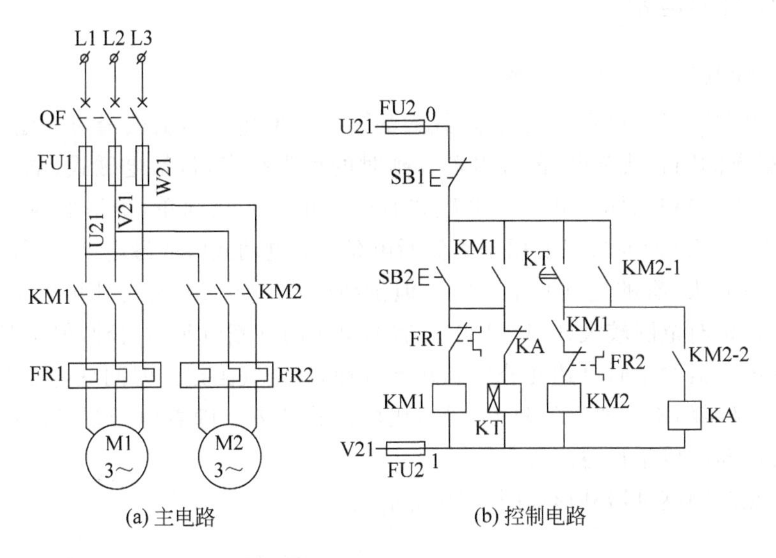

图 2-9 两台三相异步电动机延时顺序起动的控制电路

二、工作原理分析

1. 电动机起动

合上电源开关 QF,起动时,先按下起动按钮 SB2,接触器 KM1 线圈得电并吸合,其三个主触点闭合,电动机 M1 起动旋转,KM1 动合辅助触点闭合起自锁作用也为 KM2 线圈得电做准备;同时时间继电器 KT 线圈得电。当松开起动按钮 SB2 后,通过闭合着的 KM1 的辅助动合触点仍能使 KM1 线圈通电,电动机正常运行。当时间过去 10s 后,时间继电器 KT 延时动合触点闭合,接触器 KM2 线圈得电并吸合,其主触点闭合,电动机 M2 旋转,KM2 动合辅助触点 KM2-1、KM2-2 闭合,KM2-1 可保证 KM2 线圈通电,使电动机 M2 连续正常运行,KM2-2 使中间继电器 KA 线圈通电,KA 动断触点断开时间继电器 KT 线圈,实现了 M1 起动后 M2 才能起动。

2. 电动机停转

按下停止按钮 SB1,接触器 KM1 线圈失电而释放,其主触点、动合辅助触点断开,电动机 M1 停转。由于 KM1 辅助动合触点接在 KM2 线圈电路中,所以导致 KM2 线圈失电而释放,其主触点、动合辅助触点断开,电动机 M2 立即停止。即 M1 和 M2 同时停止,KA 线圈断电。

知识链接　元器件的认识、安装与使用

一、时间继电器

1. 时间继电器的外形、结构及符号

时间继电器是指从得到输入信号(线圈的通电或断电)起，需要经过一定的延时后才输出信号(触点的闭合或分断)的继电器。延时的种类很多，包括电磁式、电动式、空气阻尼式(或称气囊式)和晶体管式等。电磁式时间继电器结构简单，价格低廉，但延时较短(有的只有 0.3～5.5s)而且只能用于直流断电延时；电动式时间继电器的延时精度较高，延时可调范围较大(有的达到几十小时)，但价格较贵；空气阻尼式时间继电器的结构简单、价格低廉，延时范围较大(0.4～180s)，有通电延时和断电延时两种，但延时误差较大；晶体管时间继电器的延时可达几分钟到几十分钟，比空气阻尼式时间继电器的延时长，比电动式的短，延时精确度比空气阻尼式好，比电动式略差。随着电子技术的不断发展，晶体管时间继电器的应用日益广泛。

几种常见时间继电器外形如图 2-10 所示。

(a) 电子式时间继电器

(b) JS14A时间继电器

(c) H3Y-2/4时间继电器

(d) JS7-A系列时间继电器

图 2-10　几种常见的时间继电器

空气阻尼式 JS7-3A 型时间继电器的结构及符号如图 2-11 所示。

2. 时间继电器的工作原理

(1) 通电延时型时间继电器工作原理

图 2-11(a)所示为通电延时型时间继电器，当线圈 1 通电后，衔铁 3 被铁心 2 吸合，活塞杆 6 在塔形弹簧 8 的作用下，带动活塞 12 及橡皮膜 10 向上移动。但由于橡皮膜 10 下方空气室壁 11 的空气逐渐稀薄，形成负压，因此活塞杆 6 只能缓慢地向上移动，其移动速度快慢视进气孔 14 的大小而定，可通过调节螺杆 13 进行调整。经过一定的延时时间后，活塞杆 6 才能移到最上端，这时通过杠杆 7 将微动开关 15 压动，使其动断触点断开，动合触点闭合，起到了通电延时的作用。

当线圈断电时，电磁吸力消失，衔铁在反力弹簧 4 的作用下释放，并通过活塞杆 6 将活塞 12 推向下端。这时橡皮膜 10 下方空气室壁 11 内的空气通过橡皮膜中心孔、弱弹簧 9 和活塞 12 的肩部所形成的单向阀，迅速地从橡皮膜 10 上方的气室缝隙中排掉。因此，杠杆 7 和微动开关 15 能迅速复位。

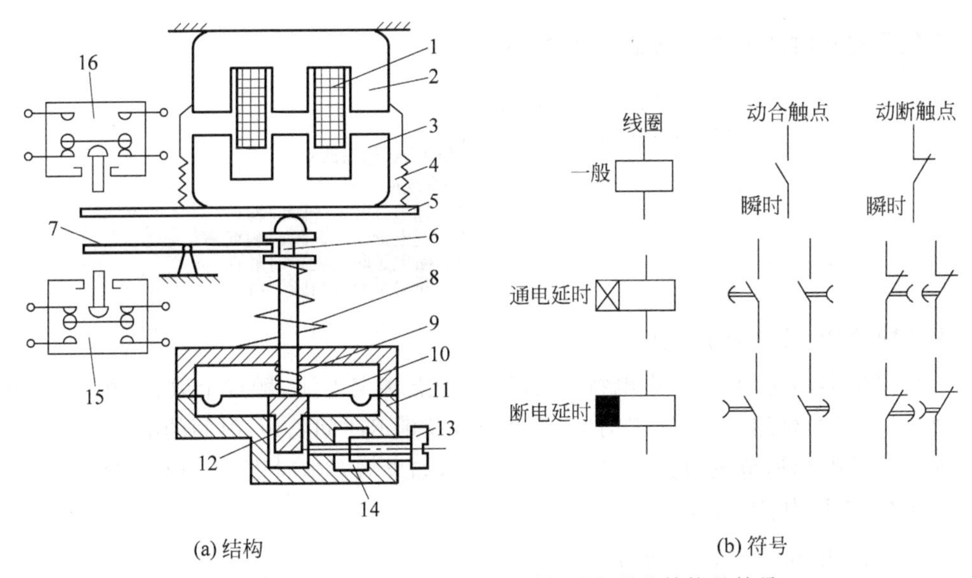

图 2-11　空气阻尼式 JS7-3A 型时间继电器的结构及符号

1—线圈；2—铁心；3—衔铁；4—反力弹簧；5—推板；6—活塞杆；7—杠杆；8—塔形弹簧；9—弱弹簧；10—橡皮膜；11—空气室壁；12—活塞；13—调节螺杆；14—进气孔；15、16—微动开关

在线圈通电和断电时，微动开关 16 在推板 5 的作用上都能瞬时动作，即为时间继电器的瞬时控制测试按钮。

(2) 断电延时型时间继电器工作原理

断电延时型时间继电器与通电延时型时间继电器组成原件相同。只需将电磁线圈翻转 180°安装，即成为断电延时型时间继电器，两者工作原理基本相同。

3. 时间继电器的技术参数、型号表示方式及含义

常用时间继电器的主要技术参数见表 2-5。

表 2-5　常用时间继电器的主要技术参数

型　号	线圈电压/V	延时时间范围/s	触点容量		延时触点数量				瞬时触点数量		操作频率/(次/h)
			电压/V	额定电流/A	线圈通电延时		线圈断电延时				
					动合	动断	动合	动断			
JS7-1A	交流 50Hz 时：24、36、110、220、380、420	0.4～60 及 0.4～180	380	5					1	1	600
JS7-2A					1	1	1	1			
JS7-3A					1	1	1	1			
JS7-4A									1	1	
JS23-1	交流：110、220、380	0.2～30 及 10～180	交流：220、380 直流：110、220	交流 380V 时：0.79 直流 220V 时：0.14～0.27	1	1			0	2	600
JS23-2					1	1			1	3	
JS23-3					1	1			2	2	
JS23-4							1	1	0	4	
JS23-5							1	1	1	3	
JS23-6							1	1	2	2	

空气阻尼式时间继电器的型号及含义：

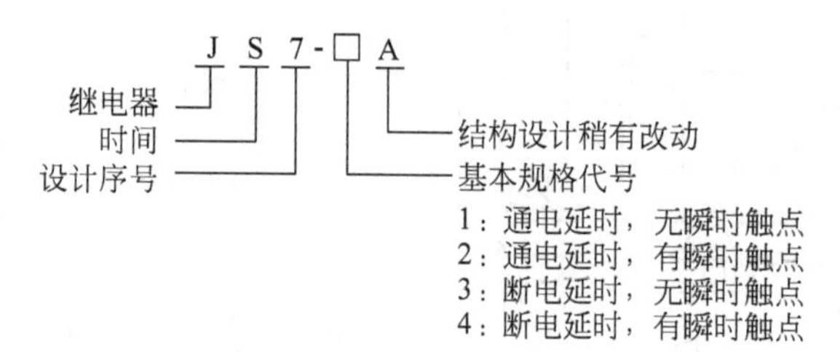

4. 时间继电器的选用方法

时间继电器的选用，除考虑电特性要求，如触点额定电流、触点个数、极性、输入电压要求外，还要考虑延迟特性，即缓动型、缓释型以及延迟时间长短、时间的准确程度等。

常用JS7型延迟范围较大，但延时精度不高，如果需要延时更长、更高精度，则应选用电子式或数字式，如JS14型等。

5. 时间继电器的安装与使用

(1) 无论通电延时型还是断电延时型，时间继电器应按说明书规定的方向安装，角度误差最多不得超过5°。

(2) 时间继电器的整定值应预先在不通电时进行整定，并在通电调试电路时进行校正。

(3) 时间继电器的延时工作形式可在整定时间内自行变换实现。

(4) 使用时，应经常清除灰尘及油污，否则延时误差大。

6. 时间继电器的常见故障及处理方法

时间继电器的常见故障及处理方法见表2-6。

表2-6 时间继电器的常见故障及处理方法

故障现象	可能原因	处理方法
延时触点不动作	1. 电磁线圈断线。 2. 电源电压过低。 3. 传动机构卡阻或损坏	1. 更换线圈。 2. 调整电源电压。 3. 排除机械原因
短时时间过短	1. 空气室装配不严或漏气。 2. 橡皮模损坏	1. 修理或更换空气室。 2. 更换橡皮模
延时时间长	空气室内有灰尘，使气道受阻	清除灰尘

二、中间继电器

中间继电器是用来转换控制信号的中间元器件，其输入的是线圈通电信号或断电信号，输出信号为触点的动作。其触点数量较多，各触点的额定电流相同，多数为5A，小型的中间继电器触点的额定电流为3A。输入一个信号时，较多的触点动作，可以用来增加控制电路中信号的数量。其触点额定电流比线圈的额定电流大得多，可以用来放大信号。

1. 中间继电器的外形、结构图及符号

图2-12所示的是几种常见的中间继电器。

图2-13(a)所示为中间继电器的外形结构图，符号如图2-13(b)所示。

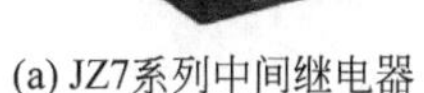

(a) JZ7系列中间继电器

(b) JDZ2系列中间继电器

(c) JZC4系列中间继电器

(d) DZK系列中间继电器

图 2-12　几种常见的中间继电器

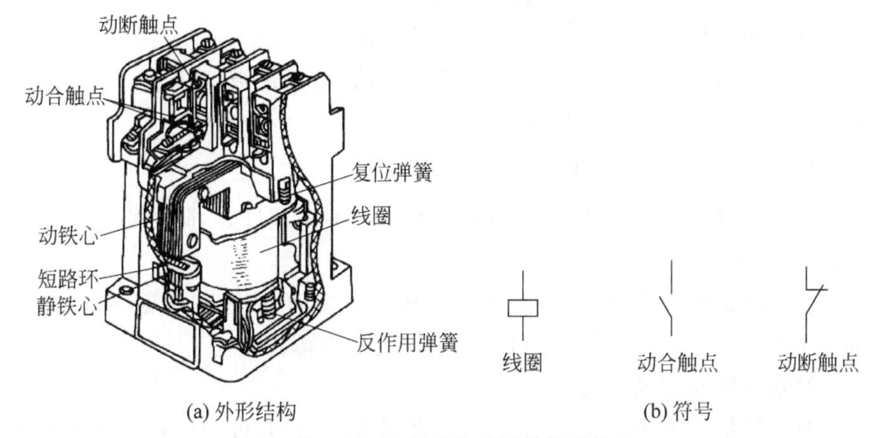

图 2-13　中间继电器的外形结构及符号

2. 中间继电器的工作原理及作用

中间继电器的工作原理与交流接触器相同。中间继电器是对输入的控制信号(电信号)进行中间处理和变换的自动切换设备,它具有放大输入信号功能。比如,原来电流信号只有几毫安,不足以推动下级设备,通过中间继电器触点变换可以输出更大的电流,推动下级工作。它也可以通过多触点变换,将输入信号转换成多路信号,还可以实现信号反转,将原来通路信号转换成断路信号。中间继电器的输入信号为前级的继电器输出信号,而触点则是输出信号状态开关。因此,中间继电器具有承上启下的作用。

3. 中间继电器的技术参数、型号表示方式及含义

中间继电器的技术参数见表 2-7。

表 2-7　中间继电器的技术参数

型　号	电压种类		触点额定电流/A	触点组合		线圈电压/V	线圈消耗功率		额定操作频率/(次/h)
	直流/V	交流/V		动合	动断		交流/(V·A)	直流/W	
JZ7-44	440	500	5	4	4	12、24、36、48、110、127、220、380、420、440、500 等	12	11	1200
JZ7-62				6	2				
JZ7-80				8	0				
JZ15-26	48、110、220	127、220、380	10	2	6		12	11	1200
JZ15-44				4	4				
JZ15-62				6	2				

中间继电器的型号表示方式及含义：

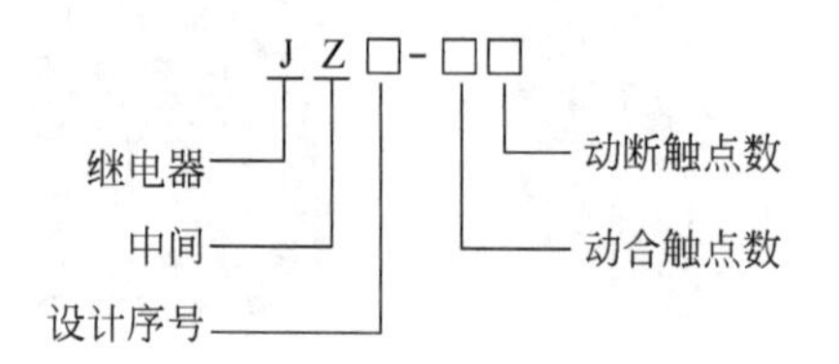

4. 中间继电器的选用方法

选用依据：被控电压等级、触点数量、触点容量。

(1) 注意电源的性质(即交流电源还是直流电源)。

(2) 触点的数量与容量(即额定电压和额定电流)应满足被控制电路的要求。

(3) 线圈的电压或电流应满足电路的要求。

5. 中间继电器的安装与使用

(1) 中间继电器一般应安装于垂直面上，倾斜度不得超过5°，同时要考虑散热和防止电弧烧坏其他电器。

(2) 中间继电器的安装要牢固，防止松动和产生振动，接线时注意导线要压紧，不能使中间继电器受到拉力，不能让杂物进入中间继电器内部。

(3) 应经常清除灰尘及油污。

(4) 应对中间继电器进行定期检查，观察螺钉有无松动，可动部分是否灵活等。

(5) 保持触点清洁，对电灼伤触点进行更换。

6. 中间继电器的常见故障及处理方法

中间继电器的常见故障及处理方法与接触器的常见故障及处理方法相似。

一、准备工具

安装调试所需工具为验电笔、螺钉旋具(一字形和十字形)、钢丝钳、尖嘴钳、斜口钳、剥线钳、电工刀、万用表等。

二、元器件及导线的选用

所需材料明细见表2-8。

表2-8 所需材料明细表

序号	名称	文字符号	型号与规格	功能	单位	数量
1	三相四线制电源		～3×380/220V，20A	提供电源	处	1
2	三相异步电动机	M	Y112M-4，4kW，380V，△连接	负载	台	1

续表

序号	名　　称	文 字 符 号	型号与规格	功　　能	单位	数量
3	低压断路器	QF	DZ47-60D/3P,C10	接通或断开电路	只	1
4	熔断器	FU	RL98-16,2A	短路保护	只	5
5	控制按钮	SB	LA-18	接通或断开控制电路	只	3
6	交流接触器	KM	CJX1-9/22,380V	实现电路的自动控制	只	2
7	热继电器	FR	JR20	过载保护	只	1
8	时间继电器	KT	JS7-2A	控制电路的通断时间	只	1
9	中间继电器	KA	JZ7-44	转换控制信号	只	1
10	连接导线	黄、绿、红三色线,控制线黑色或蓝色	BVR-1.5mm^2,1.0mm^2塑料软铜导线	连接电路	m	若干
11	接线端子排	XT	TB2510	板内外导线对接	条	1

三、线路装接

(1) 根据图2-9所示原理图,选取所用元器件,并进行检测。

(2) 在网孔板上按位置图安装元器件如图2-14所示。要求:各元器件的安装位置应整齐、匀称、牢固、间距合理,便于元器件的更换。

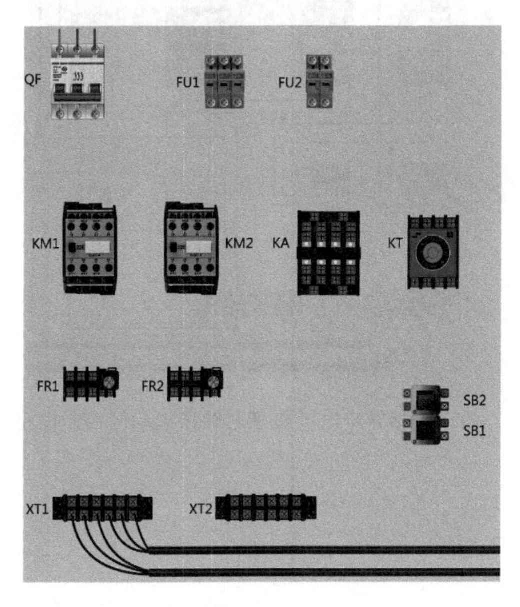

图2-14　两台三相异步电动机延时顺序起动的控制电路元器件位置图

(3) 按照主电路接线图(见图 2-15)、控制电路接线图(见图 2-16)进行接线。

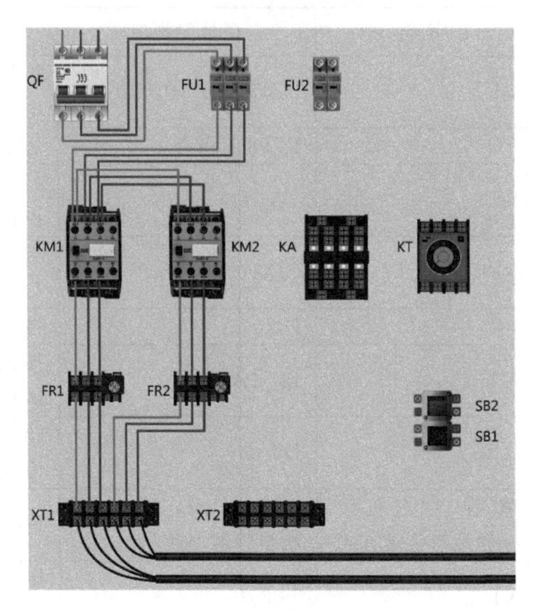

图 2-15　两台三相异步电动机延时顺序起动的控制电路(主电路)接线图

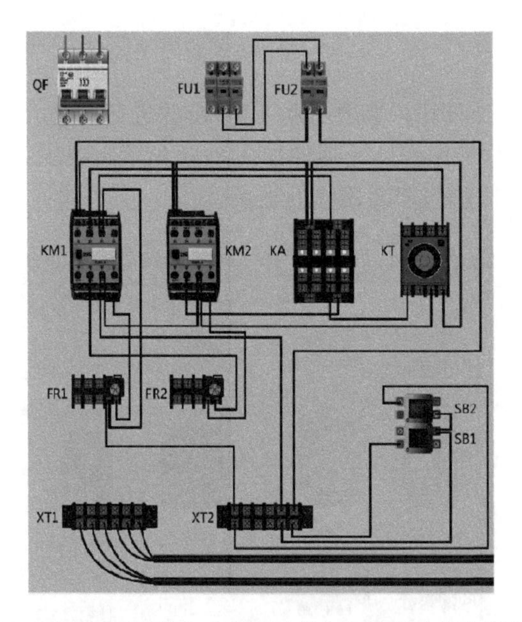

图 2-16　两台三相异步电动机延时顺序起动的控制电路接线图

四、线路检修

1. 检查主电路

(1) 取下 FU2 熔体,装好 FU1 熔体,断开控制电路。

(2) 按下接触器 KM1 的测试按钮,用万用表分别测量开关 QF 下端子 U21 与 V21、

U21与W21、V21与W21之间的电阻，应分别为电动机M1两相间的电阻值。松开接触器KM1的测试按钮，万用表显示由通到断。若某次测量结果为断路($R\to\infty$)，说明所测量两相之间的接线有断开现象，应仔细检查，找出断路点，排除故障。若某次测量结果为短路($R=0$)，说明所测量两相之间的接线有短路现象，应仔细检查，排除故障。

(3) 按下接触器KM2的测试按钮，用万用表分别测量开关QF下端子U21与V21、U21与W21、V21与W21之间的电阻，应分别为电动机M2两相间的电阻值。松开接触器KM2的测试按钮，万用表显示由通到断。若某次测量结果为开路($R\to\infty$)，说明所测量两相之间的接线有断开现象，应仔细检查，找出断路点，排除故障。若某次测量结果为短路($R=0$)，说明所测量两相之间的接线有短路现象，应仔细检查，排除故障。

2. 检查控制电路

(1) 控制线路中按钮、接触器辅助触点之间的连线有无错接、漏接、虚接等现象，起动按钮的动合触点上下接线端子所接的连线应接到这个按钮所控制的接触器的自锁触点端子。尤其要注意每一对触点的上下端子接线不可颠倒，同一根导线两端线号应相同。

(2) 取下FU1熔体，装好FU2熔体，断开主电路。将万用表表笔分别接到FU2下端子0号线、1号线上。

(3) 按下SB2，测得接触器KM1线圈的电阻值，松开SB2测得结果为断路($R\to\infty$)。按下接触器KM1的测试按钮，测得接触器KM1和时间继电器KT线圈电阻并联值。若测得的结果是开路，应检查KM1自锁触点是否正常，上下端子接线是否有脱落现象，必要时移动万用表的表笔，用缩小故障范围的方法来查找断路点。松开接触器KM1的测试按钮，测得结果为断路。若测量结果是短路，应检查接线是否有误。

(4) 按下SB2测出KM1线圈的电阻值的同时，按下KM2测试按钮，测得KM1、KA、KT线圈电阻并联值。松开按钮SB2和KM2的测试按钮，万用表应显示电路由通到断。

(5) 检查自锁电路。

按下接触器KM1的测试按钮，与起动按钮SB2并联的KM1辅助动合触点闭合，万用表显示电路由通到断，自锁电路接通；放开接触器KM1的测试按钮，与起动按钮SB2并联的KM1辅助动合触点断开，万用表显示电路由通到断。

若发现异常，重点检查接触器自锁线、触点上下端子的连线及线圈有无断线和接触不良。容易发生错误是KM1的自锁线接错位置，将动断触点误接成自锁线的动合触点，使控制电路异常。

五、电路调试

为确保人身安全，在通电调试时，要认真执行安全操作规程的有关规定，一人监护，一人操作。检查三相电源，将热继电器按电动机的额定电流整定好。调试前应检查与通电调试有关的电气设备是否有不安全的因素存在，若查出应立即整改，然后才能通电调试。

1. 电路功能试验

拆掉电动机绕组的连接导线，合上断路器QF。按下起动按钮SB2，KM1线圈吸合并自锁,同时时间继电器 KT 线圈通电吸合。时间到,KT 延时动合触点闭合,KM2 线圈得电吸合,KM2 的动合触点闭合,中间继电器 KA 线圈得电吸合,KA 的动断触点断开 KT 线圈,由于 KM2 的动合触点闭合,所以 KM2 线圈仍然通电。实现电动机 M1 先起动,M2 后起动的顺序起动控制。

按停止按钮 SB1 使动断触点断开,KM1、KM2 线圈释放。电动机 M1、电动机 M2 断电停转。重复操作几次检查线路的可靠性。

2. 电动机通电调试

断开电源,恢复电动机连接线,并做好停车准备。合上断路器 QF,接通电源。按下起动按钮 SB2,KM1 线圈吸合自锁,电动机 M1 起动,经过延时,电动机 M2 起动。应注意电动机运行的声音,观察电动机是否全电压运行且转速达到额定值。电动机运行时发现有异常现象,应立即停车检查后,再投入运行。按停止按钮 SB1,使其动断触点断开,KM1、KM2 释放,电动机 M1、M2 的三相电源被切断,电动机 M1、M2 断电停转。当电动机运行平稳后,用钳形电流表测量三相电流是否平衡。

3. 出现故障后,应独立进行检修

若需带电进行检查时,必须由教师现场监护。检修完毕后,如需再次调试,也应该有教师监护,并做好时间记录。

4. 通电调试完毕,按下停止按钮,电动机停转,切断电源

先拆除三相电源线,再拆除电动机线。

六、电路的一般故障排除

该电路出现的主要故障现象:电动机 M1 不能起动、电动机 M2 不能起动。故障分析检查方法如下。

1. 电动机 M1 不能起动的故障

对主电路而言,可能存在接触器 KM1 主触点闭合接触不良、熔断器 FU1 断路、热继电器 FR1 主电路有断点及电动机绕组有故障等问题。对控制电路而言,可能存在熔断器 FU2 断路、热继电器 FR1、FR2 辅助动断触点接触不良、起动按钮 SB2 动合触点压合接触不良、停止按钮 SB1 动断触点接触不良等。

检查步骤为:按下按钮 SB2,观察接触器 KM1 线圈是否吸合。若接触器 KM1 吸合,则是主电路的问题,可重点检查电动机 M1 绕组;若接触器 KM1 线圈未吸合,则为控制电路的问题,重点检查熔断器 FU1、FU2,热继电器 FR1、FR2 辅助动断触点及按钮 SB1 动断触点。

2. 电动机 M2 不能起动的故障

对主电路而言,可能存在接触器 KM2 主触点闭合接触不良、热继电器 FR2 主电路有断点及电动机 M2 绕组有故障等问题。对控制电路而言,可能存在停止按钮 SB1 动断触点接触不良、接触器 KM2 线圈损坏等问题。

检查步骤为:按下按钮 SB2,时间继电器 KT 延时后观察接触器 KM2 线圈是否吸合。若接触器KM2吸合，则检查接触器KM2主触点；若接触器KM2线圈未吸合，重点检查SB2、KM1的动合触点压合情况、FR2动断触点接触情况。

3. 电动机M2不能准时起动的故障

检查步骤为：重点检查时间继电器的时间整定或延时触点通断情况。

检查评价

按照工作任务的训练要求完成工作任务，技能训练评价见表2-9。

表2-9　技能训练评价

班级		姓名		指导教师		总分		
项目及配分	考核内容			评分标准		小组自评	小组互评	教师评价
装前检查(15分)	1. 按照原理图选择元器件。 2. 用万用表检测元器件			1. 元器件选择不正确，扣5分。 2. 不会筛选元器件，扣5分。 3. 电动机质量漏检，扣5分				
安装元器件(20分)	1. 读懂原理图。 2. 按照布置图进行电路安装。 3. 安装位置应整齐、匀称、牢固、间距合理，便于元器件的更换			1. 读图不正确，扣10分。 2. 电路安装不正确，扣5～10分。 3. 安装位置不整齐、不匀称、不牢固或间距不合理，每处扣5分。 4. 不按布置图安装，扣15分。 5. 损坏元器件，扣15分				
布线(25分)	1. 布线时应横平竖直，分布均匀，尽量不交叉，变换走向时应垂直。 2. 剥线时严禁损伤线心和导线绝缘层。 3. 接线点或接线柱严格按要求接线			1. 不按原理图接线，扣20分。 2. 布线不符合要求，每根扣5～10分。 3. 接线点(柱)不符合要求，扣5分。 4. 损伤导线线心或绝缘层，每根扣5分。 5. 漏线，每根扣2分				
线路调试(20分)	1. 会使用万用表测试控制电路。 2. 完成线路调试使电动机正常工作			1. 测试控制电路方法不正确，扣10分。 2. 调试线路参数不正确，每步扣5分。 3. 电动机不转，扣5～10分				
检修(10分)	1. 检查电路故障。 2. 排除电路故障			1. 查不出故障，扣10分。 2. 查出故障但不能排除，扣5分				
职业与安全意识(10分)	1. 工具摆放、工作台清理、余废料处理。 2. 严格遵守操作规程			1. 工具摆放不整齐，扣3分。 2. 工作台清理不干净，扣3分。 3. 违章操作，扣10分				

任务小结

通过本任务的学习，学会识读三相异步电动机顺序起停自动控制电路的电路原理图、元器件位置图、电气互连图，掌握三相异步电动机顺序起停自动控制电路的安装、调试、检查线路的基本方法，掌握对三相异步电动机顺序起停自动控制电路一般故障的查找和排除的方法。

知识拓展

两台三相交流异步电动机主电路顺序控制电路除了上面所学的电路外，还可以接成图 2-17 所示的电路，同学们自行分析工作原理。

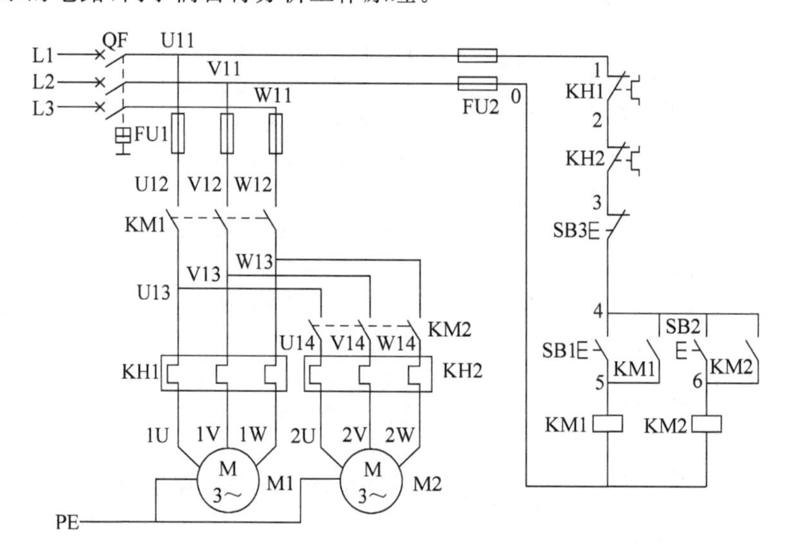

图 2-17 两台三相交流异步电动机主电路顺序控制电路

技能拓展

根据图 2-17 所示的两台三相交流异步电动机主电路顺序控制电路原理图，设计元器件位置图、电路接线图，然后进行线路的安装与调试，使用的工具、仪器仪表、元器件及设备与前面所学相同。

思考与练习

一、判断题

1. 空气阻尼式断电延时型与通电延时型两种时间继电器的组成元器件是通用的。

（ ）

2. 空气阻尼式时间继电器是利用空气阻尼的原理来获得延时的。（　）

3. 继电器不能根据非电量的变化接通或断开控制电路。（　）

4. 继电器不能用来直接控制电流较大的主电路。（　）

5. 中间继电器的输入信号为触点系统的通电和断电。（　）

6. 中间继电器的输出信号是线圈的通电或断电。（　）

7. 继电器一般用于控制小电流电路，触点容量很小，额定电流不大于5A，所以加灭弧装置。（　）

二、填空题

1. 通电延时间继电器的线圈和触点符号分别是________、________、________。

2. 断电延时时间继电器的线圈和触点的符号分别为________、________、________。

3. 继电器是一种根据________或________的变化，________或________控制电路，实现自动控制和保护电力拖动装置的电器。

4. 中间继电器与接触器所不同的是________，并且没有________、________之分，各对触点允许通过的额定电流为________A。

三、选择题

1. 继电器的输入信号是（　）。

A. 电的　　B. 非电的　　C. 电的或非电的

2. 空气阻尼式JS7-A系列时间继电器从结构上说，只要改变（　）的安装方向，便可获得两种不同的延时方式。

A. 触点系统　　B. 电磁机构　　C. 气室

四、简答题

1. 中间继电器与电压继电器在结构上有哪些异同？在电路中各起什么作用？

2. 什么叫顺序控制？常见的顺序控制方式有哪些？举例说明。

3. 中间继电器的主要用途是什么？中间继电器与交流接触器有什么区别？什么情况下可以用中间继电器代替交流接触器使用？

五、设计图

1. M1与M2电动机可直接起动，要求：①M1起动，经一定时间后M2自行起动；②M2起动后，M1立即停车；③M2能单独停车；④M1与M2均能点动。试设计主电路及其控制线路。

2. 画出两台三相交流异步电动机的顺序控制电路，要求其中一台电动机M1起动后另一台动机M2才能起动，停止时两台电动机同时停止。

六、叙述工作原理

1. 简述图2-18所示三台三相交流异步电动机的顺序起动、逆序控制电路的工作原理。

2. 简述图2-19所示两台三相交流异步电动机的顺序控制电路的工作原理。

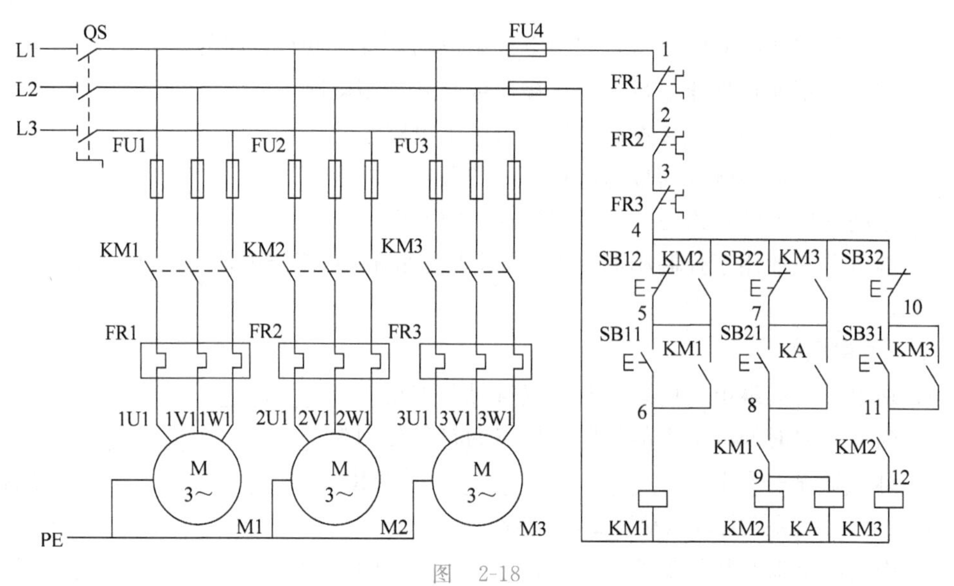

图 2-18

(a)

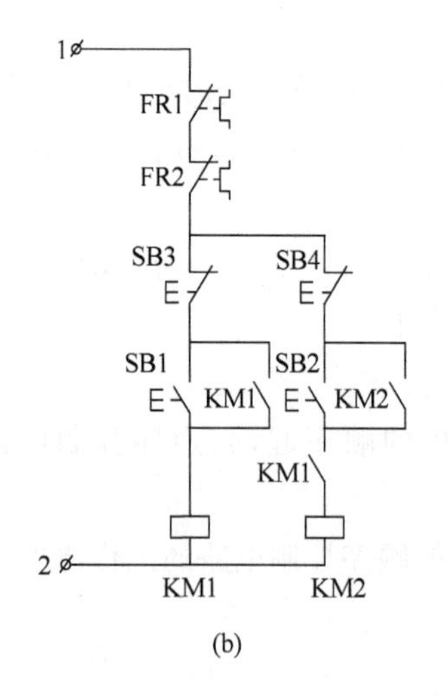

(b)

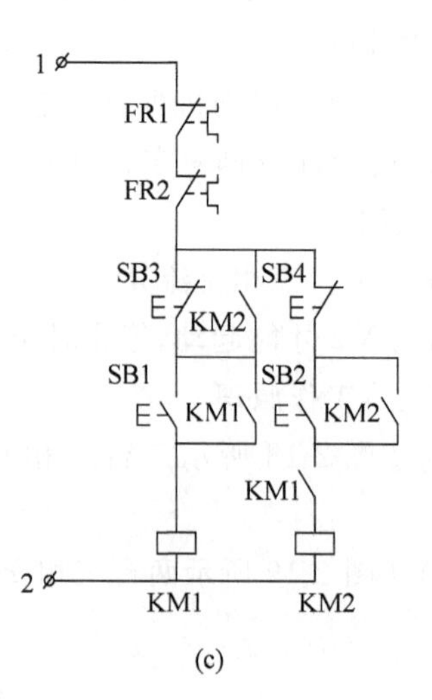

(c)

图 2-19

项目3 三相异步电动机Y-△降压起动控制电路的安装与调试

在工业生产中，当电动机容量较大时，不能直接起动，应采用降压起动。降压起动的目的是减小较大的起动电流，减少对电网电压的影响。但起动转矩也会跟着降低，所以，降压起动只适于空载或轻载下起动。

Y-△降压起动控制电路是在电动机起动时将定子绕组接成Y，每相绕组承受的电压为电源的相电压(220V)。随着电动机转速的升高，待起动结束后，当电动机转速达到额定转速时，再将定子绕组换接成△接法，每相绕组承受的电压为电源线电压(380V)，此时电动机进入额定电压下正常运转，完成降压起动。

理解三相异步电动机按钮切换和自动切换Y-△降压起动控制电路工作原理；了解三相异步电动机全压起动条件及确定方法；能识读三相异步电动机按钮切换Y-△降压起动控制电路、自动切换Y-△降压起动控制电路原理图，根据电路图及控制要求对电路进行安装、调试与一般故障排除。

任务3.1 三相异步电动机按钮切换Y-△降压起动控制电路的安装与调试

对于容量大于7.5kW的电动机，在起动时要求对电动机采取降压起动控制，一般情况下，采用图3-1所示的控制方式。这是一种Y-△降压起动控制电路。本任务将完成

Y-△降压起动控制电路的安装与调试，并学习Y-△降压起动控制电路的工作原理。

一、电路构成

根据电气控制电路原理图的绘图原则，识读三相异步电动机Y-△降压起动控制电路电气原理图，明确电路所用元器件及它们之间的关系。

图 3-1 所示为三相异步电动机按钮切换Y-△降压起动控制电路原理图。电路中采用应用最广泛的接触器、按钮手动控制方式，电路中除有熔断器、热继电器外，还有三个接触器 KM、KM_Y 和 $KM_\triangle$。其中 KM 为电源接触器，用于通断主电路，KM_Y 和 $KM_\triangle$ 分别为起动接触器和运行接触器。当 KM_Y 吸合时电动机为Y形接线，实现降压起动，$KM_\triangle$ 在起动结束后吸合，电动机为△形接线，实现正常运行。

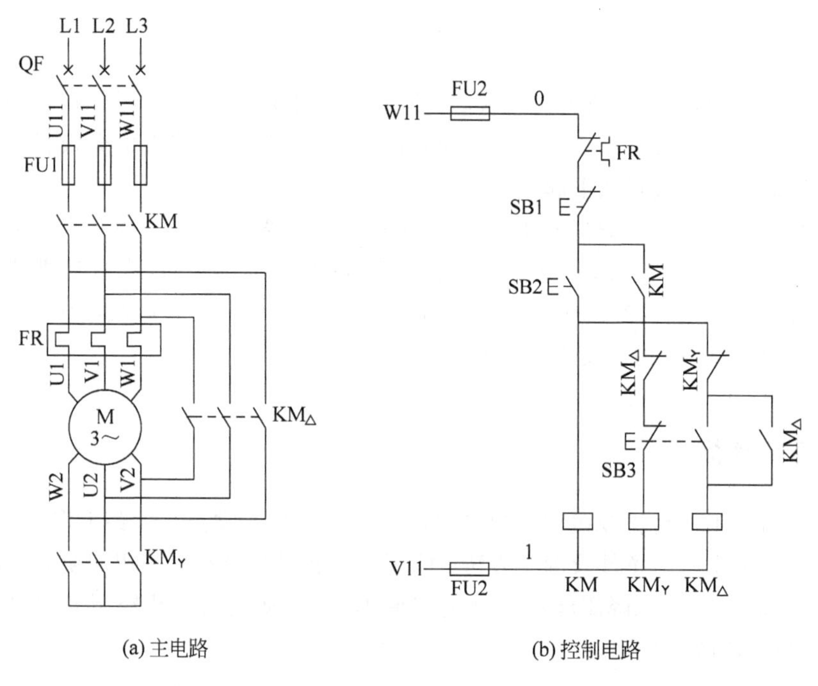

图 3-1 三相异步电动机按钮切换Y-△降压起动控制电路

二、工作原理分析

1. 起动

按下起动按钮 SB2，接触器 KM 和 KM_Y 线圈得电，KM_Y 主触点闭合，KM 线圈得电自锁，KM 主触点闭合，使电动机 M 绕组接成星形降压起动。同时，KM_Y 动断触点断开，使 $KM_\triangle$ 线圈不能得电，$KM_\triangle$ 不能吸合。当电动机转速达到额定转速时，按下 SB3，KM_Y 线圈失电，$KM_\triangle$ 线圈得电并自锁，$KM_\triangle$ 主触点闭合，电动机绕组三角形连接，电动机全电压运行。

2. 制动

按下 SB1 停止按钮，KM、$KM_{\triangle}$ 线圈失电，KM、$KM_{\triangle}$ 主触点断开，切断电动机 M 电源，M 停转。

知识链接 1　元器件安装、电路布线及检查方法

一、元器件的安装步骤及工艺要求

1. 元器件安装前检查

根据元器件质量检测的一般原则对各个元器件进行检查。

2. 元器件安装

(1) 组合开关、熔断器的受电端应安装在控制板的外侧，注意熔断器的受电端应为底座的中心端。

(2) 各元器件的安装位置应整齐、匀称，间距合理，便于元器件的更换。

(3) 紧固各元器件时用力要均匀，紧固程度适当。在紧固熔断器、接触器等易碎裂元器件时，应当用手按住元器件，一边轻轻摇动，一边用旋具轮换旋紧对角线上的螺钉，直到手摇不动后再适当旋紧些即可。

二、机床电气线路板前明线布线的工艺要求

(1) 布线顺序一般以接触器为中心，由里到外、由低至高，先控制电路、后主电路进行，以不妨碍后续布线为原则。

(2) 布线时应横平竖直，分布均匀，同一平面应高低一至，尽量不交叉，变换走向时应垂直。

(3) 同一元器件、同一回路的不同接点的导线间距离应保持一致。

(4) 剥线时严禁损伤线心和导线绝缘层，导线与接线柱连接时不得压绝缘层，不允许反圈，铜线头不允许露出过长。

(5) 一个元器件接线端子上的连接导线不得多于两根，每节接线端子板上的连接导线一般只允许连接一根。

(6) 布线通道尽可能少，同路并行导线按主、控电路分类集中，单层密排，紧贴安装面布线。

(7) 同一平面的导线应高低一致，不能交叉。非交叉不可时，该根导线应在接线端子引出时，就水平架空跨越，但必须走线合理。

(8) 所有从一个接线端子(或接线柱)到另一个接线端子(或接线柱)的导线必须连续，中间无接头。

(9) 所有与板外电器连接的导线均应通过板下的端子排对应连接。

三、机床电气线路板前线槽配线的工艺要求

(1) 所有导线的截面积在等于或大于 $0.5mm^2$ 时,必须采用软线。考虑机械强度的原因,所用导线的最小截面积,在控制箱外为 $1mm^2$,在控制箱内为 $0.75mm^2$。

(2) 布线时,严禁损伤线心和导线绝缘。

(3) 各电气元器件接线端子引出导线的走向,以元器件的水平中心线为界线,在水平中心线以上的接线端子引出的导线,必须进入元器件上面的走线槽;在水平中心线以下的接线端子引出的导线,必须进入元器件下面的走线槽。任何导线都不允许从水平方向进入走线槽内。

(4) 各电气元器件接线端子上引出或引入的导线,除间距很小和元器件机械强度很差时允许直接架空敷设外,其他导线必须经过走线槽进行连接。

(5) 进入走线槽内的导线要完全置于走线槽内,并应尽可能避免交叉,装线不要超过走线槽容量的70%,以便于能盖上线槽盖和装配及维修。

(6) 各电气元器件与走线槽之间的外露导线,应走线合理,并尽可能做到横平竖直,变换走向要垂直。同一个元器件上位置一致的端子和同型号电气元器件中位置一致的端子上引出或引入的导线,要敷设在同一平面上,并应做到高低一致或前后一致,不得交叉。

(7) 所有接线端子、导线线头上都应套有与电路图上相应接点线号一致的编码套管,按接线号进行连接,连接必须牢靠,不得松动。

(8) 在任何情况下,导线不得于走线槽内连接,必须通过接线端子连接,接线端子必须与导线截面积和材料性质相适应。当接线端子不适合连接或使用较小截面积的软线时,可以在导线端头穿上针形或叉形轧头并压紧,也可以把导线端头打成羊眼圈在垫片下压紧。

(9) 一般一个接线端子只能连接一根导线,如果采用专门设计的端子,则可以连接两根导线。但导线的连接方式,必须是在工艺上成熟的各种方式,如夹紧、压接、焊接等,并应严格按照连接工艺的工序要求进行。

四、控制板的外部配线

控制板外部配线时,必须使导线有适当的机械保护,需以能确保安全为条件,如对电动机或可调整部件上电气设备的配线,可以采用多芯橡皮线或塑料护套软线。

知识链接2 三相异步电动机全压起动的条件及确定方法

一、三相异步电动机全压起动的条件

三相异步电动机的全压起动是指起动时将电动机的额定电压直接加在电动机定子绕组上使电动机起动。

通常规定:当电源容量在180kV·A以上,电动机容量在7kW以下的三相异步电动机可采用直接起动。

判断一台电动机能否直接起动，可以用下面的经验公式来确定：

$$\frac{I_{st}}{I_N} \leqslant \frac{3}{4} + \frac{S}{4P}$$

式中：I_{st}——电动机全压起动电流(A)；

I_N——电动机额定电流(A)；

S——电源变压器容量(kV·A)；

P——电动机功率(kW)。

凡是不能满足直接起动条件的电动机，均须采用降压起动。

二、三相异步电动机的降压起动及其方法

降压起动是利用降压起动设备，使电压适当降低后再加到电动机定子绕组上进行起动，待电动机起动运转，转速达到一定值时，再使电动机上的电压恢复到额定值正常运转。

由于电动机上的电流随电压的降低而减小，所以降压起动达到了减小起动电流的目的，能将起动电流控制在额定电流的2～3倍。但是，由于电动机的转矩与电压的平方成正比，所以降压起动必将导致电动机的起动转矩大为降低。因此，降压起动只能在电动机空载或轻载下起动。

常见的三相异步电动机降压起动方法：定子绕组串接电阻降压起动、自耦变压器降压起动、Y-△降压起动和延边三角形降压起动等。

本项目重点介绍三相异步电动机Y-△降压起动控制电路。

一、准备工具

安装调试所需工具为验电笔、螺钉旋具(一字形和十字形)、钢丝钳、尖嘴钳、斜口钳、剥线钳、电工刀、万用表等。

二、元器件及导线的选用

所需材料明细见表3-1。

表3-1　所需材料明细表

序号	名　称	文字符号	型号与规格	功　能	单位	数量
1	三相四线制电源		～3×380/220V,20A	提供电源	处	1
2	三相异步电动机	M	Y112M-4,4kW,380V,△连接	负载	台	1
3	低压断路器	QF	DZ47-60D/3P,C10	接通或断开电路	只	1
4	熔断器	FU	RL98-16,2A	短路保护	只	5
5	控制按钮	SB	LA-18	接通或断开控制电路	只	3

续表

序号	名　　称	文 字 符 号	型号与规格	功　　能	单位	数量
6	交流接触器	KM	CJX1-9/22,380V	实现电路的自动控制	只	3
7	热继电器	FR	JR20	过载保护	只	1
8	连接导线	黄、绿、红三色线，控制线黑色或蓝色	BVR-1.5mm^2,1.0mm^2 塑料软铜导线	连接电路	m	若干
9	接线端子排	XT	TB2510	板内外导线对接	条	1

三、电路装接

(1) 根据图 3-1 所示原理图，选取所用元器件，并进行检测。

(2) 在网孔板上按位置图安装元器件，如图 3-2 所示。要求：各元器件的安装位置应整齐、匀称、牢固、间距合理，便于元器件的更换。

(3) 按照主电路接线图(见图 3-3)、控制电路接线图(见图 3-4)所示进行接线。

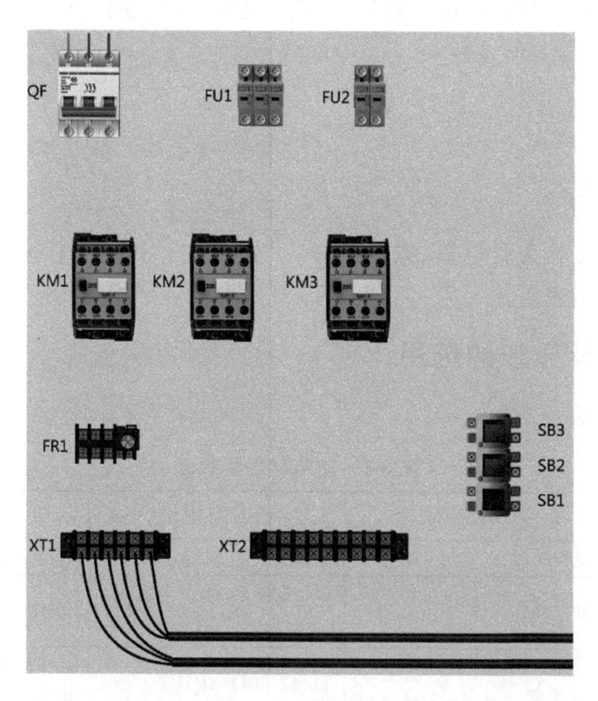

图 3-2　三相异步电动机按钮切换Y-△降压起动控制电路元器件位置图

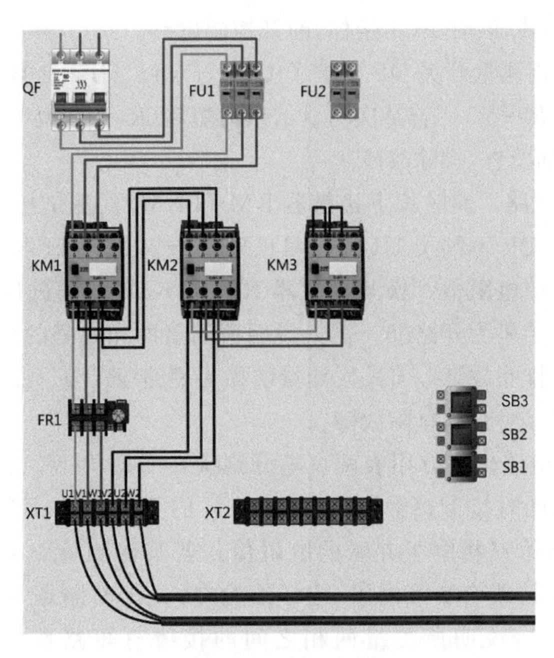

图 3-3　三相异步电动机按钮切换Y-△降压起动控制电路(主电路)接线图

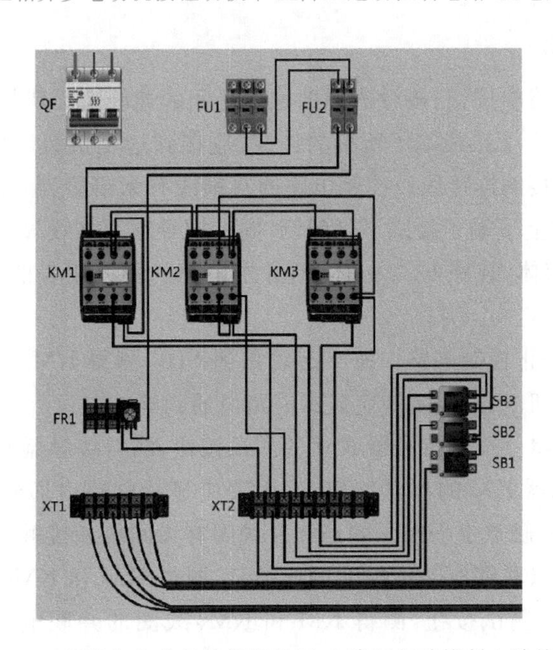

图 3-4　三相异步电动机按钮切换Y-△降压起动控制电路接线图

四、线路检修

1. 检查主电路

(1) 检查主电路接触器 KM_Y 和 $KM_\triangle$ 主触点之间的换相线,若接错可能造成电动机无法起动,或使定子绕组无法从星形连接转换成三角形连接,甚至造成短路。

（2）取下 FU2 熔体，装好 FU1 熔体，断开控制电路。

（3）用万用表分别测量开关 QF 下端子 U11 与 V11、U11 与 W11、V11 与 W11 之间的电阻，应均为开路（$R\to\infty$）。若某次测量结果为短路（$R=0$），说明所测量两相之间的接线有短路现象，应仔细检查，排除故障。

（4）Y起动控制电路。同时按下接触器 KM 和 KM_Y 的测试按钮，重复上述测量，用万用表分别测量开关 QF 下端子 U11 与 V11、U11 与 W11、V11 与 W11 之间的电阻，应分别为电动机两相间的电阻值。松开接触器 KM 和 KM_Y 的测试按钮，万用表应显示由通到断。若某次测量结果为开路（$R\to\infty$），说明所测量两相之间的接线有断开现象，应仔细检查，找出断路点，排除故障。若某次测量结果为短路（$R=0$），说明所测量两相之间的接线有短路现象，应仔细检查，排除故障。

（5）△运行控制电路。将万用表两表笔分别接在 U11 与 V11、U11 与 W11、V11 与 W11 的接线端子上，同时按下接触器 KM 和 $KM_\triangle$ 的测试按钮，用万用表分别测得电动机两相绕组串联后与第三相绕组并联的电阻值。若某次测量结果为开路（$R\to\infty$），说明所测量两相之间的接线有断开现象，应仔细检查，找出断路点，排除故障。若某次测量结果为短路（$R=0$），说明所测量两相之间的接线有短路现象，应仔细检查，排除故障。

2. 检查控制电路

（1）检查控制电路中按钮、接触器辅助触点之间的连线有无错接、漏接、虚接等现象，起动按钮的动合触点上下接线端子所接的连线，应接到这个按钮所控制的接触器的自锁触点端子上，Y、△连接的连接线及控制电路的自锁线有无错接、漏接、虚接等现象。尤其要注意每一对触点的上下端子接线不可颠倒，同一根导线两端线号应相同。

（2）取下 FU1 熔体，装好 FU2 熔体，断开主电路。将万用表的表笔分别接到 QF 下端子 U11～V11 上。

（3）检查起动、停止控制电路。按下起动按钮 SB1，测得 KM 和 KM_Y 线圈的并联电阻值；再按下停止按钮 SB3，万用表应显示电路由通到断。

（4）检查自锁电路。按下接触器 KM 的测试按钮，测得接触器 KM 和 KM_Y 线圈的并联电阻值。松开接触器 KM 的测试按钮，万用表应显示电路由通到断。若发现异常，重点检查接触器自锁线、触点上下端子的连线及线圈有无断线和接触不良。

（5）检查辅助触点联锁电路。按下按钮 SB1，测得 KM 和 KM_Y 线圈的并联电阻值；再按下接触器 KM_Y 的测试按钮，测得 KM 和 KM_Y 线圈的并联电阻值；再按下接触器 $KM_\triangle$ 的测试按钮，万用表应显示 KM 和 $KM_\triangle$ 线圈的并联电阻值；再按下 SB3，万用表应显示由通到断。如发现异常现象，重点检查接触器动断触点与另一接法的接触器线圈的连线。常见联锁线路的错误接线：将动合辅助触点错接成联锁线路中的动断辅助触点；把接触器的联锁线错接成同一接触器的线圈端子上，引起联锁控制电路动作不正常。

五、电路通电调试

为确保人身安全，在通电试车时，要认真执行安全操作规程的有关规定，一人监护，一人操作。检查三相电源，将热继电器按电动机的额定电流整定好。试车前应检查与通电试车有关的电气设备是否有不安全的因素存在，若查出应立即整改，然后方能试车。

1. 功能试验

拆掉电动机绕组的连线，合上电源开关 QF。

(1) Y-△起动调试

按下起动按钮 SB1，KM 吸合，KM_Y 吸合；再按下 SB2，KM_Y 释放，$KM_{\triangle}$ 吸合。重复操作几次检查线路动作的可靠性。

(2) 制动调试

若轻按 SB3 停止按钮，KM、$KM_{\triangle}$ 释放。

2. 通电调试

断开电源，恢复电动机连接线，并做好停车准备。合上 QF，接通电源。

(1) Y-△起动调试

按 SB1 起动按钮，KM 吸合，KM_Y 吸合，电动机星形降压起动。电动机转速达到额定转速后，按下 SB2，KM_Y 释放，$KM_{\triangle}$ 吸合自锁，电动机三角形全电压运行。应注意电动机运行的声音和线路转换情况，观察电动机是否全电压运行且转速是否达到额定值。如电动机运行时发现有异常现象，应立即停车检查，检查无误后，再投入运行。

应注意电动机运行的声音，如电动机运行时发现有异响，应立即停车检查后，再投入运行。

当电动机运行平稳后，用钳形电流表测量三相电流是否平衡。

(2) 制动调试

若按下停止按钮 SB3，KM、$KM_{\triangle}$ 释放，电动机断电后惯性旋转至停转。

六、电路的一般故障排除

该电路的主要故障现象是主电路Y起动缺相、△运转正常，Y起动正常、△运转缺相，Y起动及△运行均缺相等。控制电路故障现象主要表现为电动机无法起动，电动机能Y起动而不能转换成△运转等故障。

1. Y起动缺相

电动机Y起动缺相而△运转时正常，说明电动机三相电源正常，故障点应该在接触器 KM_Y 上，或在连接导线上。

检查步骤为：用万用表电阻挡检查 KM_Y 主触点是否良好。W2、U2、V2 连接导线端有无断线或松脱。作Y连接的连线端有无断线或松脱。

2. △运转缺相

电动机Y起动正常、△运转时缺相，说明电动机三相电源正常，故障点应该在△形接法的接触器 $KM_{\triangle}$ 上，或连接导线上。

检查步骤为：用万用表电阻挡检查 $KM_{\triangle}$ 主触点是否良好。W1、U1、V1、W2、U2、V2 连接导线端有无断线或松脱。

3. Y起动及△运行均缺相

Y起动及△运行均缺相时，故障范围较大，有以下几种可能：电源 W 相缺相，FU1 熔体烧断，KM1 主触点接触不良或烧断，FR 热元器件烧断，连接导线有断线或松脱，电动机绕组断线等情况。

检查步骤为：用万用表交流电压挡 500V 测量接线端子上 W1、U1、V1、W2、U2、V2 的线电压，如电压正常，故障在电动机绕组上，用万用表电阻挡检查电动机绕组是否有断开。如果测量的线电压不正常，则故障点在配电板上。用万用表交流电压挡 500V 测量主电路，三相电源中 W 相电压是否正常。检查到哪一级电压不正常，则断开电源用万用表电阻挡检查 FU1 熔体、KM1 主触点、FR 热元器件或连接导线有无断线或松脱。

4. 电动机 M 不能起动的故障

对主电路而言，可能的原因是熔断器 FU1 断路、接触器 KM 主触点接触不良、热继电器主电路有断点及电动机 M 绕组有故障。对控制电路而言，可能的原因是熔断器 FU2 断路、热继电器 FR 辅助动断触点接触不良、按钮 SB3 动断触点接触不良、接触器 KM_{Y} 的动合触点压合接触不良。

检查步骤为：按下按钮 SB1，观察接触器 KM 线圈是否吸合。如果吸合，则是主电路的问题，可重点检查电动机 M 绕组；若接触器 KM 线圈未吸合，则为控制电路的问题，重点检查熔断器 FU2、热继电器 FR 动断触点、按钮 SB2 动断触点以及 KM_{Y} 相关触点。

5. 电动机 M 只能Y接运行，不能△接运行的故障

对主电路而言，可能的原因是接触器 $KM_{\triangle}$ 主触点闭合接触不良。对控制电路而言，可能的原因是接触器 KM_{Y} 的动断触点接触不良及接触器 $KM_{\triangle}$ 线圈损坏等。

检查步骤为：按下起动按钮 SB1 后，再按下 SB2，观察接触器 $KM_{\triangle}$ 线圈是否吸合。如果接触器 $KM_{\triangle}$ 吸合，则重点检查接触器 $KM_{\triangle}$ 主触点；若接触器 $KM_{\triangle}$ 线圈未吸合，重点检查 SB2 触点是否动作、接触器 KM_{Y} 的动断触点。

按照工作任务的训练要求完成工作任务，技能训练评价见表 3-2。

表 3-2　技能训练评价

班级		姓名		指导教师		总分	
项目及配分	考核内容			评分标准	小组自评	小组互评	教师评价
装前检查(15分)	1. 按照原理图选择元器件。 2. 用万用表检测元器件			1. 元器件选择不正确,扣5分。 2. 不会筛选元器件,扣5分。 3. 电动机质量漏检,扣5分			
安装元器件(20分)	1. 读懂原理图。 2. 按照布置图进行电路安装。 3. 安装位置应整齐、匀称、牢固、间距合理,便于元器件的更换			1. 读图不正确,扣10分。 2. 电路安装不正确,扣5～10分。 3. 安装位置不整齐、不匀称、不牢固或间距不合理,每处扣5分。 4. 不按布置图安装,扣15分。 5. 损坏元器件,扣15分			
布线(25分)	1. 布线时应横平竖直,分布均匀,尽量不交叉,变换走向时应垂直。 2. 剥线时严禁损伤线心和导线绝缘层。 3. 接线点或接线柱严格按要求接线			1. 不按原理图接线,扣20分。 2. 布线不符合要求,每根扣5～10分。 3. 接线点(柱)不符合要求,扣5分。 4. 损伤导线线心或绝缘层,每根扣5分。 5. 漏线,每根扣2分			
电路调试(20分)	1. 会使用万用表测试控制电路。 2. 完成线路调试使电动机正常工作			1. 测试控制电路方法不正确,扣10分。 2. 调试电路参数不正确,每步扣5分。 3. 电动机不转,扣5～10分			
检修(10分)	1. 检查电路故障。 2. 排除电路故障			1. 查不出故障,扣10分。 2. 查出故障但不能排除,扣5分			
职业与安全意识(10分)	1. 工具摆放、工作台清理、余废料处理。 2. 严格遵守操作规程			1. 工具摆放不整齐,扣3分。 2. 工作台清理不干净,扣3分。 3. 违章操作,扣10分			

任务小结

通过本任务的学习,学会识读三相异步电动机手动切换Y-△降压起动控制电路的电路原理图、元器件位置图、电气互连图,掌握三相异步电动机手动切换Y-△降压起动控制电路的安装、调试、检查线路的基本方法,掌握对三相异步电动机手动切换Y-△降压起动控制电路一般故障的查找和排除的方法。

定子绕组串接电阻降压起动是指在电动机起动时，把电阻串接在电动机的定子绕组与电源之间，通过电阻的分压作用来降低定子绕组上的起动电压。当电动机起动后，待其转速达到一定值时，再将电阻短接，使电动机在额定电压下正常运行。这种降压起动控制电路可采用手动控制、按钮与接触器控制、时间继电器自动控制等多种形式。

手动控制的定子绕组串接电阻降压起动控制的电路如图 3-5 所示。

电路的工作原理如下。

先合上电源开关 QS1，电源电压通过串接在主电路中的电阻 R 分压后再加到电动机的定子绕组上进行降压起动。

当电动机的转速升高到一定值时，再合上 QS2，将电阻 R 短接，电源电压直接加在定子绕组上，电动机便在额定电压下正常运转。

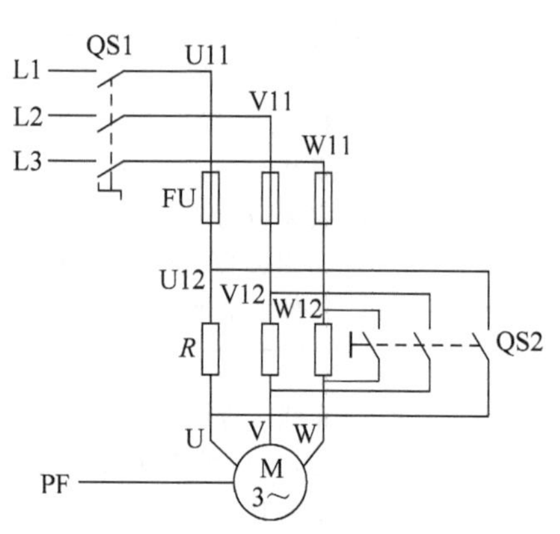

图 3-5　手动控制的定子绕组串接电阻降压控制电路

根据图 3-5 所示的手动控制的定子绕组串接电阻降压起动控制电路原理图，设计元器件位置图、电路接线图，然后进行电路的安装与调试，使用的工具、仪器仪表、元器件及设备与前面所学相同。

任务 3.2　三相异步电动机时间继电器控制Y-△降压起动控制电路的安装与调试

任务引入

对于容量大于 7.5kW 的电动机，在起动时要求对电动机采取降压起动控制，通常采用自动控制的Y-△降压起动控制电路，一般情况下，采用图 3-6 所示的控制方式。这是一种有时间继电器控制的Y-△降压起动控制电路。本任务将完成时间继电器自动切换Y-△降压起动控制电路的安装与调试，并学习时间继电器自动切换Y-△降压起动控制电路的工作原理。

一、电路构成

根据电气控制线路原理图的绘图原则，识读三相异步电动机自动切换Y-△降压起动控制电路电气原理图，明确电路所用元器件及它们之间的关系。

Y-△降压起动控制电路是在电动机起动时将定子绕组接成Y形，每相绕组承受的电压为电源的相电压(220V)，随着电动机转速的升高，待起动结束后，当电动机转速达到额定转速时，再将定子绕组换接成△接法，每相绕组承受的电压为电源线电压(380V)，此时电动机进入额定电压下正常运转。

图3-6所示为三相异步电动机时间继电器自动切换Y-△降压起动控制电路原理图。电路中采用接触器、时间继电器自动控制方式，电路中除有熔断器、热继电器外，还有三个接触器KM、KM_Y和$KM_{\triangle}$。其中KM为电源接触器，用于通断主电路，KM_Y和$KM_{\triangle}$分别为起动接触器和运行接触器。当KM_Y吸合时电动机为Y形接线，实现降压起动，$KM_{\triangle}$在起动结束后吸合，电动机为△形接线，实现正常运行。

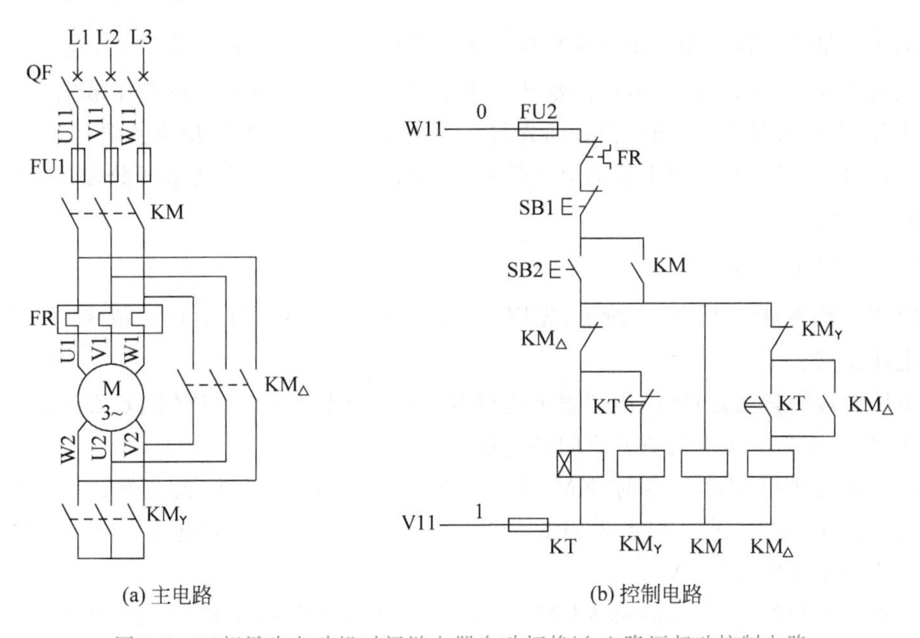

(a) 主电路　　(b) 控制电路

图3-6　三相异步电动机时间继电器自动切换Y-△降压起动控制电路

二、工作原理分析

1. 电动机起动

按下SB2，时间继电器KT、KM_Y、KM线圈得电，KT开始计时，KM_Y主触点闭合，KM主触点闭合，使电动机M绕组接成星形降压起动。同时，KM_Y联锁触点断开对

$KM_{\triangle}$联锁，$KM_{\triangle}$不能吸合。当KT延时时间到，KM_{Y}线圈失电，$KM_{\triangle}$线圈得电自锁，$KM_{\triangle}$主触点闭合，KT线圈失电，电动机△全电压运行。

2. 电动机停转

按下SB1停止按钮，KM、$KM_{\triangle}$线圈失电，KM、$KM_{\triangle}$主触点断开，电动机M切断电源停转。

知识链接　机床电气设备故障测量诊断方法

继电器-接触器控制电路发生故障时，先要对故障现象进行调查，了解故障前后的异常现象，判断故障的大致范围，找出故障的部位及元器件。常用的检修方法有直观法、电压测量法、电阻测量法、短路法、试灯法、波形测试法等。

查找故障必须在确定的故障范围内进行，顺着检修思路逐点检查，直到找到故障点。一般故障有触点故障、线圈故障、接线故障等几种，故障检修办法是上述方法的灵活运用。

机床电气故障的检修方法较多，常用的有电压测量法、电阻测量法和逐步短路法等。

一、电压测量法（带电测量）

电压测量法是指利用万用表测量机床电气线路上某两点间的电压值来判断故障点的范围或故障元器件的方法。电压测量法属于带电操作，操作中要严格遵守带电作业安全操作规程，确保人身安全，测量检查前先将万用表的转换开关置于相应的电压种类（直流或交流），合适的量程（根据电路的电压等级）。交流电压测量法分为电压分段测量法和电压分阶测量法。

1. 电压分段测量法

电压分段测量法如图3-7所示，先用万用表测试点1、点6两点，电压值为380V，说明电源电压正常。

电压分段测量法是将红、黑两表笔逐段测量相邻两标号点1与点2、点2与点3、点3与点4、点4与点5、点5与点6之间的电压。

按下起动按钮SB2，正常时，KM1吸合并自锁。如将万用表拨到交流500V挡，则测量电路中点1与点2、点2与点3、点3与点4、点4与点5各点之间电压，均应为0V；点5与点6之间电压应为380V。

如按下起动按钮SB2，接触器KM1不吸合，说明发生断路故障，此时可用电压表逐段测试各相邻两点间的电压。如测量到某相邻两点间的电压为380V时，说明这两点间所包含的触点、连接导线接触不良或有断路故障。例如，标号点4与点5间的电压为380V，说明接触器KM2的动断触点接触不良。

2. 电压分阶测量法

电压分阶测量法如图3-8所示，一般是将电压表的一根表笔固定在线路的一端（如点6），另一根表笔由下而上依次接到点5、点4、点3、点2、点1，正常时，电压表读数为电源电压。若无读数，则表笔逐级上移，当移至某点读数正常时，说明该点以前的触点或接线完好，故障一般是此点后第一个触点（即刚跨过的触点）或连线断路。故障分析过程见表 3-3。

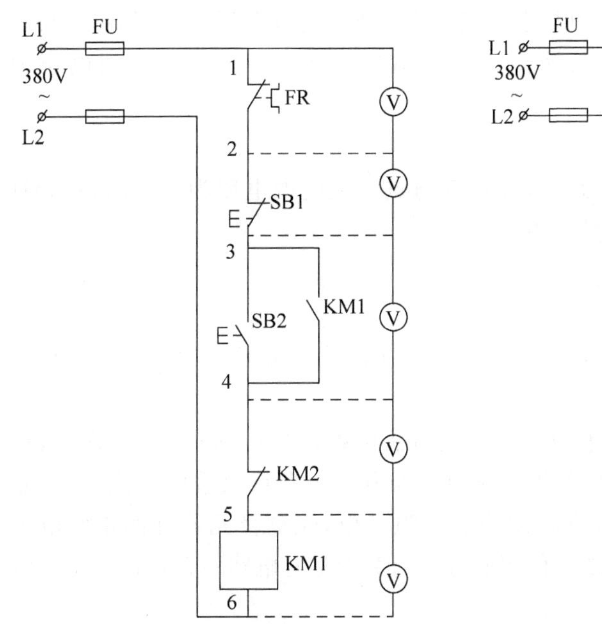

图 3-7　电压分段测量法

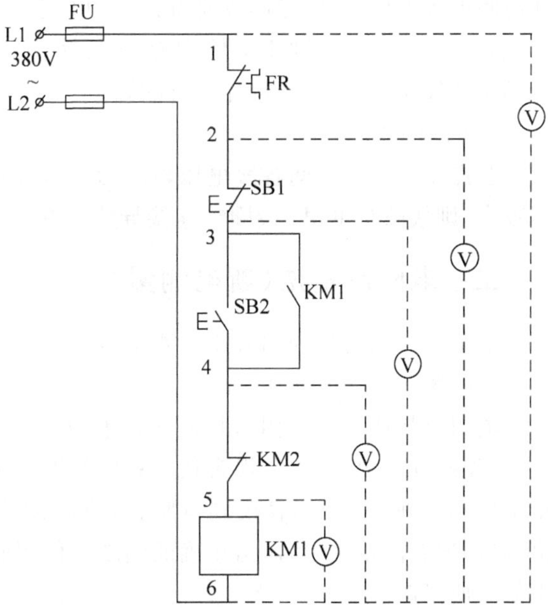

图 3-8　电压分阶测量法

表 3-3　故障分析过程

故障现象	测试状态	6—1 间	6—2 间	6—3 间	6—4 间	6—5 间	故　障　点	排 除 措 施
按下 SB2 时，KM 不吸合	按下 SB2 不松开	0					FU2 断开	更换相同规格的熔体
		380V	0				FR 动断触点接触不良	按下复位按钮，若不能复位，说明已坏。更换相同规格的 FR，并调整好其整定电流值。按下复位按钮，若能复位，完好，可继续使用，但要查明原因，排除故障
		380V	380V	0			停止按钮 SB1 接触不良	更换 SB1
		380V	380V	380V	0		起动按钮 SB2 接触不良	更换 SB2
		380V	380V	380V	380V	0	KM2 动断触点接触不良	检测 KM2 或连接导线，并维修
		380V	380V	380V	380V	380V	KM1 线圈断路	检测 KM1 线圈或连接导线，并维修

(1) 触点故障

按下 SB2,KM1 不吸合,则可用万用表测量点 1 与点 6 的电压,若测得电压为 380V,则说明电源电压正常,熔断器是好的。可接着测量点 1 与点 5 之间各段电压,如点 1 与点 2 之间电压为 380V,则 FR 保护触点已动作或接触不良;如点 4 与点 5 之间电压为 380V,则 KM2 触点或连接导线有故障。

(2) 线圈故障

若点 1 与点 5 之间各段电压均应为 0V,测点 5 与点 6 之间的电压为 380V,而 KM1 不吸合,则故障是 KM1 线圈或连接导线断开。

二、电阻测量法(断电测量)

电阻测量法是指利用万用表测量机床电气线路上某两点间的电阻值来判断故障点的范围或故障元器件的方法。

电阻测量法分为电阻分段测量法和电阻分阶测量法两种,如图 3-9、图 3-10 所示,检查时,先断开电源,否则会损害仪表;断开被测量电路与其他电路或负载的连线,否则测量结果不准确;把万用表拨到电阻挡,选择适当的电阻挡位,先测量元器件的正常电阻值,以便比较测量结果,做出正确的判断。使用此方法的关键是对电路中元器件的正常电阻值有所了解。

1. 电阻分段测量法

检查时,先断开电源,把万用表拨到电阻挡,按住 SB2 或 KM1 测试钮,然后逐段测量相邻两点 1 与 2、2 与 3、3 与 4、4 与 5、5 与 6 之间的电阻。若测得某两点间电阻很大,则说明该触点接触不良或导线断路;若测得点 5 与点 6 之间电阻很大($R\to\infty$),则线圈断线或接线脱落,若电阻接近零,则线圈可能短路。

2. 电阻分阶测量法

检查时,先断开电源,把万用表拨到电阻挡,按住 SB2 或 KM1 测试钮,然后分段测量相邻两点 1 与 6、2 与 6、3 与 6、4 与 6、5 与 6 之间的电阻。若测得某两点间电阻很大,则说明该触点接触不良或导线断路($R\to\infty$);接着若测得点 1 与点 6 之间的电阻很大($R\to\infty$),则线圈断线或接线脱落,若电阻接近零,则线圈可能短路。

3. 注意事项

电阻测量法较电压测量法安全,适合初学者使用,但也有缺点,易造成判断错误,为此测量时应注意以下几点。

(1) 所测电路若与其他电路并联,必须将该电路与其他电路分开,否则会造成判断失误。

(2) 用万用表测量熔断器、接触器触点、继电器触点、连接导线的电阻值为零,测量电动机、电磁线圈、变压器绕组指示其直流电阻值。

(3) 测量高电阻元器件时,要将万用表的电阻挡转换到适当挡位。

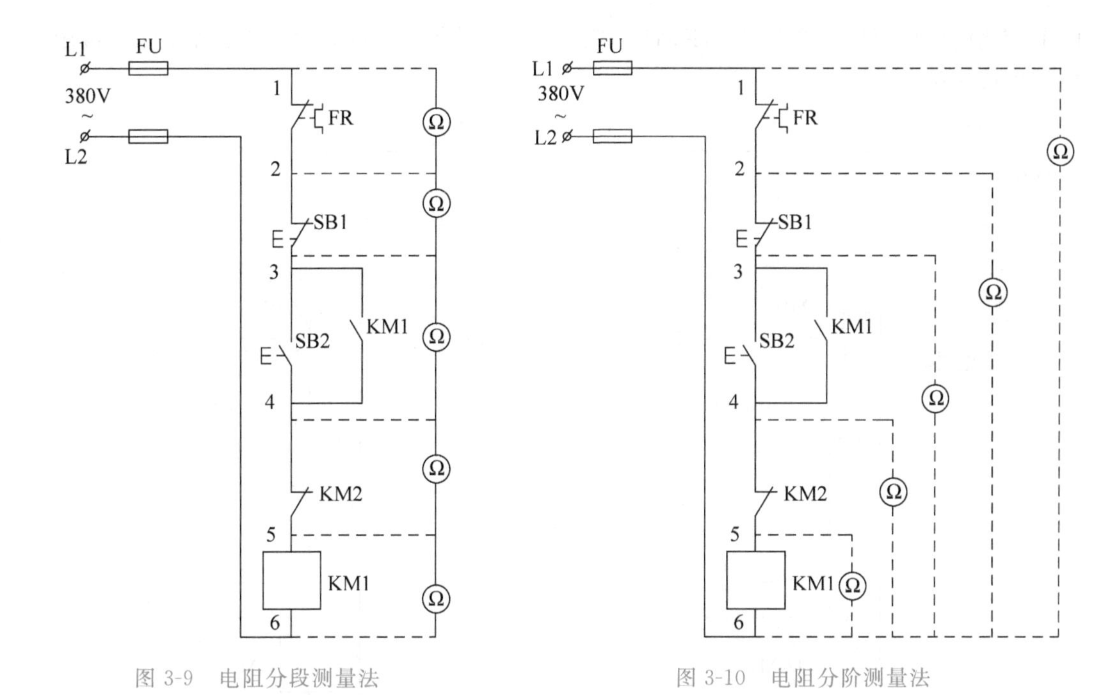

图 3-9　电阻分段测量法

图 3-10　电阻分阶测量法

三、逐步短路法(带电操作)

机床电气设备的常见故障为断路故障,如导线断线、虚连、虚焊、触点接触不良、熔断器熔断等。对于这类故障,除用电压测量法、电阻测量法检查外,还有一种更为简单可靠的方法,就是短接法。检查时用一根绝缘良好的导线将所怀疑的断路部位短接,若短接到某处时电路接通,则说明该处断路。

1. 局部短接法

局部短接法如图 3-11 所示,若按下按钮 SB2 时,接触器 KM 线圈不得电,则说明控制电路有故障。检查前,先确定电源电压正常,一人按下按钮 SB2 不放,另一人用一根绝缘导线,分别短接相邻两点 1 与 2、2 与 3、3 与 4、4 与 5,当短接到某两点时,接触器 KM 线圈得电,说明故障在该两点之间。(注意点 5 与点 6 为非等电位点,不能短接,否则造成短路,若短接点 1 与点 5 后,KM 仍不吸合,判断 KM 线圈断路。)

2. 局部长短接法

局部长短接法是指一次短接两个或多个触点来检查故障的方法。如果电路中同时有两个或两个以上故障点,用局部短接法很容易造成判断错误,可以采用长短接法把故障缩小范围,然后再用局部短接法、电阻测量法、电压测量法逐段检查,找出故障点。

如图 3-12 所示,若按下按钮 SB2 时,接触器 KM 线圈不得电,则说明控制电路有故障。检查前,先确定电源电压正常,一人按下按钮 SB2 不放,另一人用一根绝缘导线先用长短接法将点 1 与点 5 短接,如果 KM1 吸合,则说明点 1 与点 5 之间有断路故障,然后再用局部短接法、电阻测量法、电压测量法逐段检查,找出故障点。如先短接点 1 与点 3,

KM1 不吸合，再短接点 3 与点 5，KM1 能吸合，则说明点 3 与点 5 之间有断路故障，再用局部短接法确定故障点。

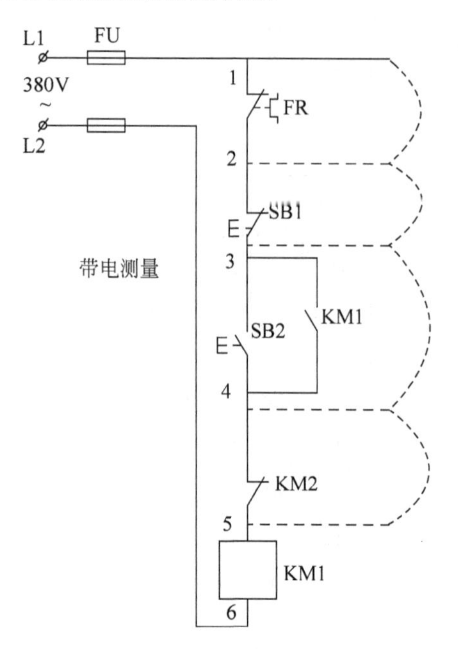

图 3-11 局部短接法

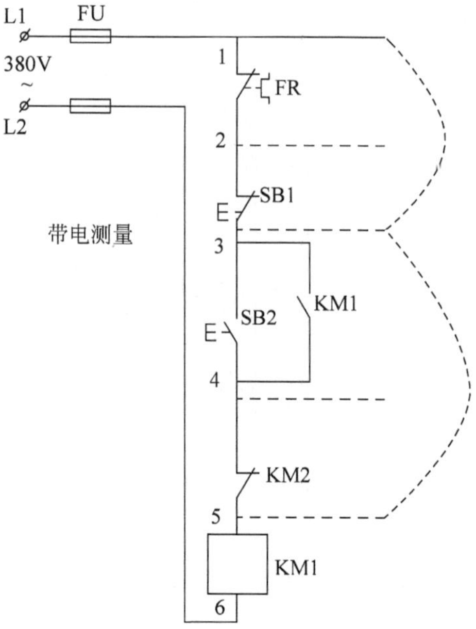

图 3-12 局部长短接法

3. 注意事项

(1) 短接法属带电操作，注意安全，避免触电事故。初学者可先接好短接点，再接通电源，按起动按钮。

(2) 短接法短接的各点，在电原理上属等电位点或电压降极小的导线和电流不大的触点(5A 以下)，不能短接非等电位点，否则会造成短路事故。熔断器断路时，原因大多是短路故障造成，故熔断器不能用短接法检测，以免造成二次严重短路，伤及维修者。

(3) 特别要注意的是，在使用短接法的时候一定要保证电路中接有负载，千万不能误将负载短接，否则会发生事故。此外，短接法只能用于检查导线与元器件接触不良的故障，对于负载本身断路或接触不良等故障不适用。

一、准备工具

安装调试所需工具为验电笔、螺钉旋具(一字形和十字形)、钢丝钳、尖嘴钳、斜口钳、剥线钳、电工刀、万用表等。

二、元器件及导线的选用

所需材料明细见表 3-4。

表 3-4　所需材料明细表

序号	名　　称	文 字 符 号	型号与规格	功　　能	单位	数量
1	三相四线制电源		～3×380/220V,20A	提供电源	处	1
2	三相异步电动机	M	Y112M-4,4kW,380V,△连接	负载	台	1
3	低压断路器	QF	DZ47-60D/3P,C10	接通或断开电路	只	1
4	熔断器	FU	RL98-16,2A	短路保护	只	5
5	控制按钮	SB	LA-18	接通或断开控制电路	只	3
6	交流接触器	KM	CJX1-9/22,380V	实现电路的自动控制	只	3
7	热继电器	FR	JR20	过载保护	只	1
8	时间继电器	KT	JS7-2A	控制电路的通断时间	只	1
9	连接导线	黄、绿、红三色线,控制线黑色或蓝色	BVR-1.5mm^2,1.0mm^2塑料软铜导线	连接电路	m	若干
10	接线端子排	XT	TB2510	板内外导线对接	条	1

三、电路装接

(1) 根据图 3-6 所示原理图,选取所用元器件,并进行检测。

(2) 在网孔板上按位置图安装元器件,如图 3-13 所示。要求:各元器件的安装位置应整齐、匀称、牢固、间距合理,便于元器件的更换。

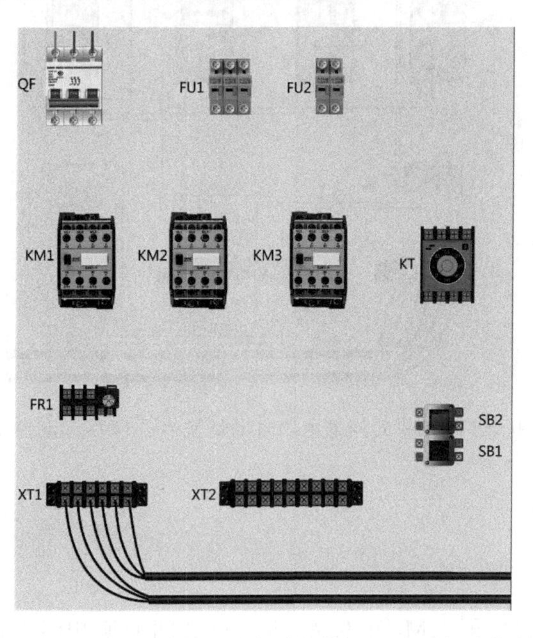

图 3-13　三相异步电动机时间继电器自动切换Y-△降压起动控制电路位置图

(3) 按照主电路接线图(见图 3-14)、控制电路接线图(见图 3-15)进行接线。

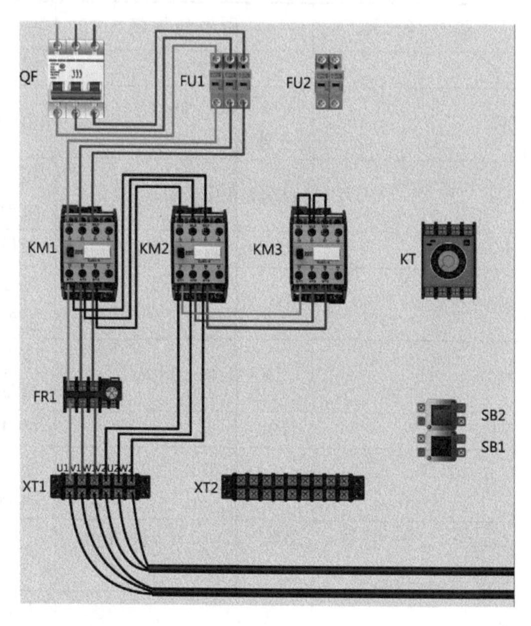

图 3-14 三相异步电动机时间继电器自动切换Y-△降压起动控制电路(主电路)接线图

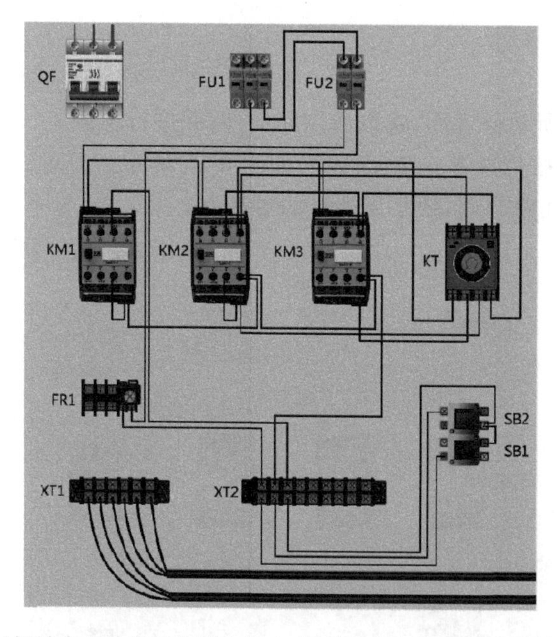

图 3-15 三相异步电动机时间继电器自动切换Y-△降压起动控制电路接线图

四、电路检修

1. 检查主电路

(1) 检查主电路接触器 KM_Y 和 $KM_\triangle$ 主触点之间的换相线,若接错可能造成电动机无法起动，或使定子绕组无法从Y连接转换成△连接，甚至造成短路。

(2) 取下 FU2 熔体，装好 FU1 熔体，断开控制电路。

(3) 用万用表分别测量开关 QF 下端子 U11 与 V11、U11 与 W11、V11 与 W11 之间的电阻，应均为开路($R\to\infty$)。若某次测量结果为短路($R=0$)，说明所测量两相之间的接线有短路现象，应仔细检查，排除故障。

(4) Y起动控制电路。同时按下接触器 KM 和 KM_Y 的测试按钮，重复上述测量，用万用表分别测量开关 QF 下端子 U11 与 V11、U11 与 W11、V11 与 W11 之间的电阻，应分别为电动机两相间的电阻值。松开接触器 KM 和 KM_Y 的测试按钮，万用表应显示由通到断。若某次测量结果为开路($R\to\infty$)，说明所测量两相之间的接线有断开现象，应仔细检查，找出断路点，排除故障。若某次测量结果为短路($R=0$)，说明所测量两相之间的接线有短路现象，应仔细检查，排除故障。

(5) △运行控制电路。将万用表两表笔分别接在 U11 与 V11、U11 与 W11、V11 与 W11 的接线端子上，同时按下接触器 KM 和 $KM_{\triangle}$ 的测试按钮，用万用表分别测得电动机两相绕组串联后与第三相绕组并联的电阻值。若某次测量结果为开路($R\to\infty$)，说明所测量两相之间的接线有断开现象，应仔细检查，找出断路点，排除故障。若某次测量结果为短路($R=0$)，说明所测量两相之间的接线有短路现象，应仔细检查，排除故障。

2. 检查控制电路

(1) 检查控制线路中按钮、接触器辅助触点之间的连线有无错接、漏接、虚接等现象，起动按钮的动合触点上下接线端子所接的连线，应接到这个按钮所控制的接触器的自锁触点端子上，Y、△连接的连接线及控制电路的自锁线有无错接、漏接、虚接等现象。尤其要注意每一对触点的上下端子接线不可颠倒，同一根导线两端线号应相同。

(2) 取下 FU1 熔体，装好 FU2 熔体，断开主电路。将万用表的表笔分别接到 QF 下端子 U11 与 V11 上。

(3) 检查起动、停止控制电路。按下 SB2，测得 KT、KM 和 KM_Y 线圈的并联电阻值；再按下 SB1，万用表应显示电路由通到断。

(4) 检查自锁电路。按下接触器 KM 的测试按钮，测得接触器 KM、KT 和 KM_Y 线圈的并联电阻值。松开接触器 KM 的测试按钮，万用表应显示电路由通到断。若发现异常，重点检查接触器自锁线、触点上下端子的连线及线圈有无断线和接触不良。

(5) 检查辅助触点联锁电路。按下 SB2，测得 KT、KM 和 KM_Y 线圈的并联电阻值；再按下接触器 KM_Y 的测试按钮，仍测得 KT、KM 和 KM_Y 线圈的并联电阻值；再按下接触器 $KM_{\triangle}$ 的测试按钮，万用表应显示 KM、$KM_{\triangle}$ 线圈的并联电阻值。前面几步测量中，应为三个线圈并联时阻值最小。如发现异常现象，重点检查接触器动断触点与另一接法的接触器线圈的连线。常见联锁线路的错误接线有：将动合辅助触点错接成联锁线路中的动断辅助触点；把接触器的联锁线错接成同一接触器的线圈端子上使用，引起联锁控制电路动作不正常。

(6) 检查 KT 的控制作用。按下按钮 SB2，测得 KT、KM 和 KM_Y 线圈的并联电阻值，再按住 KT 电磁机构的衔铁，KT 的延时断开动断触点分断切除 KM_Y 的线圈后，应测出电阻值增大。

五、电路通电调试

为确保人身安全，在通电试车时，要认真执行安全操作规程的有关规定，一人监护，一人操作。检查三相电源，将热继电器按电动机的额定电流整定好。试车前应检查与通电试车有关的电气设备是否有不安全的因素存在，若查出应立即整改，然后方能试车。

电路采用接触器 KM 作电源控制，接触器 $KM_\triangle$ 作△运行控制，接触器 KM_Y 作星形起动控制。

1. 功能试验

拆掉电动机绕组的连线，合上电源开关 QF。

(1) Y-△起动调试

按下起动按钮 SB2，KT、KM_Y、KM 吸合。等待几秒钟后，KM_Y 释放，$KM_\triangle$ 吸合，KT 释放。重复操作几次检查电路动作的可靠性。

(2) 制动调试

若轻按停止按钮 SB1，KM、$KM_\triangle$ 释放。

2. 试车

断开电源，恢复电动机连接线，并做好停车准备。合上 QF，接通电源。

(1) Y-△起动调试

按下起动按钮 SB2，KM_Y 吸合、KM 吸合，电动机Y降压起动，KT 吸合延时开始。几秒钟后，KM_Y 释放，$KM_\triangle$ 吸合自锁，KT 释放，电动机△全电压运行。KT 延时时间应按电动机功率选定。应注意电动机运行的声音和线路转换情况，观察电动机是否全电压运行且转速达到额定值。若转换时间不合适，可调节 KT 的针阀，使延时转换时间更准确。如电动机运行时发现有异常现象，应立即停车检查后，再投入运行。

(2) 制动调试

若按下停止按钮 SB1，KM、$KM_\triangle$ 释放，电动机断电后惯性旋转至停转。应注意电动机运行的声音，如电动机运行时发现有异常现象，应立即停车检查后，再投入运行。

六、电路的一般故障排除

该电路的主要故障现象是主电路主要表现为Y起动缺相、△运转正常，Y起动正常、△运转缺相，Y起动及△运行均缺相等故障。控制电路主要表现为电动机无法起动，电动机能Y起动而不能转换成△运转等故障。

1. Y起动缺相

电动机Y起动缺相而△运转时正常，说明电动机三相电源正常，故障点应该在接触器 KM_Y 上，或在连接导线上。

检查步骤为：用万用表电阻挡检查 KM_Y 主触点是否良好。W2、U2、V2 连接导线端有无断线或松脱。作Y连接的连线端有无断线或松脱。

2. △运转缺相

电动机Y起动正常、△运转时缺相，说明电动机三相电源正常，故障点应该在△形接法的接触器 $KM_△$ 上，或连接导线上。

检查步骤为：用万用表电阻挡检查 $KM_△$ 主触点是否良好。W1、U1、V1、W2、U2、V2 连接导线端有无断线或松脱。作△连接的连线端有无断线或松脱。

3. Y起动及△运行均缺相

Y起动及△运行均缺相时，故障范围较大，有以下几种可能：电源 W 相缺相、FU1 熔体烧断、KM1 主触点接触不良或烧断、FR 热元器件烧断、连接导线有无断线或松脱、电动机绕组断线等情况。

检查步骤为：用万用表交流电压挡 500V 测量接线端子上 W1、U1、V1、W2、U2、V2 的线电压，如电压正常，故障在电动机绕组上，用万用表电阻挡检查电动机绕组是否有断开。如果测量的线电压不正常，则故障点在配电板上。用万用表交流电压挡 500V 测量主电路，三相电源中 W 相电压是否正常。检查到哪一级电压不正常，则断开电源用万用表电阻挡检查 FU1 熔体、KM1 主触点、FR 热元器件或连接导线有无断线或松脱。

4. 电动机 M 不能起动的故障

对主电路而言，可能的原因是熔断器 FU1 断路、接触器 KM 主触点接触不良、热继电器主电路有断点及电动机 M 绕组有故障。对控制电路而言，可能的原因是熔断器 FU2 断路、热继电器 FR 辅助动断触点接触不良、按钮 SB1 动断触点接触不良、时间继电器 KT 的动断触点接触不良、接触器 $KM_△$ 的动断触点压合接触不良。

检查步骤为：按下按钮 SB2，观察接触器 KM 是否吸合。若接触器 KM 吸合，则是主电路的问题，可重点检查电动机 M 绕组；若接触器 KM 未吸合，则为控制电路的问题，重点检查熔断器 FU2、热继电器 FR 动断触点、按钮 SB1 动断触点，以及 KT、KM_Y 相关触点。

5. 电动机 M 只能Y接运行，不能△接运行的故障

对主电路而言，可能的原因是接触器 $KM_△$ 主触点闭合接触不良。对控制电路而言，可能的原因是时间继电器 KT 不动作、接触器 KM_Y 的动断触点接触不良及接触器 $KM_△$ 损坏等。

检查步骤为：按下起动按钮 SB2，观察接触器 $KM_△$ 是否吸合。若接触器 $KM_△$ 吸合，则重点检查接触器 $KM_△$ 主触点；若接触器 $KM_△$ 未吸合，重点检查时间继电器 KT 是否动作、时间继电器 KT 的动断触点及接触器 KM_Y 的动断触点。

检查评价

按照工作任务的训练要求完成工作任务，技能训练评价见表 3-5。

表 3-5 技能训练评价

班级		姓名		指导教师		总分		
项目及配分	考核内容			评分标准		小组自评	小组互评	教师评价
装前检查(15分)	1. 按照原理图选择元器件。 2. 用万用表检测元器件			1. 元器件选择不正确,扣5分。 2. 不会筛选元器件,扣5分。 3. 电动机质量漏检,扣5分				
安装元器件(20分)	1. 读懂原理图。 2. 按照布置图进行电路安装。 3. 安装位置应整齐、匀称、牢固、间距合理,便于元器件的更换			1. 读图不正确,扣10分。 2. 电路安装不正确,扣5～10分。 3. 安装位置不整齐、不匀称、不牢固或间距不合理,每处扣5分。 4. 不按布置图安装,扣15分。 5. 损坏元器件,扣15分				
布线(25分)	1. 布线时应横平竖直,分布均匀,尽量不交叉,变换走向时应垂直。 2. 剥线时严禁损伤线心和导线绝缘层。 3. 接线点或接线柱严格按要求接线			1. 不按原理图接线,扣20分。 2. 布线不符合要求,每根扣5～10分。 3. 接线点(柱)不符合要求,扣5分。 4. 损伤导线线心或绝缘层,每根扣5分。 5. 漏线,每根扣2分				
电路调试(20分)	1. 会使用万用表测试控制电路。 2. 完成电路调试使电动机正常工作			1. 测试控制电路方法不正确,扣10分。 2. 调试电路参数不正确,每步扣5分。 3. 电动机不转,扣5～10分				
检修(10分)	1. 检查电路故障。 2. 排除电路故障			1. 查不出故障,扣10分。 2. 查出故障但不能排除,扣5分				
职业与安全意识(10分)	1. 工具摆放、工作台清理、余废料处理。 2. 严格遵守操作规程			1. 工具摆放不整齐,扣3分。 2. 工作台清理不干净,扣3分。 3. 违章操作,扣10分				

任务小结

通过本任务的学习,学会识读三相异步电动机自动切换Y-△降压起动控制电路的电路原理图、元器件位置图、电气互连图,掌握三相异步电动机自动切换Y-△降压起动控制电路的安装、调试、检查线路的基本方法,掌握对三相异步电动机自动切换Y-△降压起动控制电路一般故障的查找和排除的方法。

知识拓展

时间继电器自动控制的定子绕组串接电阻降压起动控制的电路如图3-16所示。

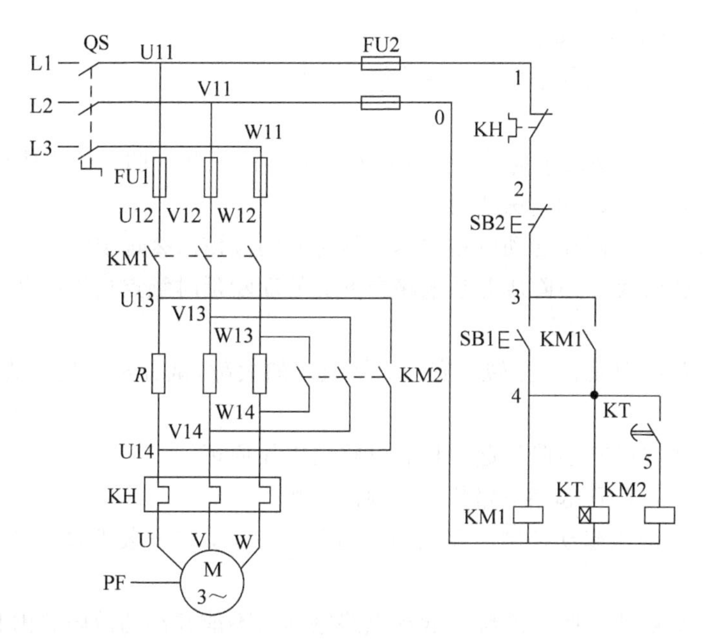

图 3-16　时间继电器自动控制的定子绕组串接电阻降压起动控制的电路

电路的工作原理如下。

先合上电源开关 QS1。

按下起动按钮 SB1，KM1 线圈得电，KM1 动合触点闭合，与 SB1 自锁，同时主触点闭合见主电路接通，电动机 M 完成串电阻 R 降压起动。

在 KM1 线圈得电的同时，时间继电器 KT 线圈得电，当电动机转速上升到一定速度时，KT 时间到，KT 动合触点闭合，KM2 线圈得电，KM2 主触点闭合，电阻 R 被短接，电动机 M 全压运行。

停止时，按下停止按钮 SB2，控制电路断电，电动机 M 失电停转。

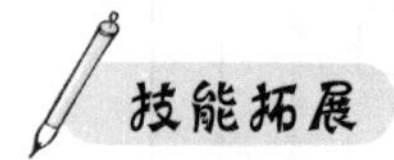

根据图 3-16 所示的时间继电器自动控制的定子绕组串接电阻降压起动控制的电路原理图，设计元器件位置图、电路接线图，然后进行电路的安装与调试，使用的工具、仪器仪表、元器件及设备与前面所学相同。

思考与练习

一、判断题

1. Y-△降压起动适用于正常运行时定子绕组接成Y形的三相异步电动机。（　　）
2. 三相异步电动机降压起动的主要目的是减小起动转矩。（　　）
3. 通常规定：当电源容量在 180kV・A 以上，电动机容量在 7.5kW 以下的三相异

步电动机可以采用直接起动。　　( )

4. Y-△形降压起动仅适用于空载或轻载的场合。　　( )

二、简答题

1. 电动机在什么情况下应采用降压起动方式？降压起动的目的是什么？

2. Y-△换接降压起动方法适用于什么场合？

3. 自动切换Y-△降压起动电路中 KT 延时时间应该怎么选定？

4. 如果自动切换Y-△降压起动电路中 KT 的动断延时触点错接成动合延时触点，对电路有何影响？

5. 如果电路出现只有Y运转没有△运转控制的故障，试分析产生该故障的接线方面的原因。

6. 简述自动切换Y-△降压起动控制电路的工作原理。

7. 请总结Y-△降压起动电路的安装调试步骤。

8. 简述Y-△降压起动控制电路的电路检测方法，总结安装调试过程中经常出现的故障。

9. 列表说明自动切换Y-△降压起动电路电动机不能起动的故障原因和排除方法。

三、分析题

判断图 3-17 中哪个Y-△降压起动主电路接线正确。

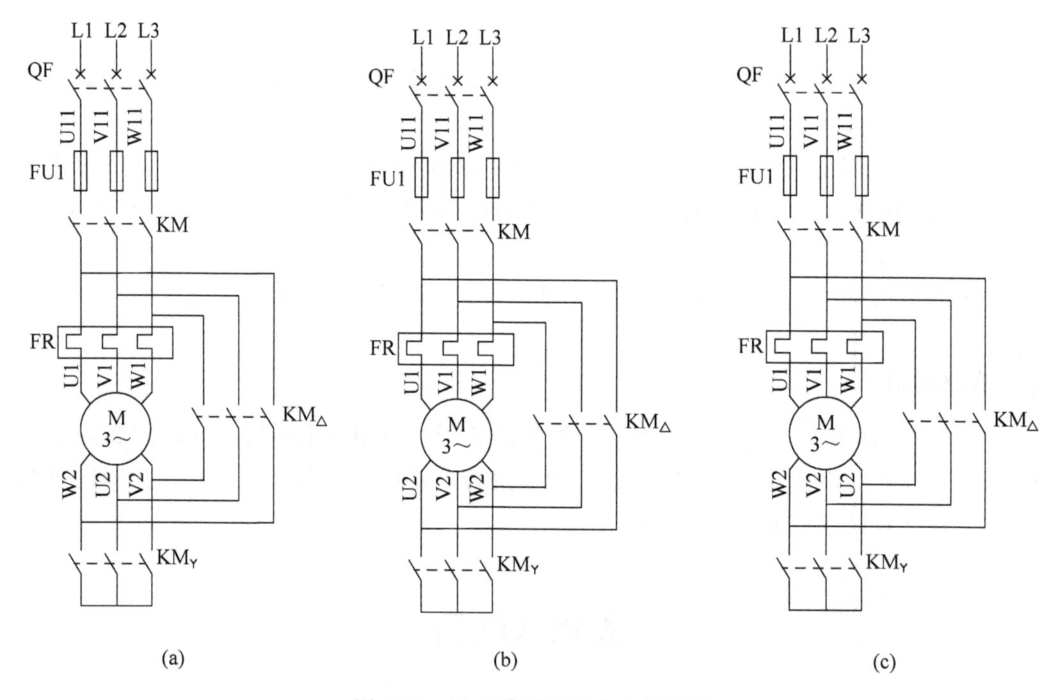

图 3-17　Y-△降压起动主电路接线

四、作图题

绘制自动切换Y-△降压起动控制电路的原理图、接线图。

项目4

三相异步电动机正反转控制电路的安装与调试

电动机单向旋转控制电路只能使电动机向一个方向旋转，带动生产机械的运动部件向一个方向运动。但许多生产机械往往要求运动部件能向正反两个方向运动。如机床工作台的前进与后退、万能铣床主轴的正转与反转、起重机的上升与下降等，电动机正反转控制电路是电动机控制电路中最常见的基本控制电路。

了解行程开关的结构，理解其工作原理；理解三相异步电动机接触器互锁正反转控制电路、接触器和按钮双重互锁正反转控制电路以及自动往复运动控制电路的工作原理；掌握互锁、双重互锁概念；掌握电气控制系统图绘图原则、机床电气线路布线工艺要求及电气线路检测方法；掌握低压电器常见故障检测方法。

学会识别、选择、安装、使用行程开关；能识读三相异步电动机接触器互锁正反转控制电路、接触器和按钮双重互锁正反转控制电路以及自动往复运动控制电路图，根据电路图及控制要求对电路进行安装、调试与一般故障排除。

任务4.1 三相异步电动机接触器互锁正反转控制电路的安装与调试

电动机正反转控制电路是利用电源的换相原理来实现电动机的正反转控制的。当改变通入电动机定子绕组的三相电源相序，即把接入电动机三相电源进线中的任意两相对

调接线时，电动机就可以反转。

在要求电动机正反转的场合中，采用接触器互锁的正反转控制电路，一般用图 4-1 所示的控制方式。本任务的主要内容是完成三相异步电动机按钮互锁正反转控制电路的安装、调试及一般故障的排除，并学习其工作原理。

一、电路构成

根据电气控制线路原理图的绘图原则，识读三相异步电动机接触器互锁正反转控制线路电气原理图，明确电路所用元器件及它们之间的关系。

图 4-1 所示为三相异步电动机接触器互锁正反转控制电路原理图。其电路组成：QF 为断路器，FU 为熔断器，KM1、KM2 为交流接触器，FR 为热继电器，SB1 为停止按钮，SB2 为正转起动按钮，SB3 为反转起动按钮，M 为三相异步电动机。

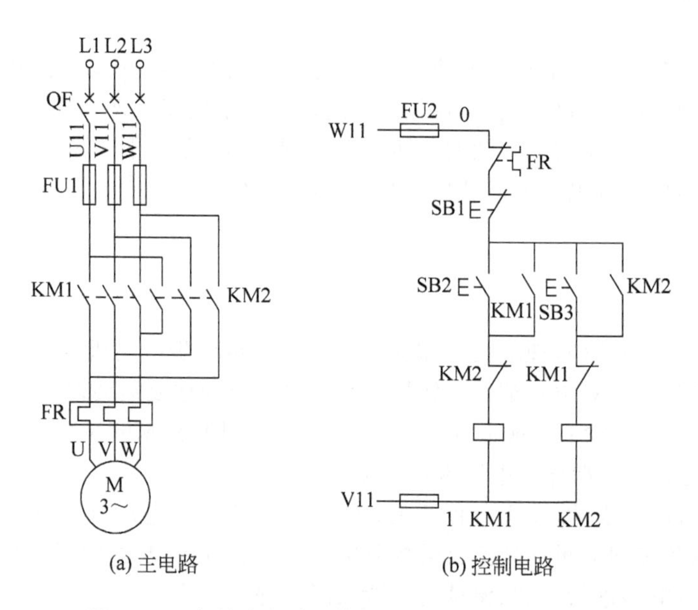

(a) 主电路　　(b) 控制电路

图 4-1　三相异步电动机接触器互锁正反转控制电路

KM1 为控制电动机正转接触器，KM2 为控制电动机反转接触器，KM1 和 KM2 线圈不能同时得电，在其控制的电路里分别串联接触器辅助的动断触点相互控制，这种两个接触器之间相互控制关系称为“电气互锁”。

按下正转起动控制按钮 SB2，交流接触器 KM1 线圈得电，电动机 M 得电起动旋转。停止时，按下停止按钮 SB1，使 KM1 线圈失电，电动机 M 失电停转。反转控制时，按下反转起动按钮 SB3，使 KM2 线圈得电，电动机 M 得电起动旋转，停止时，按下停止按钮 SB1，使 KM1 线圈失电，电动机 M 失电停转。

二、工作原理分析

1. 正转起动过程

合上电源开关，按下正转起动按钮 SB2，使交流接触器 KM1 线圈得电动作。KM1 动作后主触点闭合。这时三相电动机 3 个绕组与电源线接通而实现正转。KM1 辅助动合触点闭合使开关 SB2 自锁，此时 SB2 复位后，电路仍然接通。KM1 辅助动断触点断开与 KM2 互锁，确保 KM1 动作时 KM2 不误动作。

2. 正转停止过程

按下停止按钮 SB1，切断正转控制电路，使 KM1 接触器断电，KM1 接触器线圈失电释放，切断电动机供电，系统复位达到停车目的。

3. 反转起动过程

按下反转起动钮 SB3，此时，使反转接触器 KM2 线圈得电动作。KM2 动作后，辅助动断触点断开，切断正转接触器电路，确保 KM2 动作时 KM1 不误动作。

4. 反转停止过程

按 SB1 停止按钮，KM2 线圈失电，KM2 主触点断开，电动机 M 切断电源停转，制动结束。

知识链接　机床电气故障检修的步骤及方法

一、工业机械电气设备维修的一般要求

(1) 采取的维修步骤和方法必须正确，切实可行。

(2) 不可损坏完好的元器件。

(3) 不可随意更换元器件及连接导线的规格型号。

(4) 不可擅自改动电路。

(5) 损坏的电气装置应尽量修复使用，但不能降低其固有性能。

(6) 电气设备的各种保护性能必须满足使用要求。

(7) 绝缘电阻合格，通电试车能满足电路的各种功能，控制环节的动作程序符合要求。

(8) 维修后的电气装置必须满足其质量标准要求。电气装置的检修质量标准如下。

① 外观整洁，无破损和碳化现象。

② 所有的触点均应完整、光洁、接触良好。

③ 压力弹簧和反作用弹簧应具有足够的弹力。

④ 操纵、复位机构都必须灵活可靠。

⑤ 各种衔铁运动灵活，无卡阻现象。

⑥ 灭弧罩完整、清洁，安装牢靠。

⑦ 整定数值大小应符合电路使用要求。

⑧ 指示装置能正常发出信号。

二、电气设备的日常维护保养

电气设备维修包括日常维护保养和故障检修两方面。加强对电气设备的日常检查、维护和保养，及时发现由于设备在运行时过载、振动、电弧、自然磨损、周围环境和温度等因素引起的一些非正常现象，并及时修理或更换，有效地减少设备故障的发生率，缩小故障带来的损失，增加设备连续运转周期。

日常维护保养包括电动机和控制设备的日常维护保养。

1. 电动机的日常维护保养

对电动机日常维护要做到经常检查电动机运转是否正常，有无异响；电动机外壳是否清洁，温度是否正常；检查电动机轴承间隙，加注润滑油；对磨损严重，间隙过大的轴承，必须予以更换；检查电动机绝缘状况，有绝缘下降的，必须对定子绕组做浸漆处理。

2. 控制设备的日常维护保养

(1) 保持电气控制箱，操纵台上各种操作开关、按钮等清洁完好。

(2) 检查各连接点是否牢靠，有无松脱现象。

(3) 检查各类指示信号装置和照明装置是否正常。

(4) 清理接触器、继电器等接触点的电弧灼痕，检查是否吸合良好，有无卡阻、噪声或迟滞现象。

(5) 检查接触器、继电器线圈是否过热。

(6) 检查电器柜及各种导线通道的散热情况，并防止水、气及腐蚀性液体进入。

(7) 检查电气设备是否可靠接地。

三、机床电气故障检修的一般步骤

机床在运行中发生了故障，应立即切断电源进行检修。检修一般按下面的步骤进行。

1. 故障调查

故障发生后，不能盲目地检修和拆卸设备，应先进行调查研究，从而能准确迅速地判断故障发生的原因及部位，进而排除故障。调查手段如下。

(1) 问。机床发生故障后，首先应向操作者了解故障发生前后的情况，有利于根据电气设备的工作原理来分析发生故障的原因。一般询问的内容有故障发生在开车前、开车后，还是发生在运行中；是运行中自行停车，还是发现异常情况后由操作者停下来的；发生故障时，机床工作在什么工作顺序，按动了哪个按钮，扳动了哪个开关；故障发生前后，设备有无异常现象(如响声、气味、冒烟或冒火等)；以前是否发生过类似的故障，是怎样处理的等。在听取操作者介绍故障时，要分析和判断出是机械或液压的故障，还是电气故障，或者是综合故障。

(2) 看。仔细查看各种元器件的外观变化情况。如熔断器熔体熔断指示器是否跳出，导线连接螺钉是否有松动，触点是否烧熔、氧化，热继电器是否脱扣，导线和线圈是否烧焦，热继电器整定值是否合适，瞬时动作整定电流是否符合要求等。

(3) 听。在电路还能运行和不扩大故障范围的前提下，可通电试车，主要听有关电器在故障发生前后声音是否有差异。如听电动机起动时是否只“嗡嗡”响而不转；接触器线圈得电后是否噪声很大等。

(4) 摸。电动机、变压器和元器件的线圈发生故障时，温度显著上升，可切断电源后用手去触摸。轻拉导线，看连接是否松动；轻推电气活动机构，看移动是否灵活等。

(5) 闻。故障出现后，断开电源，将鼻子靠近电动机、变压器、继电器、接触器、绝缘导线等处，闻闻是否有焦味。如有焦味，则表明电器绝缘层已被烧坏，主要是由过载、短路或三相电流严重不平衡等故障所造成的。

2. 电路分析

根据调查结果，参考该机床的电气原理图及有关说明书进行电路逻辑分析，判断故障发生在主电路还是控制电路，是发生在交流电路还是直流电路。通过分析缩小故障范围，达到迅速找出故障点加以排除的目的。

分析要有针对性，如接地故障一般先要考虑电气柜外的电气装置，后考虑电气柜内的元器件。短路与断路故障，先重点考虑动作频繁的元器件，后考虑其余元器件。对于较复杂的机床电路，要掌握机床的性能、工艺要求，分析电路时，可将复杂电路划分成若干个单元，便于分析，要了解电路的逻辑原理，正确判断出故障点。

3. 断电检查

对许多发生故障的电气设备检修时，不能立即通电，否则会人为扩大故障范围，烧毁更多的元器件，造成不应有的损失。检查前先断开机床总电源，然后根据故障可能产生的部位，逐步找出故障点。当故障范围较大时，不必按部就班逐步检查，可注意一些技巧，例如先机损，后电路；先简单，后复杂；先检修通病，后考虑疑难杂症；先公用电路，后专用电路；先外部调试，后内部处理等。这样来判断故障出在哪部分，往往可以达到事半功倍的效果。

4. 通电检查

断电检查仍未找到故障时，可对电气设备做通电检查。在通电检查时要尽量使电动机和其所传动的机械部分脱开，将控制器和转换开关置于零位，行程开关还原到正常位置。然后检查电源电压是否正常，有否断相或严重不平衡。再进行通电检查，检查的顺序：先检查控制电路，后检查主电路；先检查辅助系统，后检查主传动系统；先检查交流系统，后检查直流系统；合上开关，观察各电气元器件是否按要求动作，有否冒火、冒烟、熔断器熔断的现象，直至查到发生故障的部位。

5. 排除故障

针对不同故障情况和部位采取正确的方法修复故障。对更换的新元器件要注意尽量使用相同规格型号、性能完好的元器件。在故障排除中，还要注意防止故障扩大。

6. 通电试车

故障修复后，应重新通电试车，检查生产机械的各项运行指标是否满足要求。另外，在找出故障点和修复故障时，应该注意要进一步分析查明故障产生的根本原因并排除，以免再次发生类似的故障。每次排除故障后，应及时总结经验，并做好维修记录，以备日后维修时参考。

四、机床电气故障检修的一般方法

除了上面所说的“问、看、摸、听、闻”几种直观方法外，检修机床电气故障常借助一些工具和仪器仪表进行测量来判断故障点。在使用时一定要保证各种测量工具和仪表完好，使用方法正确，还要注意防止其他并联支路和回路的影响。常用的方法有以下几种。

1. 验电器法

验电器是维修电工常备的检测工具之一。氖泡的启辉电压为 60V 左右。为了安全起见，验电器只准许用于 500V 以下电路中的检测工作。用验电器检查故障时，在主电路中从电源侧顺次地往负荷侧进行，在控制电路中从电源往线圈方向进行，在检测分析中应注意电路另一端返回电压的可能。

验电器仅需极弱的电流，即能使氖泡发光，一般绝缘不好而产生的漏电电流以及处于强电场附近都能使氖泡发亮，这要与所检测电路是否确实有电加以区别。用验电器检测电路中接触不良而引起的故障是无济于事的，这一点需要注意。

2. 校验灯法

校验灯一般由电工自制，使用校验灯时要注意灯泡的电压与被测部位的电压配合，电压相差过高时灯泡会烧坏，相差过低时灯泡不亮，一般查找断路故障时使用小功率(10～60W)灯泡为宜；查找接触不良而引起的故障时，要用较大功率(150～200W)灯泡，这样就能根据灯的亮暗程度来分析故障。

3. 万用表法

万用表法即在项目 3 任务 2 中介绍的机床电气设备故障测量诊断方法。

一、准备工具

安装调试所需工具为验电笔、螺钉旋具(一字形和十字形)、钢丝钳、尖嘴钳、斜口钳、剥线钳、电工刀、万用表等。

二、元器件及导线的选用

所需材料明细见表 4-1。

表 4-1　所需材料明细表

序号	名　称	文字符号	型号与规格	功　能	单位	数量
1	三相四线制电源		～3×380/220V,20A	提供电源	处	1
2	三相异步电动机	M	Y112M-4,4kW,380V,△连接	负载	台	1
3	低压断路器	QF	DZ47-60D/3P,C10	接通或断开电路	只	1
4	熔断器	FU	RL98-16,2A	短路保护	只	5
5	控制按钮	SB	LA-18	接通或断开控制电路	只	3
6	交流接触器	KM	CJX1-9/22,380V	实现电路的自动控制	只	2
7	热继电器	FR	JR20	过载保护	只	1
8	连接导线	黄、绿、红三色线,控制线黑色或蓝色	BVR-1.5mm^2,1.0mm^2塑料软铜导线	连接电路	m	若干
9	接线端子排	XT	TB2510	板内外导线对接	条	1

三、线路装接

(1) 根据图 4-1 所示原理图,选取所用元器件,并进行检测。

(2) 在网孔板上按位置图安装元器件,如图 4-2 所示。要求:各元器件的安装位置应整齐、匀称、牢固、间距合理,便于元器件的更换。

(3) 按照主电路接线图(见图 4-3)、控制电路接线图(见图 4-4)进行接线。

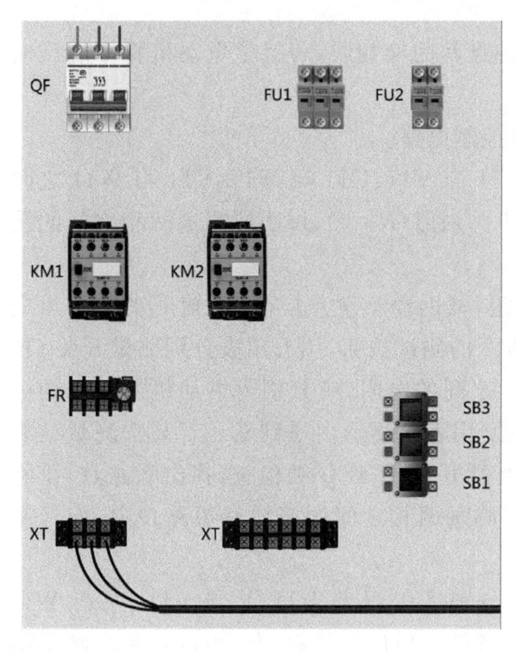

图 4-2　三相异步电动机接触器互锁正反转控制电路元器件位置图

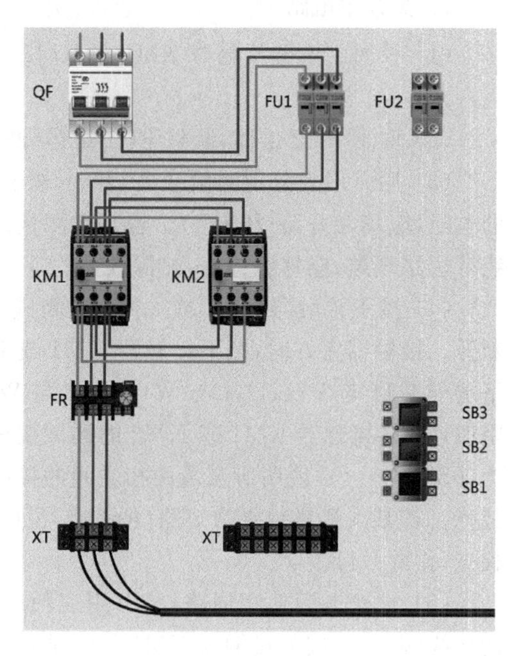

图 4-3　三相异步电动机接触器互锁正反转控制电路(主电路)接线图

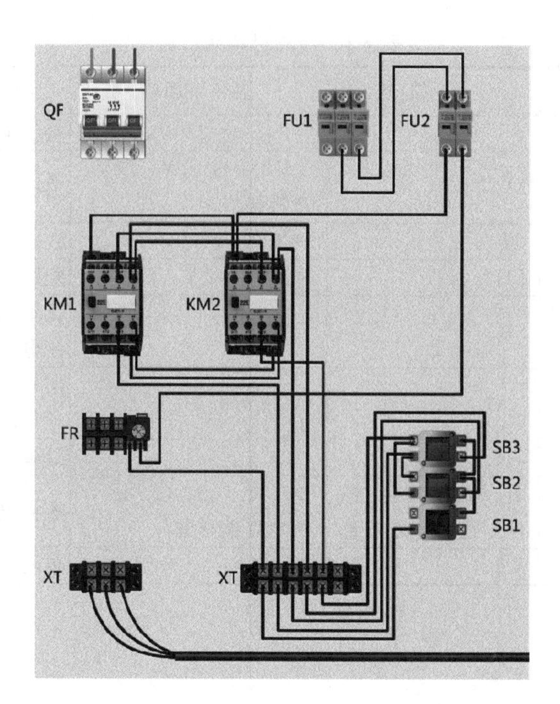

图 4-4　三相异步电动机接触器互锁可逆控制电路(控制电路)接线图

四、电路检修

1. 检查主电路

(1) 核对主电路接触器 KM1 和 KM2 主触点间的换相线,若接错电动机将不能反向运行。

(2) 取下 FU2 熔体,装好 FU1 熔体,断开控制电路。

(3) 用万用表分别测量开关 QF 下端子 U11 与 V11、U11 与 W11、V11 与 W11 之间的电阻,应均为开路($R \to \infty$)。若某次测量结果为短路($R=0$),说明所测量两相之间的接线有短路现象,应仔细检查,排除故障。

(4) 按下接触器 KM1 或 KM2 的测试按钮,辅助动合触点应闭合,辅助动断触点应断开。接触器完好时,按下接触器 KM1 或 KM2 的测试按钮,用万用表分别测量开关 QF 下端子 U11 与 V11、U11 与 W11、V11 与 W11 之间的电阻,应分别为电动机两相间的电阻值;松开接触器 KM1 或 KM2 的测试按钮,万用表应显示由通到断。若某次测量结果为开路($R \to \infty$),说明所测量两相之间的接线有断开现象,应仔细检查,找出断路点,排除故障。若某次测量结果为短路($R=0$),说明所测量两相之间的接线有短路现象,应仔细检查,排除故障。

(5) 检查电源换相通路,将万用表两表笔分别接在 U 与 U11、V 与 V11、W 与 W11 的接线端子上,按下接触器 KM1 的测试按钮,测量结果应为短路($R=0$),若某次测量结果为开路($R \to \infty$),说明所测量两相之间的接线有开路现象,应仔细检查,排除故障。将万用表两表笔分别接在 W 与 U11、V 与 V11、U 与 W11 的接线端子上,按下接触器 KM2

的测试按钮，测量结果应为短路（$R=0$），则换相正确，若发现异常，应仔细检查，排除故障。

2. 检查控制电路

（1）检查控制电路中按钮、接触器辅助触点之间的连线有无错接、漏接、虚接等现象，每个起动按钮的动合触点上下接线端子所接的连线，应接到这个按钮所控制的接触器的自锁触点端子，而正、反转的自锁线不可接反，否则会引起“自起动”现象，甚至造成短路。尤其要注意每一对触点的上下端子接线不可颠倒，同一根导线两端线号应相同。

（2）取下FU1熔体，装好FU2熔体，断开主电路。将万用表的表笔分别接FU2下端子0号线、1号线。

（3）检查起动、停止控制电路。分别按下SB2、SB3按钮，对应测得接触器KM1、KM2线圈的电阻值，再按下停车按钮SB1，万用表应显示电路由通到断。

（4）检查自锁电路。分别按下接触器KM1、KM2的测试按钮，相应测得接触器KM1、KM2线圈的电阻值，在按下接触器KM1、KM2的同时，再按下停车按钮SB1，万用表应显示电路由通到断。若发现异常，重点检查接触器自锁线、触点上下端子的连线及线圈有无断线和接触不良。容易接错的是KM1和KM2的自锁线相互接错位置，将动断触点误接成自锁线的动合触点，使控制电路动作不正常。

（5）检查接触器KM辅助触点互锁电路。按下接触器KM1的测试按钮，测得接触器KM1线圈的电阻值，再按下接触器KM2的测试按钮，万用表应显示电路由通到断。同样先按下接触器KM2的测试按钮，测得接触器KM2线圈的电阻值，再按下接触器KM1的测试按钮，应测得万用表显示电路由通到断。若将KM1和KM2的测试按钮同时按下，万用表应显示为断路。如发现异常现象，重点检查接触器动断触点与相反转向接触器线圈的连线。常见联锁线路的错误接线有将动合辅助触点错接成联锁线路中的动断辅助触点；把接触器的联锁线错接在同一接触器的线圈端子上使用引起联锁控制电路动作不正常。

（6）检查过载保护环节，取下热继电器FR盖板，轻拨热元器件自由端使其触点动作，应测得热继电器动断触点由通到断，动合触点由断至通，然后按下复位按钮使触点复位。

五、电路调试

为确保人身安全，在通电试车时，要严格遵守安全操作规程，一人监护，一人操作。检查三相电源，将热继电器按电动机的额定电流整定好。试车前应检查与通电试车有关的电气设备是否有不安全的因素存在，若查出应立即整改，然后由指导教师检查确认无误后，方可接入三相电源进行通电试车。

拆掉电动机绕组的连线，合上电源开关QF。

1. 正向起动，停车控制

按下正向起动按钮SB2，KM1吸合。按下SB1停止按钮，KM1释放。重复操作几次检查线路动作的可靠性。

2. 反向起动,停车控制

按下反向起动按钮 SB3,KM2 吸合。按下 SB1 停止按钮,KM2 释放。重复操作几次检查线路动作的可靠性。

3. 正反向联锁控制

按正向起动按钮 SB2,KM1 吸合,然后按下 SB3,KM1 继续保持吸合状态,KM2 不动作;若按下 SB1,KM1 立即释放,再按下 SB3,KM2 立即吸合,按下 SB2,KM2 继续保持吸合状态,KM1 不吸合。重复操作几次检查线路联锁控制的可靠性。如果同时按下 SB2 和 SB3 时,KM1 和 KM2 均不能同时通电动作。

4. 通电调试

断开电源,恢复电动机连接线,并做好停车准备。合上 QF,接通电源。

(1) 正向起动,停车控制。按下 SB2,电动机正向起动,注意电动机运行的声音。观察电动机起动运行情况。观察电动机是否全电压运行且转速达到额定值。若按下停止按钮 SB1,KM1 释放,电动机断电后惯性旋转至停转。应注意电动机运行的声音,如电动机运行时发现有异常现象,应立即停车,检查后,再投入运行。

(2) 反向起动,停车控制。按下 SB3,电动机反向起动。观察电动机起动运行情况。观察电动机是否全电压运行且转速达到额定值。若按下停止按钮 SB1 时,KM2 释放,电动机断电后惯性旋转至停转。应注意电动机运行的声音,如电动机运行时发现有异常现象,应立即停车,检查后,再投入运行。

(3) 联锁控制。按正向起动按钮 SB2,KM1 吸合,电动机起动正转。当电动机达到正常转速后再按 SB3,KM1 不释放,电动机仍正常正向运转。当按下 SB1 时,KM1 立即释放,电动机断电停转。再按 SB3 反向起动按钮,KM2 立即吸合,电动机反向起动。当电动机达到正常转速后,再按 SB2,KM2 不释放,电动机仍正常反向运转。试验过程中注意观察电动机和控制电路的动作可靠性,但注意不能频繁操作,而且必须等待电动机转速正常后再作换向操作,以防止电动机过流发热或接触器损坏。

通电试车完毕,停转,切断电源 QS,先拆除三相电源线,再拆除电动机线。

六、电路的一般故障排除

该电路出现的主要故障现象:电动机 M 不能起动、电动机 M 不能正转或反转。故障分析及检查方法如下。

1. 电动机 M 不能起动的故障

对主电路而言,可能存在熔断器 FU1 断路、热继电器主电路有断点及电动机 M 绕组有故障等问题。对控制电路而言,可能存在熔断器 FU2 断路、热继电器 FR 辅助动断触点接触不良、按钮 SB1 动断触点接触不良等问题。

检查步骤为:按下按钮 SB2 或 SB3,观察接触器 KM1 或 KM2 线圈是否吸合。若接触器 KM1 或 KM2 线圈吸合，则是主电路的问题，可重点检查电动机 M 绕组；若接触器 KM1 或 KM2 线圈未吸合，则为控制电路的问题，重点检查熔断器 FU2、热继电器 FR 动断触点及按钮 SB1 动断触点。

2. 电动机 M 不能正转的故障

对主电路而言，可能存在接触器 KM1 主触点闭合接触不良。对控制电路而言，可能存在按钮 SB2 动合触点闭合接触不良、接触器 KM2 动断触点接触不良及接触器 KM1 线圈损坏等。

检查步骤为：按下正转起动按钮 SB2，观察接触器 KM1 线圈是否吸合。若接触器 KM1 线圈吸合，则检查接触器 KM1 主触点；若接触器 KM1 线圈未吸合，则重点检查接触器 KM2 的动断触点。

3. 电动机 M 不能反转的故障

对主电路而言，可能存在接触器 KM2 主触点闭合接触不良。对控制电路而言，可能存在按钮 SB3 动合触点压合接触不良、接触器 KM1 动断触点接触不良以及接触器 KM2 线圈损坏等。

检查步骤为：按下反转起动按钮 SB3，观察接触器 KM2 线圈是否吸合。若接触器 KM2 线圈吸合，则检查接触器 KM2 主触点；若接触器 KM2 线圈未吸合，则重点检查接触器 KM1 的动断触点。

另外，互锁触点若连线时接成动断触点，正、反转都无法实现；控制按钮的接线较前面电路有所增加，也非常容易因接错线而发生故障。

检查评价

按照工作任务的训练要求完成工作任务，技能训练评价见表 4-2。

表 4-2　技能训练评价

<table>
<tr><td>班级</td><td></td><td>姓名</td><td></td><td>指导教师</td><td></td><td>总分</td><td colspan="2"></td></tr>
<tr><td>项目及配分</td><td colspan="3">考核内容</td><td colspan="2">评分标准</td><td>小组自评</td><td>小组互评</td><td>教师评价</td></tr>
<tr><td>装前检查（15 分）</td><td colspan="3">1. 按照原理图选择器件。
2. 用万用表检测器件</td><td colspan="2">1. 元器件选择不正确，扣 5 分。
2. 不会筛选元器件，扣 5 分。
3. 电动机质量漏检，扣 5 分</td><td></td><td></td><td></td></tr>
<tr><td>安装元器件（20 分）</td><td colspan="3">1. 读懂原理图。
2. 按照布置图进行电路安装。
3. 安装位置应整齐、匀称、牢固、间距合理，便于元器件的更换</td><td colspan="2">1. 读图不正确，扣 10 分。
2. 电路安装不正确，扣 5～10 分。
3. 安装位置不整齐、不匀称、不牢固或间距不合理，每处扣 5 分。
4. 不按布置图安装，扣 15 分。
5. 损坏元器件，扣 15 分</td><td></td><td></td><td></td></tr>
</table>

续表

项目及配分	考 核 内 容	评 分 标 准	小组自评	小组互评	教师评价
布线(25分)	1. 布线时应横平竖直,分布均匀,尽量不交叉,变换走向时应垂直。 2. 剥线时严禁损伤线心和导线绝缘层。 3. 接线点或接线柱严格按要求接线	1. 不按原理图接线,扣20分。 2. 布线不符合要求,每根扣5～10分。 3. 接线点(柱)不符合要求,扣5分。 4. 损伤导线线心或绝缘层,每根扣5分。 5. 漏线,每根扣2分			
电路调试(20分)	1. 会使用万用表测试控制电路。 2. 完成电路调试使电动机正常工作	1. 测试控制电路方法不正确,扣10分。 2. 调试线路参数不正确,每步扣5分。 3. 电动机不转,扣5～10分			
检修(10分)	1. 检查电路故障。 2. 排除电路故障	1. 查不出故障,扣10分。 2. 查出故障但不能排除,扣5分			
职业与安全意识(10分)	1. 工具摆放、工作台清理、余废料处理。 2. 严格遵守操作规程	1. 工具摆放不整齐,扣3分。 2. 工作台清理不干净,扣3分。 3. 违章操作,扣10分			

任务小结

通过本任务的学习,学会识读三相异步电动机接触器互锁正反转控制电路的电路原理图、元器件位置图、电气互连图,掌握三相异步电动机接触器互锁正反转控制电路的安装、调试、检查线路的基本方法,掌握对三相异步电动机接触器互锁正反转控制电路一般故障的查找和排除的方法。

任务4.2 三相异步电动机按钮互锁正反转控制电路的安装与调试

任务引入

在要求电动机正反转的场合中,还可以采用按钮互锁的正反转控制电路,一般用图4-5所示的控制方式。本任务的主要内容是完成三相异步电动机按钮互锁正反转控制电路的安装、调试及一般故障的排除,并学习其工作原理。

一、电路构成

根据电气控制线路原理图的绘图原则，识读三相异步电动机按钮互锁正反转控制线路电气原理图，明确线路所用元器件及它们之间的关系。

图 4-5 所示为三相异步电动机按钮互锁正反转控制电路原理图，其电路组成：QF 为断路器，FU 为熔断器，KM1、KM2 为交流接触器，FR 为热继电器，SB1 为停止按钮，SB2 为正转起动按钮，SB3 为反转起动按钮，M 为三相异步电动机。

KM1 为控制电动机正转接触器，KM2 为控制电动机反转接触器，SB2 为电动机正转起动按钮，SB3 为电动机反转起动按钮。

按下正转或反转起动控制按钮 SB2 或 SB3，KM1 和 KM2 线圈不能同时得电，在其控制的电路里分别串联 SB3 和 SB2 辅助的动断触点相互控制，这种两个控制按钮之间相互控制关系称为“机械互锁”。

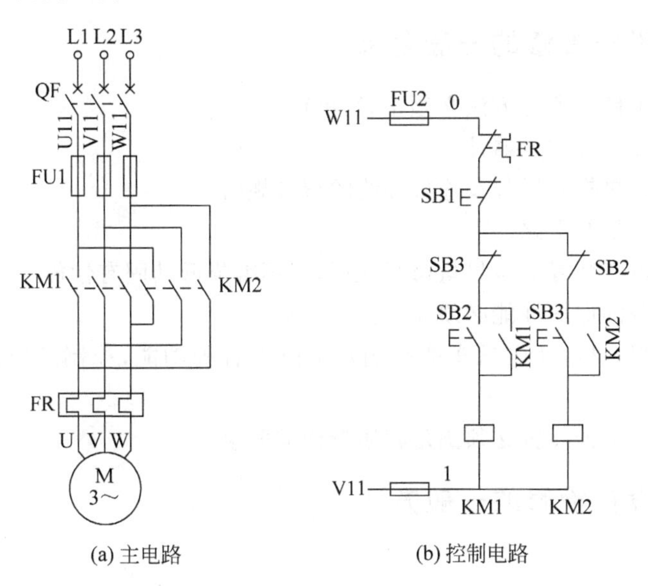

(a) 主电路　　(b) 控制电路

图 4-5　三相异步电动机按钮互锁正反转控制电路

二、工作原理分析

1. 正转起动

合上断路器 QF，按下正转起动按钮 SB2，其动断触点先断开反转控制电路，实现互锁；其动合触点后闭合，使控制电路中正转接触器 KM1 线圈通电，主电路中 KM1 主触点闭合，电动机 M 的绕组与电源线接通而实现电动机正转。

KM1 辅助动合触点闭合，自锁，此时 SB2 复位后，电路仍然接通。

2. 反转起动

按下 SB3,其动断触点先断开正转控制电路,实现互锁;其动合触点后闭合,使控制电路中反转接触器 KM2 线圈通电,主电路中 KM2 主触点闭合,电动机 M 的绕组与电源线接通而实现电动机反转。

KM2 辅助动合触点闭合,自锁,此时 SB3 复位后,电路仍然接通。

3. 电动机停转

按下停止按钮 SB1,电动机停转。

该电路的缺点是三相异步电动机按钮互锁正反转控制电路在实际生产中可靠性比较差,如果负载短路或大电流长期作用,接触器的主触点会被强烈的电弧"烧焊"在一起,或者接触器的机构失灵,使衔铁总是卡在吸合状态,使得接触器主触点不能断开,这时如果另一接触器动作,就会造成事故。如果采用接触器辅助动断触点互锁就可以防止此类故障的发生。

一、电气设备维修的一般要求

(1) 采取的维修步骤与方法必须正确、可行。

(2) 不得损坏完好的元器件。

(3) 不得随意更换元器件及连接导线的型号规格。

(4) 不得擅自更改电路。

(5) 损坏的电气装置应该尽量修复使用,但不得降低其固有性能。

(6) 电气设备的保护性能必须满足使用要求。

(7) 绝缘电阻合格,通电试车能够满足电路的各种功能,控制环节的动作顺序符合要求。

(8) 修理后的电器装置必须满足其质量标准要求。

二、电气设备检修的一般方法

1. 故障调查

当机床发生故障后,首先应向操作者了解故障发生前后的情况,有利于根据电气设备的工作原理来分析发生故障的原因。一般询问的内容有故障发生在开车前、开车后,还是发生在运行中?是运行中自行停车,还是发现异常情况后由操作者停下来的;发生故障时,机床工作在什么工作顺序,按动了哪个按钮,扳动了哪个开关;故障发生前后,设备有无异常现象(如响声、气味、冒烟或冒火等);以前是否发生过类似的故障,是怎样处理的等。

检查过程中判断熔断器内熔丝是否熔断,其他元器件有无烧坏、发热、断线,导线连接螺钉是否松动,电动机的转速是否正常;电动机、变压器和元器件在运行时声音是否正常,可以帮助寻找故障的部位;电动机、变压器和元器件的线圈发生故障时,温度显著上升,可切断电源后用手去触摸。

2. 电路分析

根据调查结果,参考该电气设备的电气原理图进行分析,初步判断出故障产生的部位,然后逐步缩小故障范围,直至找到故障点并加以消除。

分析故障时应有针对性,如接地故障一般先考虑电气柜外的电气装置,后考虑电气柜内的元器件。断路和短路故障,应先考虑动作频繁的元器件,后考虑其余元器件。

3. 断电检查

检查前先断开机床总电源,然后根据故障可能产生的部位,逐步找出故障点。检查时应先检查电源线进线处有无碰伤而引起的电源接地、短路等现象,螺旋式熔断器的熔断指示器是否跳出,热继电器是否动作。然后检查电器外部有无损坏,连接导线有无断路、松动,绝缘有无过热或烧焦。

4. 通电检查

断电检查仍未找到故障时,可对电气设备作通电检查。

在通电检查时要尽量使电动机和其所传动的机械部分脱开,将控制器和转换开关置于零位,行程开关还原到正常位置。然后用万用表检查电源电压是否正常,是否有缺相或严重不平衡。再进行通电检查,检查的顺序:先检查控制电路,后检查主电路;先检查辅助系统,后检查主传动系统;先检查交流系统,后检查直流系统;合上开关,观察各元器件是否按要求动作,有无冒火、冒烟、熔断器熔断的现象,直至查到发生故障的部位。

上述检修方法各有特点,在实践中要熟练掌握,灵活运用。

一、准备工具

安装调试所需工具为验电笔、螺钉旋具、尖嘴钳、斜口钳、剥线钳、电工刀、万用表等。

二、元器件及导线的选用

所需材料明细见表4-3。

表4-3　所需材料明细表

序号	名　　称	文字符号	型号与规格	功　　能	单位	数量
1	三相四线制电源		～3×380/220V,20A	提供电源	处	1
2	三相异步电动机	M	Y112M-4,4kW,380V,△连接	负载	台	1
3	低压断路器	QF	DZ47-60D/3P,C10	接通或断开电路	只	1
4	熔断器	FU	RL98-16,2A	短路保护	只	5

续表

序号	名　称	文字符号	型号与规格	功　能	单位	数量
5	控制按钮	SB	LA-18	接通或断开控制电路	只	3
6	交流接触器	KM	CJX1-9/22,380V	实现电路的自动控制	只	2
7	热继电器	FR	JR20	过载保护	只	1
8	连接导线	黄、绿、红三色线，控制线黑色或蓝色	BVR-1.5mm^2,1.0mm^2塑料软铜导线	连接电路	m	若干
9	接线端子排	XT	TB2510	板内外导线对接	条	1

三、线路装接

(1) 根据图 4-5 所示，选取所用元器件，并进行检测。

(2) 在网孔板上按位置图安装元器件，如图 4-6 所示。要求：各元器件的安装位置应整齐、匀称、牢固、间距合理，便于元器件的更换。

(3) 按照主电路接线图(见图 4-7)、控制电路接线图(见图 4-8)进行接线。

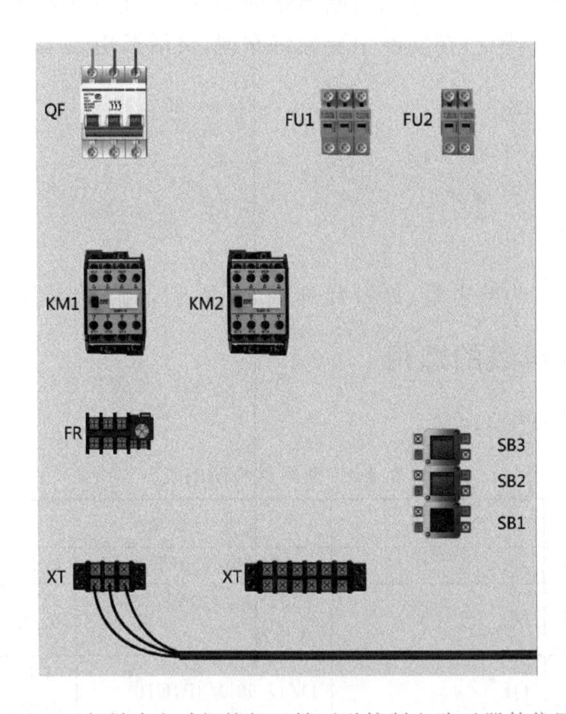

图 4-6　三相异步电动机按钮互锁可逆控制电路元器件位置图

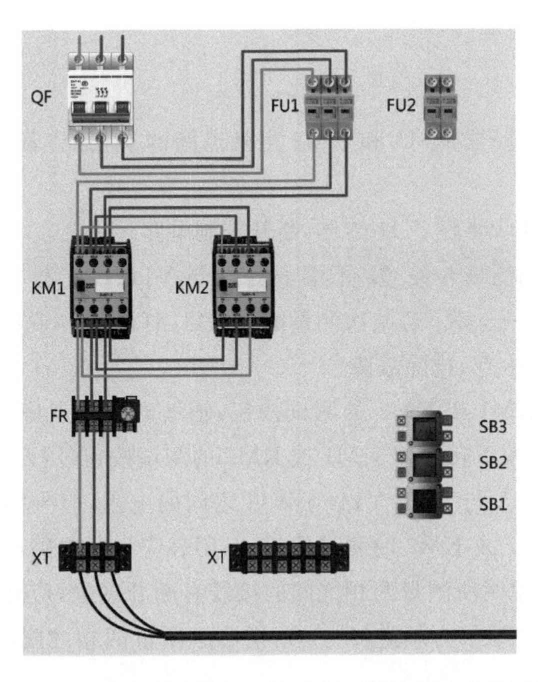

图 4-7 三相异步电动机按钮互锁可逆控制电路(主电路)接线图

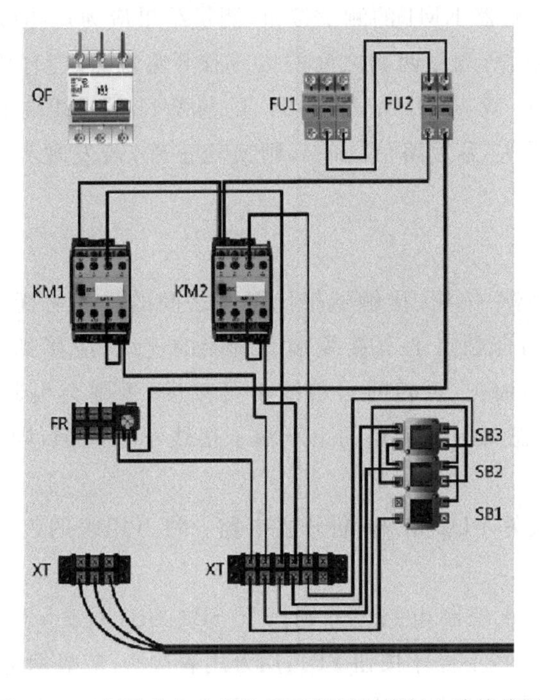

图 4-8 三相异步电动机按钮互锁可逆控制电路接线图

四、线路检修

1. 检查主电路

(1) 核对主电路接触器 KM1 和 KM2 主触点间的换相线,若接错,电动机将不能反向运行。

(2) 取下 FU2 熔体,装好 FU1 熔体,断开控制电路。

(3) 用万用表分别测量开关 QF 下端子 U11 与 V11、U11 与 W11、V11 与 W11 之间的电阻,应均为开路($R\to\infty$)。若某次测量结果为短路($R=0$),说明所测量两相之间的接线有短路现象,应仔细检查,排除故障。

(4) 按下接触器 KM1 或 KM2 的测试按钮,辅助动合触点应闭合,辅助动断触点应断开。接触器完好时,按下接触器 KM1 或 KM2 的测试按钮,用万用表分别测量开关 QF 下端子 U11 与 V11、U11 与 W11、V11 与 W11 之间的电阻,应分别为电动机两相间的电阻值;松开接触器 KM1 或 KM2 的测试按钮,万用表应显示电路由通到断。若某次测量结果为开路($R\to\infty$),说明所测量两相之间的接线有断开现象,应仔细检查,找出断路点,排除故障。若某次测量结果为短路($R=0$),说明所测量两相之间的接线有短路现象,应仔细检查,排除故障。

(5) 检查电源换相通路,将万用表两表笔分别接在 U 与 U11、V 与 V11、W 与 W11 的接线端子上,按下接触器 KM1 的测试按钮,测量结果应为短路($R=0$),若某次测量结果为开路($R\to\infty$),说明所测量两相之间的接线有开路现象,应仔细检查,排除故障。将万用表两表笔分别接在 W 与 U11、V 与 V11、U 与 W11 的接线端子上,按下接触器 KM2 的测试按钮,测量结果应为短路($R=0$),则换相正确,若发现异常,应仔细检查,排除故障。

2. 检查控制电路

(1) 检查控制电路中按钮、接触器辅助触点之间的连线有无错接、漏接、虚接等现象,每个起动按钮的动合触点上下接线端子所接的连线,应接到这个按钮所控制的接触器的自锁触点端子,而正、反转的自锁线不可接反,否则会引起“自起动”现象,甚至造成短路。尤其要注意每一对触点的上下端子接线不可颠倒,同一根导线两端线号应相同。

(2) 取下 FU1,装好 FU2 熔体,断开主电路。将万用表的表笔分别接 FU2 下端子 0 号线、1 号线。

(3) 检查起动、停止控制电路。分别按下 SB2、SB3 按钮,对应测得接触器 KM1、KM2 线圈的电阻值,再按下停车按钮 SB1,用万用表检测,应显示电路由通到断。

(4) 检查自锁电路。分别按下接触器 KM1、KM2 的测试按钮,相应测得接触器 KM1、KM2 线圈的电阻值。在按下接触器 KM1、KM2 的同时,再按下停车按钮 SB1,万用表应显示电路由通到断。若发现异常,则重点检查接触器自锁线、触点上下端子的连线及线圈有无断线和接触不良。容易接错的是KM1和KM2的自锁线相互接错位置，将动断触点误接成自锁线的动合触点，使控制电路动作不正常。

(5) 检查按钮SB触点互锁电路。按下按钮SB2，测得接触器KM1线圈的电阻值，再按下按钮SB3，万用表应显示电路由通到断。同样先按下按钮SB3，测得接触器KM2线圈的电阻值，再按下按钮SB2，应测得万用表显示电路由通到断。若将SB2和SB3同时按下，万用表应显示为断路。如发现异常现象，重点检查复式按钮动断触点与相反转向接触器线圈电路的连线。常见互锁电路的错误接线有将动合辅助触点错接成互锁线路中的动断辅助触点；把按钮的互锁线错接在同一接触器的线圈端子上使用，引起互锁控制电路动作不正常。

(6) 检查过载保护环节。取下热继电器FR盖板，轻拨热元器件自由端使其触点动作，应测得热继电器动断触点由通到断，动合触点由断到通，然后按下复位按钮使触点复位。

五、电路调试

为确保人身安全，在通电试车时，要认真执行安全操作规程的有关规定，一人监护，一人操作。检查三相电源，将热继电器按电动机的额定电流整定好。试车前应检查与通电试车有关的电气设备是否有不安全的因素存在，若查出应立即整改，然后由指导教师检查确认无误后，方可接入三相电源进行通电试车。

1. 各项功能试验

拆掉电动机绕组的连线，合上电源开关QF。

(1) 正向起动，停车控制

按下SB2正向起动按钮，KM1线圈得电吸合。按下SB1停止按钮，KM1线圈失电释放。重复操作几次检查电路动作的可靠性。

(2) 反向起动，停车控制

按下SB3反向起动按钮，KM2线圈得电吸合。按下SB1停止按钮，KM2线圈失电释放。重复操作几次检查电路动作的可靠性。

(3) 正反向互锁控制

按SB2正向起动按钮，KM1线圈得电吸合，电动机正转，然后按下SB3，KM1线圈断电，电动机停止正转，而KM2线圈吸合动作，电动机反转；若按下SB1，KM2立即释放，电动机停转。再按下SB3，KM2立即吸合，按下SB2，KM2线圈断电，电动机停止反转，而KM1吸合动作，电动机正转。重复操作几次检查电路联锁控制的可靠性。如果同时按下SB1和SB3时，KM1和KM2均不能同时通电动作。

2. 通电调试

断开电源，恢复电动机连接线，并做好停车准备。合上QF，接通电源。

(1) 正向起动,停车控制

按下 SB2,电动机正向起动,注意电动机运行的声音。观察电动机起动运行情况。观察电动机是否全电压运行且转速达到额定值。若按下停止按钮 SB1,KM1 释放,电动机断电后惯性旋转至停转。应注意电动机运行的声音,如电动机运行时发现有异常现象,应立即停车,检查后,再投入运行。

(2) 反向起动,停车控制

按下 SB3,电动机反向起动。观察电动机起动运行情况。观察电动机是否全电压运行且转速达到额定值。若按下停止按钮 SB1 时,KM2 释放,电动机断电后惯性旋转至停转。应注意电动机运行的声音,如电动机运行时发现有异常现象,应立即停车,检查后,再投入运行。

(3) 互锁控制

按正向起动按钮 SB2,KM1 线圈得电吸合,电动机起动正转。当电动机达到正常转速后再按 SB3,KM1 线圈失电释放,电动机断电停止正向运转,同时 KM2 线圈吸合动作,电动机反向运转。当按下 SB1 时,KM2 立即释放,电动机断电停转。再按 SB3 反向起动按钮,电动机反向起动。当电动机达到正常转速后,再按 SB2,KM2 线圈失电释放,电动机断电停止反向运转,同时 KM1 吸合动作,电动机正向运转。试验过程中注意观察电动机和控制电路的动作可靠性,但注意不能频繁操作,而且必须等待电动机转速正常后再作换向操作,以防止电动机过流发热或接触器损坏。

通电试车完毕,停转,切断电源 QF,先拆除三相电源线,再拆除电动机线。

六、电路的一般故障排除

该电路出现的主要故障现象:电动机 M 不能起动、电动机 M 不能正转或反转等故障。故障分析及检查方法如下。

1. 电动机 M 不能起动的故障

对主电路而言,可能存在熔断器 FU1 断路、热继电器主电路有断点及电动机 M 绕组有故障等问题。对控制电路而言,可能存在熔断器 FU2 断路、热继电器 FR 辅助动断触点接触不良、按钮 SB1 动断触点接触不良等问题。

检查步骤为:按下按钮 SB2 或 SB3,观察接触器 KM1 或 KM2 线圈是否吸合。若接触器 KM1 或 KM2 线圈吸合,则是主电路的问题,可重点检查电动机 M 绕组;若接触器 KM1 或 KM2 线圈未吸合,则为控制电路的问题,重点检查熔断器 FU1、FU2、热继电器 FR 动断触点及按钮 SB1 动断触点。

2. 电动机 M 不能正转的故障

对主电路而言,可能存在接触器 KM1 主触点闭合接触不良。对控制电路而言,可能存在按钮 SB2 动合触点闭合接触不良、SB3 动断触点接触不良及接触器 KM1 线圈损坏等。

检查步骤为:按下正转起动按钮 SB2,观察接触器 KM1 线圈是否吸合。若接触器 KM1 线圈吸合,则检查接触器 KM1 主触点;若接触器 KM1 线圈未吸合,则重点检查

SB3 的动断触点。

3. 电动机 M 不能反转的故障

对主电路而言，可能存在接触器 KM2 主触点闭合接触不良。对控制电路而言，可能存在按钮 SB3 动合触点压合接触不良、SB2 动断触点接触不良以及接触器 KM2 线圈损坏等。

检查步骤为：按下反转起动按钮 SB3，观察接触器 KM2 线圈是否吸合。若接触器 KM2 线圈吸合，则检查接触器 KM2 主触点；若接触器 KM2 线圈未吸合，则重点检查 SB2 的动断触点。

另外，互锁触点若连线时接成动断触点，正、反转都无法实现；控制按钮的接线较前面电路有所增加，也非常容易因接错线而发生故障。

知识拓展

三相异步电动机按钮互锁正反转控制电路除了前面所学的电路外，还可以接成如图 4-9 所示的按钮互锁正反转控制电路。其工作原理与前面所学的电路是一样的，但是电路安装过程有所差异，同学们自行分析工作原理。

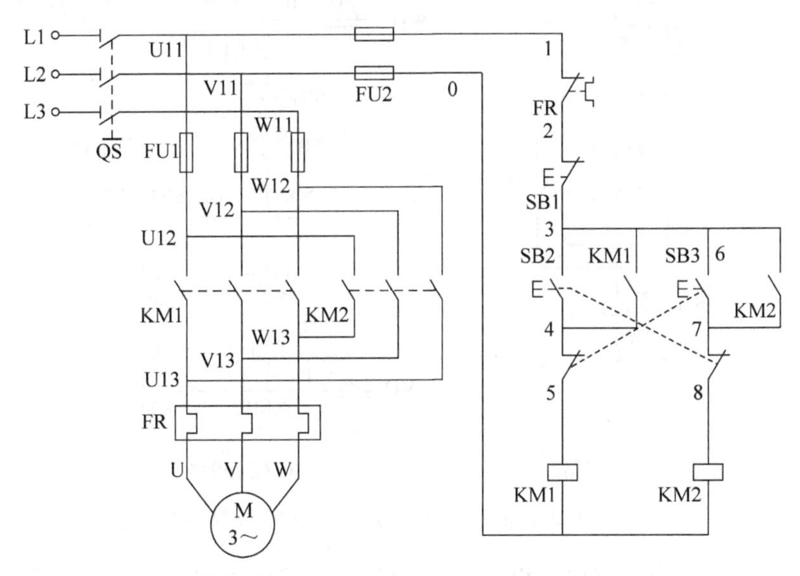

图 4-9　三相异步电动机按钮互锁正反转控制电路

技能拓展

根据图 4-9 所示的三相异步电动机按钮互锁正反转控制电路原理图，设计元器件位置图、电路接线图，然后进行电路的安装与调试，使用的工具、仪器仪表、元器件及设备与前面所学相同。

任务4.3 三相异步电动机按钮、接触器双重互锁正反转控制电路的安装与调试

采用接触器互锁的三相异步电动机正反转控制电路在生产中安全可靠，但是由于接触器的互锁作用，当电路从正转变为反转或从反转变为正转时，必须先按下停止按钮后，才能按反转起动按钮，操作十分不便；采用按钮互锁的三相异步电动机正反转控制电路，安全系数相对较低。一般在要求较高的正反转控制场合，会采用按钮、接触器双重互锁控制电路。电路中采用按钮互锁和接触器互锁的情况，称为“双重互锁”。

要求正反转的场合中，可以采用按钮、接触器双重互锁的正反转控制电路，一般用图4-10所示的控制方式。

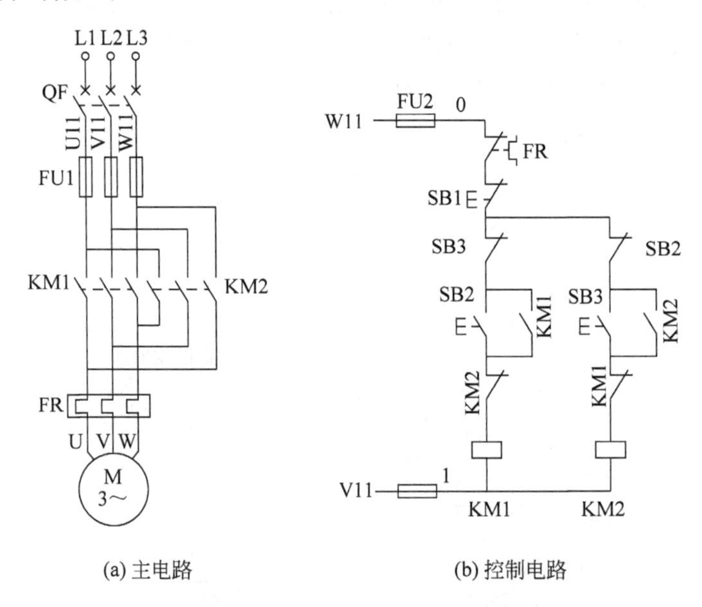

(a) 主电路 (b) 控制电路

图4-10 三相异步电动机按钮、接触器双重互锁正反转控制电路原理图

本任务的主要内容是完成三相异步电动机按钮、接触器双重互锁正反转控制电路的安装与调试，并学习其工作原理。

一、电路构成

根据电气控制线路原理图的绘图原则，识读三相异步电动机按钮、接触器双重互锁正

反转控制电路电气原理图，明确电路所用元器件及它们之间的关系。

图 4-10 所示为三相异步电动机接触器、按钮双重互锁正反转控制电路原理图，其电路组成：QF 为断路器，FU 为熔断器，KM1、KM2 为交流接触器，FR 为热继电器，SB1 为停止按钮，SB2 为正转起动按钮，SB3 为反转起动按钮，M 为三相异步电动机。

KM1 为控制电动机正转接触器，KM2 为控制电动机反转接触器，KM1 和 KM2 线圈不能同时得电，在其控制的电路里分别串联接触器、控制按钮辅助的动断触点相互控制，这种两个接触器和按钮之间相互控制的关系称为"双重互锁"。

按下正转起动控制按钮 SB2，交流接触器 KM1 线圈得电，电动机 M 得电起动正转。停止时，按下停止按钮 SB1，使 KM1 线圈失电，电动机 M 失电停转。反转控制时，按下反转起动按钮 SB3，使 KM2 线圈得电，电动机 M 得电起动反转，停止时，按下停止按钮 SB1，使 KM2 线圈失电，电动机 M 失电停转。

二、工作原理分析

按钮、接触器双重联锁正反转控制电路结合了接触器联锁和按钮联锁正反转控制电路的优点，操作方便，工作安全可靠。

闭合电源开关 QF 即可操作设备开始工作，其工作原理如下。

1. 正向起动运转

按下正向起动按钮 SB2，KM1 吸合自锁，其主触点闭合，接通电动机 M 正转电源，电动机 M 正向起动并运转。同时，KM1 的辅助动断触点断开，切断 KM2 线圈电路，使 KM1 动作时 KM2 不能误动作。

2. 正向制动停转

按下停止按钮 SB1，KM1 线圈失电，KM1 主触点断开，电动机 M 切断电源停转。

3. 反向起动运转

按下反向起动按钮 SB3，KM2 吸合自锁，其主触点闭合，接通电动机 M 反转电源，电动机 M 反向起动并运转。同时，KM2 的辅助动断触点断开，切断 KM1 线圈电路，使 KM2 动作时 KM1 不能误动作。

4. 反向制动停转

按下停止按钮 SB1，KM2 线圈失电，KM2 主触点断开，电动机 M 切断电源停转。

5. 正转到反转

当需要电动机反转时，按下反转起动按钮 SB3，其动断触点先断开，KM1 线圈失电，KM1 主触点断开，电动机 M 切断正向电源而停止，KM1 辅助动断触点闭合，将 SB3 按到底，其动合触点后闭合，使 KM2 线圈得电自锁，KM2 主触点接通电动机 M 的反转电路，电动机 M 起动反转。同时，KM2 的辅助动断触点断开，与 KM1 实现互锁。

6. 反转到正转

当需要电动机正转时，按下正转起动按钮 SB2，其动断触点先断开，KM2 线圈失电，KM2 主触点断开，电动机 M 切断反向电源而停止，KM2 辅助动断触点闭合，将 SB2 按到底，其动合触点后闭合，使 KM1 线圈得电自锁，KM1 主触点接通电动机 M 的正转电路，电动机 M 起动正转。同时，KM1 的辅助动断触点断开，与 KM2 实现互锁。

7. 电路的保护

(1) 用熔断器 FU1 为电路总短路保护，FU2 为控制电路的短路保护。

(2) 用热继电器 FR 对电动机实施过载保护。其保护原理：若电动机过载，它的定子电流变大，这个大于电动机额定电流的电流称为过载电流，过载电流流过串接在主电路中的热继电器的热元器件，会使热继电器中的双金属片弯曲，推动导板等部件，使串接在控制电路中的动断触点断开，接触器线圈断电，接触器的主触点断开，切断电动机的电源，从而保护了电动机。

(3) 用接触器自锁电路实现失压、欠压保护。当电动机工作时，发生了失电或欠压现象，此时，接触器线圈失电或电压不足而失去吸力，触点复位，主触点断开并解除自锁，电动机停止。当电源恢复后，电动机也不会自行起动运行，这就是失压、欠压保护。

一、准备工具

安装调试所需工具为验电笔、螺钉旋具(一字形和十字形)、钢丝钳、尖嘴钳、斜口钳、剥线钳、电工刀、万用表等。

二、元器件及导线的选用

所需材料明细见表 4-4。

表 4-4 所需材料明细表

序号	名称	文字符号	型号与规格	功能	单位	数量
1	三相四线制电源		～3×380/220V，20A	提供电源	处	1
2	三相异步电动机	M	Y112M-4，4kW，380V，△连接	负载	台	1
3	低压断路器	QF	DZ47-60D/3P，C10	接通或断开电路	只	1
4	熔断器	FU	RL98-16，2A	短路保护	只	5
5	控制按钮	SB	LA-18	接通或断开控制电路	只	3
6	交流接触器	KM	CJX1-9/22，380V	实现电路的自动控制	只	2
7	热继电器	FR	JR20	过载保护	只	1
8	连接导线	黄、绿、红三色线，控制线黑色或蓝色	BVR-1.5mm^2，1.0mm^2 塑料软铜导线	连接电路	m	若干
9	接线端子排	XT	TB2510	板内外导线对接	条	1

三、线路装接

（1）根据图4-10所示，选取所用元器件，并进行检测。

（2）在网孔板上按位置图安装元器件，如图4-11所示。要求：各元器件的安装位置应整齐、匀称、牢固、间距合理，便于元器件的更换。

（3）按照主电路接线图（见图4-12）、控制电路接线图（见图4-13）进行接线。

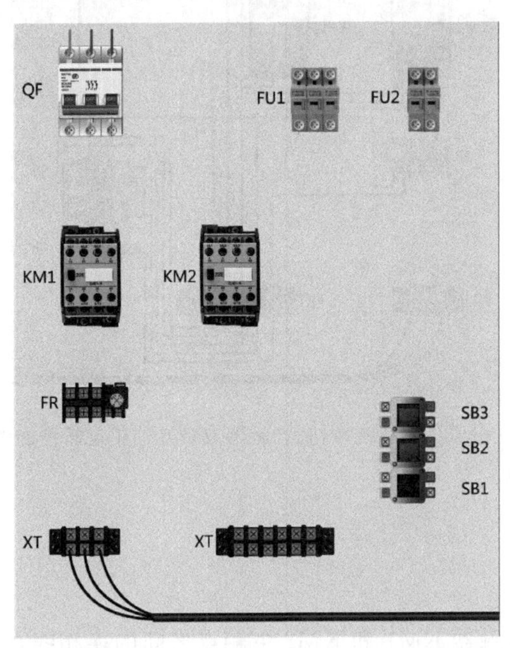

图4-11 三相异步电动机按钮、接触器双重互锁正反转控制电路元器件位置图

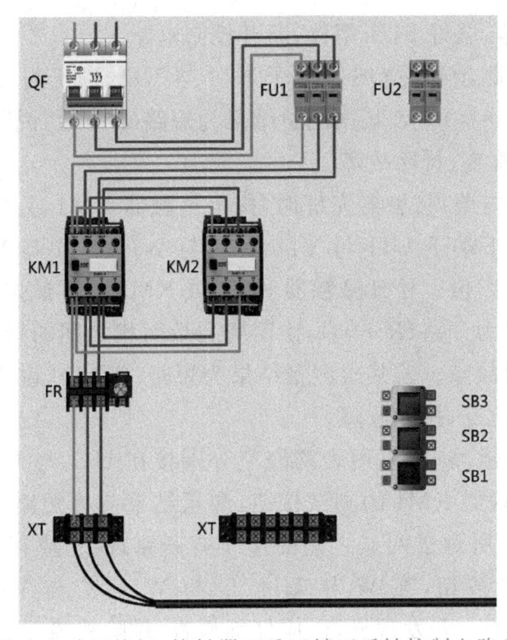

图4-12 三相异步电动机按钮、接触器双重互锁正反转控制电路（主电路）接线图

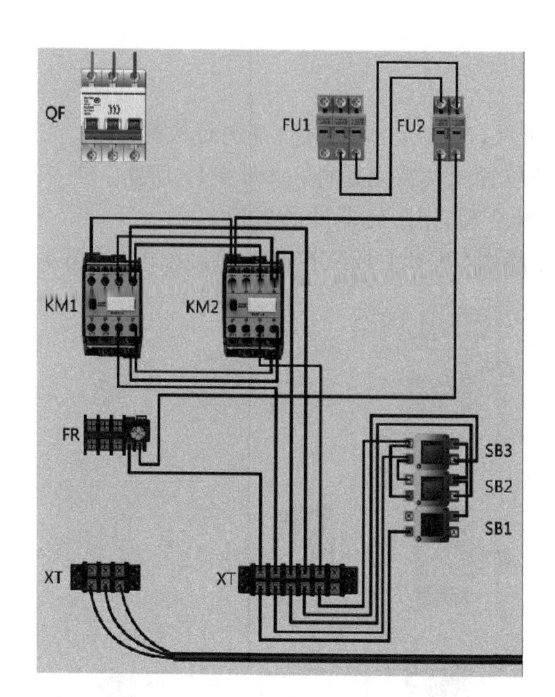

图 4-13 三相异步电动机按钮、接触器双重互锁正反转控制电路接线图

四、电路检修

1. 检查主电路

(1) 检查主电路接触器 KM1 和 KM2 主触点之间的换相线，若接错将会造成电动机不能反向运行。

(2) 取下 FU2 熔体，装好 FU1 熔体，断开控制电路。

(3) 用万用表分别测量开关 QS 下端子 U11 与 V11、U11 与 W11、V11 与 W11 之间的电阻，应均为开路($R\to\infty$)。若某次测量结果为短路($R=0$)，说明所测量两相之间的接线有短路现象，应仔细检查，排除故障。

(4) 检查起动控制电路，接触器完好时，按下接触器 KM1 或 KM2 的测试按钮，用万用表分别测量开关 QS 下端子 U11 与 V11、U11 与 W11、V11 与 W11 之间的电阻，应分别为电动机两相间的电阻值。松开接触器 KM1 或 KM2 的测试按钮，万用表应显示由通到断。若某次测量结果为开路($R\to\infty$)，说明所测量两相之间的接线有断开现象，应仔细检查，找出断路点，排除故障。若某次测量结果为短路($R=0$)，说明所测量两相之间的接线有短路现象，应仔细检查，排除故障。

(5) 检查电源换相通路，将万用表两表笔分别接在 U11 与 U、V11 与 V、W11 与 W 的接线端子上，按下接触器 KM1 的测试按钮，测量结果应为短路($R=0$)，若某次测量结果为开路($R\to\infty$)，说明所测量两点之间的接线有开路现象，应仔细检查，排除故障。按下接触器 KM2 的测试按钮，在 W 与 U11、U 与 W11、V 与 V11 端子上测得为短路($R=0$)，则换相电路正确。若发现异常，应仔细检查，排除故障。

2. 检查控制电路

(1) 控制电路中按钮、接触器辅助触点之间的连线有无错接、漏接、虚接等现象，每个起动按钮的动合触点上下接线端子所接的连线，应接到这个按钮所控制的接触器的自锁触点端子，而正、反转的自锁线不可接反，否则会引起“自起动”现象，甚至造成短路。尤其要注意每一对触点的上下端子接线不可颠倒，同一根导线两端线号应相同。

(2) 取下 FU1，装好 FU2 熔体，断开主电路。将万用表的表笔分别接 FU2 下端子 0 号线、1 号线。

(3) 检查起动、停止控制电路。分别按下 SB2、SB3 按钮，对应测得接触器 KM1、KM2 线圈的电阻值，再按下停车按钮 SB1，万用表应显示电路由通到断。

(4) 检查自锁电路。分别按下接触器 KM1、KM2 的测试按钮，测得接触器 KM1、KM2 线圈的电阻值，在按下接触器 KM1、KM2 的同时，再按下停车按钮 SB1，万用表应显示电路由通到断。若发现异常，重点检查接触器自锁线、触点上下端子的连线及线圈有无断线和接触不良。容易出现的问题是 KM1 和 KM2 的自锁线相互接错位置，将动断触点误接成自锁线的动合触点使用，使控制电路动作不正常。

(5) 检查接触器 KM 的辅助触点联锁电路。按下接触器 KM1 的测试按钮，测得接触器 KM1 线圈的电阻值，再按下接触器 KM2 的测试按钮，万用表应显示电路由通到断。同样先按下接触器 KM2 的测试按钮，测得接触器 KM2 线圈的电阻值，再按下接触器 KM1 的测试按钮，万用表应显示电路由通到断。若将 KM1 和 KM2 的测试按钮同时按下，万用表应显示为断路。如发现异常现象，重点检查接触器动断触点与相反转向接触器线圈的连线。常见联锁线路的错误接线有将动合辅助触点错接成联锁线路中的动断辅助触点；把接触器的联锁线错接成同一接触器的线圈端子上使用，引起联锁控制电路动作不正常。

(6) 检查按钮的联锁电路。按下接触器 KM1 的测试按钮，测得接触器 KM1 线圈的电阻值，再按下按钮 SB3，使其动断触点断开，万用表应显示电路由通到断。同样按下接触器 KM2 的测试按钮，测得接触器 KM2 线圈的电阻值，再按下按钮 SB2，使其动断触点断开，万用表显示电路由通到断。若同时按下 SB2、SB3，接触器 KM1 和 KM2 无论闭合或断开，万用表显示为断路。如发现异常现象，重点检查按钮盒内 SB2、SB3 和 SB1 之间的连线是否正确。

五、电路通电调试

为确保人身安全，在通电试车时，要严格遵守安全操作规程，一人监护，一人操作。检查三相电源，将热继电器按电动机的额定电流整定好。试车前应检查与通电试车有关的电气设备是否有不安全的因素存在，若查出应立即整改，然后由指导教师检查确认无误后，方可接入三相电源进行通电试车。

1. 各项功能试验

拆掉电动机绕组的连线，合上电源开关 QS。

(1) 正向起动,停车控制

按正向起动按钮 SB2,KM1 吸合。若按 SB1 停止按钮,KM1 释放。重复操作几次检查电路动作的可靠性。

(2) 反向起动,停车控制

按反向起动按钮 SB3,KM2 吸合。若按 SB1 停止按钮,KM2 释放。重复操作几次检查电路动作的可靠性。

(3) 正反向联锁控制

按正向起动按钮 SB2,KM1 吸合,然后缓慢地轻按 SB3,KM1 立即释放,继续将 SB3 按到底,KM2 应立即吸合;再缓慢地轻按 SB2,KM2 立即释放,继续将 SB2 按到底,KM1 又立即吸合。重复操作几次检查电路联锁控制的可靠性。

如果同时按下 SB2 和 SB3,KM1 和 KM2 不能同时通电动作。

2. 通电调试

断开电源,恢复电动机连接线,并做好停车准备。合上 QF,接通电源。

(1) 正向起动,停车控制

按下 SB2,电动机正向起动,注意电动机运行的声音。观察电动机起动运行情况。观察电动机是否全电压运行且转速达到额定值。若按停止按钮 SB1,KM1 释放,电动机断电后惯性旋转至停转。应注意电动机运行的声音,如电动机运行时发现有异常现象,应立即停车,检查后,再投入运行。

(2) 反向起动,停车控制

按下 SB3,电动机反向起动。观察电动机起动运行情况。观察电动机是否全电压运行且转速达到额定值。若按停止按钮 SB1,KM2 释放,电动机断电后惯性旋转至停转。注意电动机运行的声音,如电动机运行时发现有异常现象,应立即停车检查后,再投入运行。

(3) 联锁控制

按正向起动按 SB2 钮,KM1 吸合,电动机起动正转。当电动机达到正常转速后再按 SB3,KM1 立即释放,KM2 吸合,电动机反向起动运行。当电动机达到正常转速后再按 SB2,KM2 立即释放,KM1 吸合,电动机正向起动运行。试验过程中观察电动机和控制电路的动作可靠性,但不能频繁操作,而且必须等待电动机转速正常后再作换向操作,以防止电动机过流发热或接触器损坏。如果同时按下 SB2 和 SB3 时,KM1 和 KM2 均不会通电动作。

通电试车完毕,停转,切断电源 QF,先拆除三相电源线,再拆除电动机线。

六、电路的一般故障排除

该电路出现的主要故障现象有电动机 M 不能起动、电动机 M 不能正向起动、电动机 M 不能反向起动。故障分析及检查方法如下。

1. 电动机 M 不能起动的故障

对主电路而言,可能存在熔断器 FU1 断路、热继电器主电路有断点及电动机 M 绕组有故障等问题。对控制电路而言,可能存在熔断器 FU2 断路、热继电器 FR 辅助动断触点接触不良、按钮 SB1 动断触点接触不良等问题。

检查步骤为:按下按钮 SB2 或 SB3,观察接触器 KM1 或 KM2 线圈是否吸合。若接触器 KM1 或 KM2 线圈吸合,则是主电路的问题,可重点检查电动机 M 绕组;若接触器 KM1 或 KM2 线圈未吸合,则为控制电路的问题,重点检查熔断器 FU1、FU2、热继电器 FR 动断触点及按钮 SB1 动断触点。

2. 电动机 M 不能正向起动的故障

对主电路而言,可能存在接触器 KM1 主触点闭合接触不良。对控制电路而言,可能存在按钮 SB2 动合触点闭合接触不良、KM2 动断触点接触不良及接触器 KM1 线圈损坏等。

检查步骤为:按下正转起动按钮 SB2,观察接触器 KM1 线圈是否吸合。若接触器 KM1 线圈吸合,则检查接触器 KM1 主触点;若接触器 KM1 线圈未吸合,则重点检查 KM2 的动断触点。

3. 电动机 M 不能反向起动的故障

对主电路而言,可能存在接触器 KM2 主触点闭合接触不良。对控制电路而言,可能存在按钮 SB3 动合触点压合接触不良、SB2 动断触点接触不良以及接触器 KM2 线圈损坏等。

检查步骤为:按下反转起动按钮 SB3,观察接触器 KM2 线圈是否吸合。若接触器 KM2 线圈吸合,则检查接触器 KM2 主触点;若接触器 KM2 线圈未吸合,则重点检查 KM1 的动断触点。

另外,互锁触点若连线时接成动断触点,正、反转都无法实现;控制按钮的接线较前面电路有所增加,也非常容易因接错线而发生故障。

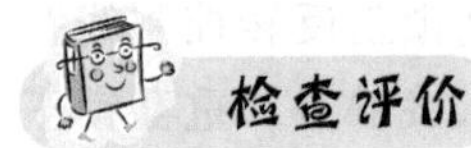

按照工作任务的训练要求完成工作任务,技能训练评价见表 4-5。

表 4-5　技能训练评价

班级		姓名		指导教师		总分		
项目及配分	考核内容			评分标准		小组自评	小组互评	教师评价
装前检查(15 分)	1. 按照原理图选择器件。 2. 用万用表检测器件			1. 元器件选择不正确,扣 5 分。 2. 不会筛选元器件,扣 5 分。 3. 电动机质量漏检,扣 5 分				
安装元器件(20 分)	1. 读懂原理图。 2. 按照布置图进行电路安装。 3. 安装位置应整齐、匀称、牢固、间距合理,便于元器件的更换			1. 读图不正确,扣 10 分。 2. 电路安装不正确,扣 5～10 分。 3. 安装位置不整齐、不匀称、不牢固或间距不合理,每处扣 5 分。 4. 不按布置图安装,扣 15 分。 5. 损坏元器件,扣 15 分				

续表

项目及配分	考核内容	评分标准	小组自评	小组互评	教师评价
布线(25分)	1. 布线时应横平竖直,分布均匀,尽量不交叉,变换走向时应垂直。 2. 剥线时严禁损伤线心和导线绝缘层。 3. 接线点或接线柱严格按要求接线	1. 不按原理图接线,扣20分。 2. 布线不符合要求,每根扣5～10分。 3. 接线点(柱)不符合要求,扣5分。 4. 损伤导线线心或绝缘层,每根扣5分。 5. 漏线,每根扣2分			
电路调试(20分)	1. 会使用万用表测试控制电路。 2. 完成电路调试使电动机正常工作	1. 测试控制电路方法不正确,扣10分。 2. 调试电路参数不正确,每步扣5分。 3. 电动机不转,扣5～10分			
检修(10分)	1. 检查电路故障。 2. 排除电路故障	1. 查不出故障,扣10分。 2. 查出故障但不能排除,扣5分			
职业与安全意识(10分)	1. 工具摆放、工作台清理、余废料处理。 2. 严格遵守操作规程	1. 工具摆放不整齐,扣3分。 2. 工作台清理不干净,扣3分。 3. 违章操作,扣10分			

任务小结

通过本任务的学习,学会识读三相异步电动机按钮、接触器双重互锁正反转控制线路的电路原理图、元器件位置图、电气互连图,掌握三相异步电动机按钮、接触器双重互锁正反转控制电路的安装、调试、检查电路的基本方法,掌握对三相异步电动机按钮、接触器双重互锁正反转控制电路一般故障的查找和排除的方法。

知识拓展

三相异步电动机按钮、接触器双重互锁正反转控制电路除了上面所学的电路外,还可以接成图4-14所示的按钮、接触器双重互锁正反转控制电路。其工作原理与前面所学的电路是一样的,但是电路安装过程有所差异,同学们自行分析工作原理。

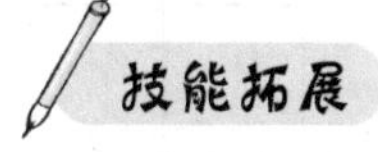

技能拓展

根据图4-14所示的三相异步电动机按钮、接触器双重互锁正反转控制电路原理图,设计元器件位置图、电路接线图,然后进行电路的安装与调试,使用的工具、仪器仪表、元器件及设备与前面所学相同。

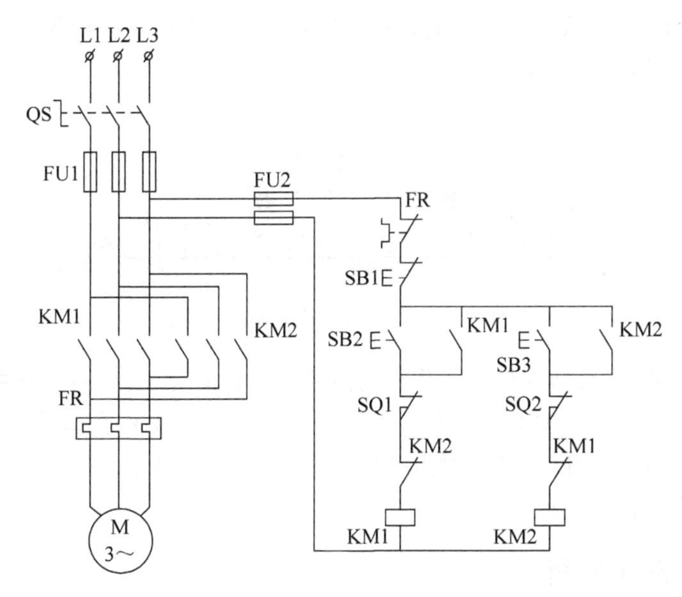

图 4-14 三相异步电动机按钮、接触器双重互锁正反转控制电路

任务 4.4 工作台自动往复控制电路的安装与调试

某些生产机械要求工作台在一定行程内做自动往返运动，需要电气控制线路能对电动机实现自动转换可逆控制，以便实现对工件的连续加工，提高生产效率。

图 4-15 所示为工作台自动往复循环示意图，其控制电路电气原理如图 4-16 所示。本次工作任务将完成工作台自动往复控制电路的安装、调试及一般故障的排除，并学习其工作原理。

一、电路构成

根据电气控制线路原理图的绘图原则，识读工作台自动往复循环控制电路电气原理图，明确电路所用元器件及它们之间的关系。其电路组成：QF 为断路器，FU 为熔断器，KM1、KM2 为交流接触器，FR 为热继电器，SB1 为停止按钮，SB2 为正转起动按钮，SB3 为反转起动按钮，M 为三相异步电动机，SQ1、SQ2 为限位行程开关，SQ3、SQ4 为限位保护行程开关。

KM1 为控制电动机正转接触器（工作台向左），KM2 为控制电动机反转接触器（工作台向右),KM1 和 KM2 线圈不能同时得电。SQ1、SQ3 是左限位行程开关,SQ2、SQ4 是右限位行程开关,如图 4-15 所示。

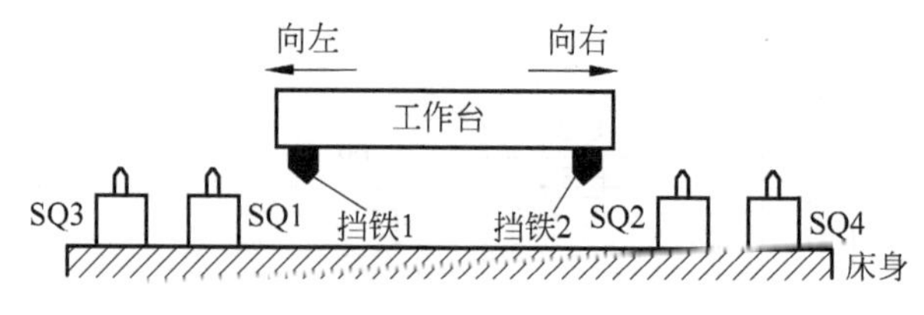

图 4-15 工作台自动往复循环示意图

为使电动机的正、反转控制与工作台的前后运动相配合,在控制电路中设置了两个行程开关 SQ1、SQ2,把它们安装在工作台需限位的位置。当工作台运动到所限位置时,工作台边的挡铁碰撞行程开关,使其触点动作,自动换接电动机正、反转控制电路,通过机械传动机构使工作台自动往返运动。

二、工作原理分析

(1) 起动

如图 4-16 所示,按正转起动控制按钮 SB2,交流接触器 KM1 吸合自锁,主触点闭合,电动机 M 正向起动运转,工作台向前(从右向左)运动。当到达限定位置,挡铁碰到 SQ1 时,SQ1 动断触点断开,KM1 线圈失电,KM1 主触点断开,电动机 M 失电,同时,SQ1 动合触点闭合,交流接触器 KM2 线圈得电并自锁,主触点闭合,电动机反向起动并运转,工作台向后(从左向右)运动。当到达限定位置,挡铁碰到 SQ2 时,SQ2 动断触点断开,KM2 线圈失电,KM2 主触点断开,电机 M 失电,同时,SQ2 动合触点闭合,KM1 线圈得电并自锁,电动机正向起动并运转,工作台向前运动……如此往复。

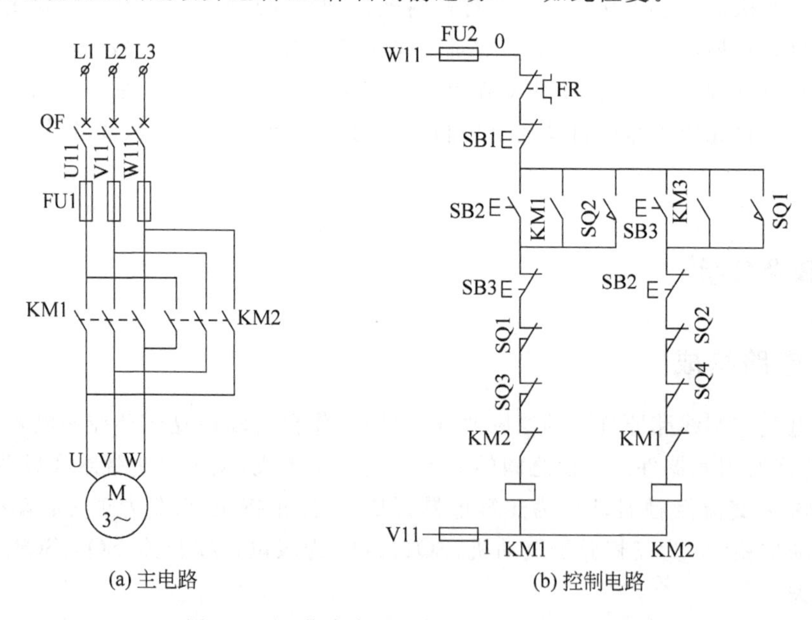

图 4-16 工作台自动往复控制电路电气原理

(2) 停止

按下按钮 SB1 使动断触点断开，KM1 或 KM2 线圈失电，其主触点分断，电动机 M 失电停转，工作台停止运动。

知识链接　元器件的认识、安装与使用——行程开关

在生产过程中，有些生产机械如磨床、铣床和起重机等各种自动或半自动控制的机床设备，要求生产机械运动部件的位置或行程受到限制，或者需要运动部件在一定范围内自动往复循环等，这种控制要求由行程开关来实现。

行程控制又称位置控制或限位控制，是利用生产机械运动部件上的挡铁与行程开关碰撞，使其触点动作来控制电路的接通或断开，实现对生产机械运动部件的行程或位置控制。

1. 行程开关的外形、结构及符号

行程开关又称位置开关或限位开关，它的作用与按钮相同，区别在于它不是手动操作的，而是利用生产机械部件上的挡铁碰撞滚轮使触点动作，将机械信号转变为电信号，对控制电路发出接通、断开或变化某些电路的控制指令，实现接通或分断控制线路，达到一定的控制要求。常用的行程开关有 LX19 和 JLXK1 等系列。图 4-17 所示是几种常见的行程开关，JLXK1 系列行程开关的外形如图 4-18 所示，行程开关符号如图 4-19 所示。

(a) YBLX-2系列行程开关

(b) JLXK1系列行程开关

(c) LX系列行程开关

图 4-17　几种常见的行程开关

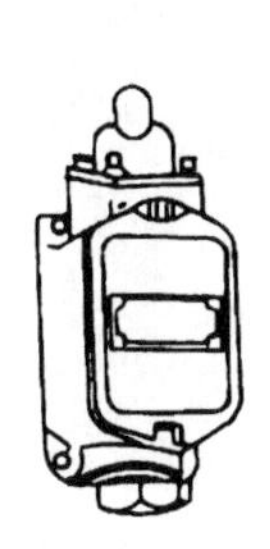
(a) JLXK1-311直动式

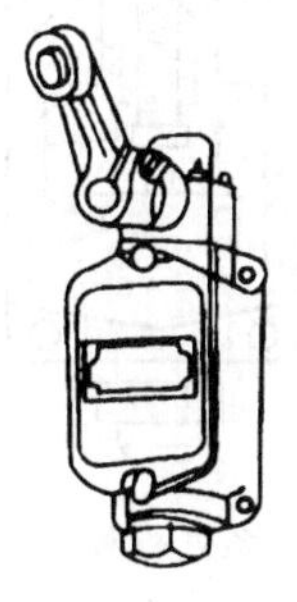
(b) JLXK1-111单轮旋转式

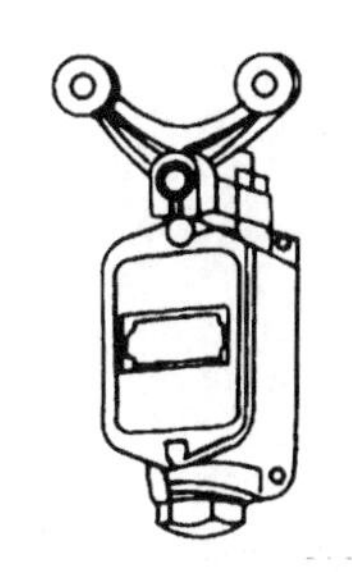
(c) JLXK1-211双轮旋转式

图 4-18　JLXK1 系列行程开关的外形

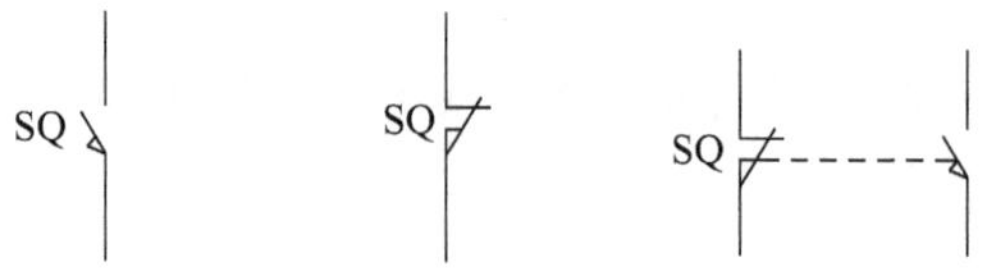

SQ　　SQ　　SQ

(a) 动合触点　　(b) 动断触点　　(c) 复合触点

图 4-19　行程开关符号

2. 行程开关的种类

行程开关的种类很多,按运动形式可以分为直动式(又名按钮式)和转动式;按触点的性质可以分为有触点的和无触点的。常用的行程开关有 LX19 和 JLXK1 等系列。

行程开关的工作原理和按钮相同,区别只是它不靠手指的按压而是利用生产机械运动部件的挡铁碰压而使触点动作。

3. 行程开关的工作原理

图 4-20 所示为 JLXK1 系列行程开关的动作原理图。当运动机械的挡铁压到行程开关的滚轮 1 上时,杠杆 2 连同转轴 3 一起转动,使凸轮 4 推动撞块 5,当撞块被压到一定位置时,推动微动开关 7 快速动作,使其动断触点断开,动合触点闭合;滚轮上的挡铁移开后,恢复弹簧 8 就使行程开关各部分恢复原始位置,这种单轮旋转式行程开关能自动复位。还有一种直动式行程开关也是依靠复位弹簧复位的。另有一种双滚轮式行程开关不能自动复位,当挡铁碰压其中一个滚轮时,摆杆便转动一定角度,使触点瞬时切换,挡铁离开滚轮后,摆杆不会自动复位,触点也不动,当部件返回时,挡铁碰动另一只滚轮,摆杆才回到原来的位置,触点又再次切换。

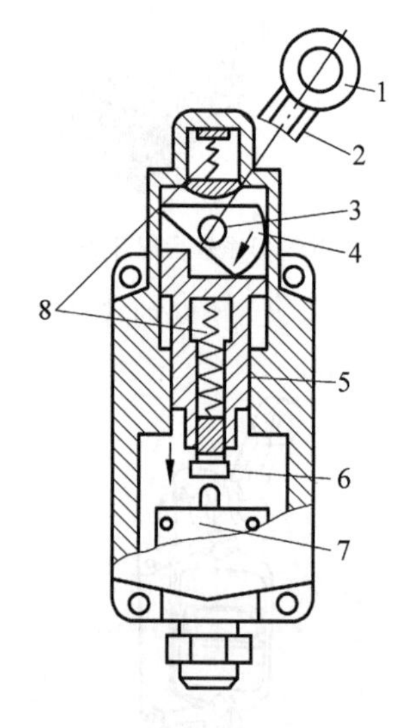

图 4-20　JLXK1 系列行程开关的动作原理图

1—滚轮;2—杠杆;3—转轴;4—凸轮;5—撞块;6—调节螺钉;7—微动开关;8—恢复弹簧

行程开关一般都能快速换接动作机构,使触点瞬时动作,这样可以保证动作的可靠性、行程控制的位置精度,还可减少电弧对触点的烧蚀。这里以图 4-21 所示的 LX19K 型行程开关为例说明开关的速动机构。当挡铁向下按压顶杆1时，顶杆向下移动，压迫触点弹簧4，当到达一定的位置时，触点弹簧4的弹力改变方向，由原来向下的力变为向上的力，因此动触点6向上跳，与静触点7分开，与静触点5接触，即动断触点断开，动合触点闭合，完成了快速切换动作。当挡铁离开顶杆时，顶杆在恢复弹簧8反作用力下上移，动触点6向下跳，触点恢复原位。

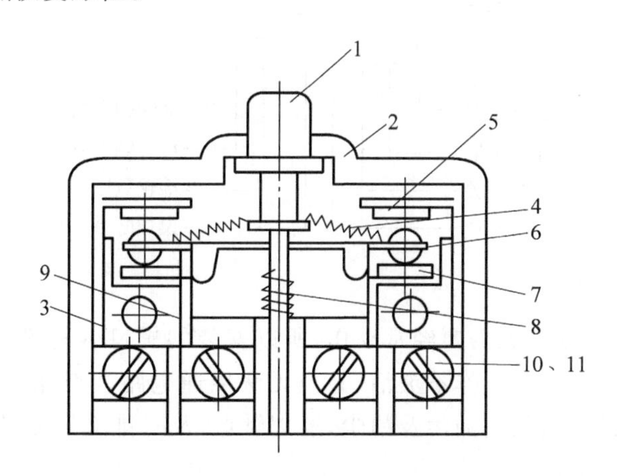

图4-21 LX19K型行程开关的动作原理图

1—顶杆；2—外壳；3—动合静触点；4—触点弹簧；5、7—静触点；6—动触点；8—恢复弹簧；9—动断静触点；10、11—螺钉和压板

4. 行程开关的技术参数、型号及含义

行程开关的技术参数见表4-6。

表4-6 行程开关的技术参数

型号	额定电压/额定电流	结构特点	触点对数	
			动断	动合
LX19K	380V/5A	元器件	1	1
LX19-111		内侧单轮，自动复位	1	1
LX19-121		外侧单轮，自动复位	1	1
LX19-131		内外侧单轮，自动复位	1	1
LX19-212		内侧双轮，不自动复位	1	1
LX19-222		外侧双轮，不自动复位	1	1
LX19-232		内外侧双轮，不自动复位	1	1
JLXK1		快速行程开关(瞬动)	1	1
LX19-001		无滚轮，仅有径向转动杆	1	1
LXW1-11		自动复位		
LXW2-11		微动开关	1	1

行程开关的型号及含义：

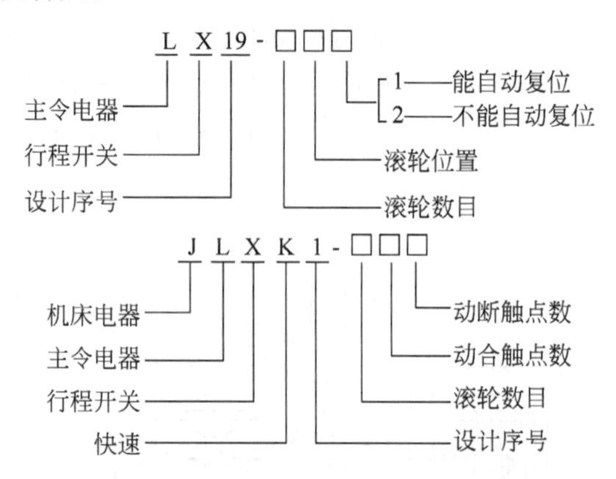

5. 行程开关的使用

在使用时，有些行程开关需要经常动作，所以安装的螺钉容易松动造成控制失灵，有时由于灰尘或油类进入引起动作不灵活，甚至无法接通电路。因此生产中应定期对行程开关进行检查，紧固螺钉、除去油污及粉尘，清理触点，及时排除故障隐患。

6. 行程开关的检测

用万用表欧姆挡的黑红表笔分别接在触点的两端进行检测，当接在动合触点两端时，按下顶杆或滚轮，若检测结果为零，则为正常；若检测结果为∞，说明所测量的两触点间有断路现象，应仔细检查找出断路点，排除故障。如果接在动断触点两端，按下顶杆或滚轮，若检测结果为∞，则为正常；若检测结果为零，说明所测量的触点间有短路现象，应仔细检查找出短路点，排除故障。

7. 行程开关的常见故障及处理方法

行程开关的常见故障及处理方法见表 4-7。

表 4-7 行程开关的常见故障及处理方法

故障现象	可能原因	处理方法
挡铁碰撞行程开关后，触点不动作	1. 安装位置不正确。 2. 触点接触不良或接线松脱。 3. 触点弹簧失效	1. 调整安装位置。 2. 更换触点或紧固拉线。 3. 更换弹簧
杠杆已偏转，或无外界机械力作用，但触点不能复位	1. 复位弹簧失效。 2. 内部撞块受阻。 3. 调节螺钉太长，顶住开关按钮	1. 更换弹簧。 2. 清除杂物。 3. 检查调节螺钉

任务实施

一、准备工具

安装调试所需工具为验电笔、螺钉旋具（一字形和十字形）、钢丝钳、尖嘴钳、斜口钳、剥线钳、电工刀、万用表等。

二、元器件及导线的选用

所需材料明细见表 4-8。

表 4-8　所需材料明细表

序号	名　　称	文字符号	型号与规格	功　　能	单位	数量
1	三相四线制电源		～3×380/220V,20A	提供电源	处	1
2	三相异步电动机	M	Y112M-4,4kW,380V,△连接	负载	台	1
3	低压断路器	QF	DZ47-60D/3P,C10	接通或断开电路	只	1
4	熔断器	FU	RL98-16,2A	短路保护	只	5
5	控制按钮	SB	LA-18	接通或断开控制电路	只	3
6	交流接触器	KM	CJX1-9/22,380V	实现电路的自动控制	只	2
7	热继电器	FR	JR20	过载保护	只	1
8	行程开关	SQ1、SQ2、SQ3、SQ4	LX-K1/411	接通或断开电路	只	4
9	连接导线	黄、绿、红三色线,控制线黑色或蓝色	BVR-1.5mm^2,1.0mm^2塑料软铜导线	连接电路	m	若干
10	接线端子排	XT	TB2510	板内外导线对接	条	1

三、电路装接

(1) 根据图 4-16 所示,选取所用元器件,并进行检测。

(2) 在网孔板上按位置图安装元器件,如图 4-22 所示。要求:各元器件的安装位置应整齐、匀称、牢固、间距合理,便于元器件的更换。

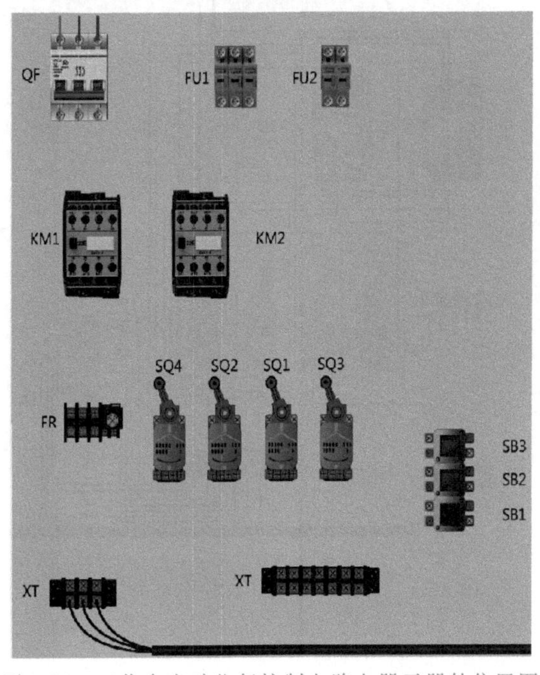

图 4-22　工作台自动往复控制电路电器元器件位置图

(3) 按照主电路接线图(见图 4-23)、控制电路接线图(见图 4-24)进行接线。

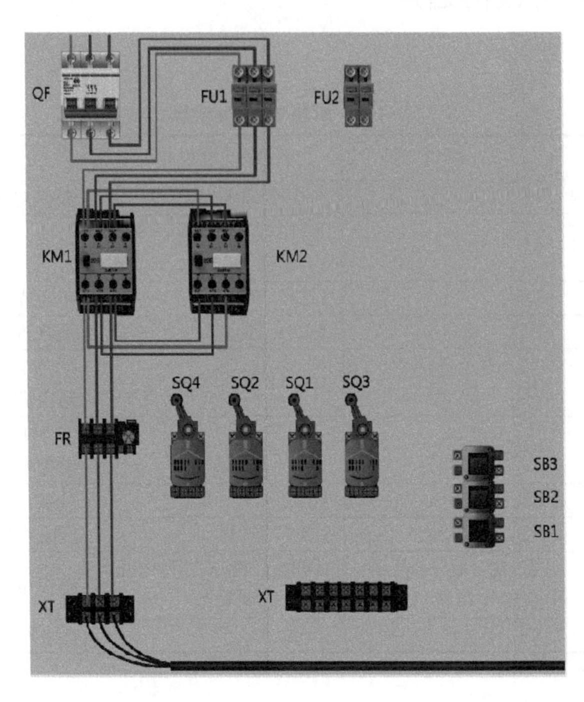

图 4-23 工作台自动往复控制电路(主电路)接线图

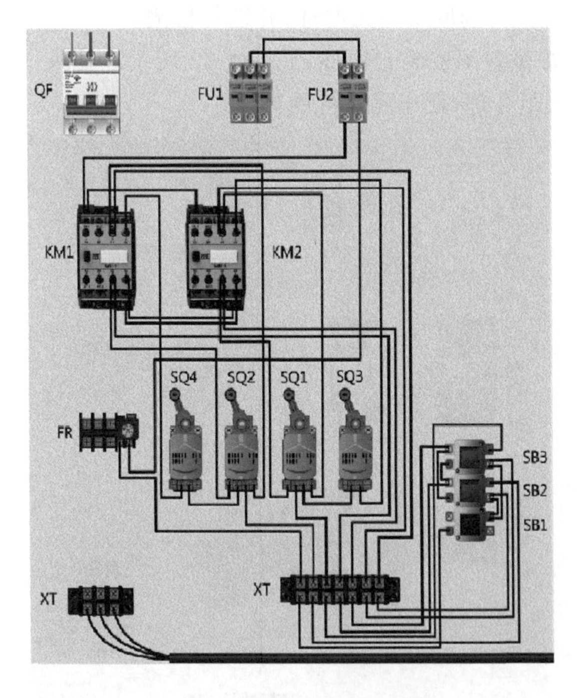

图 4-24 工作台自动往复控制电路接线图

四、电路检修

1. 检查主电路

(1) 检查主电路接触器 KM1、KM2 主触点之间的换相线，若连接错误，电动机不能反向运行。

(2) 取下 FU2 熔体，装好 FU1 熔体，断开控制电路。

(3) 用万用表分别测量开关 QF 下端子 U11 与 V11、U11 与 W11、V11 与 W11 之间的电阻，应均为开路($R\to\infty$)。若某次测量结果为短路($R=0$)，这说明所测量两相之间的接线有短路现象，应仔细检查，排除故障。

(4) 接触器完好时，按下接触器 KM1 或 KM2 的测试按钮，用万用表分别测量开关 QF 下端子 U11 与 V11、U11 与 W11、V11 与 W11 之间的电阻，应分别为电动机两相间的电阻值。松开接触器 KM1 或 KM2 的测试按钮，万用表应显示电路由通到断。若某次测量结果为开路($R\to\infty$)，说明所测量两相之间的接线有断开现象，应仔细检查，找出断点，排除故障。若某次测量结果为短路($R=0$)，说明所测量两相之间的接线有短路现象，应仔细检查，排除故障。

(5) 检查电源换相通路，将万用表两表笔分别接在 U 与 U11、V 与 V11、W 与 W11 的接线端子上，按下接触器 KM1 的测试按钮，测量结果应为短路($R=0$)，若某次测量结果为开路($R\to\infty$)，说明所测量两相之间的接线有开路现象，应仔细检查，排除故障。将万用表两表笔分别接在 W 与 U11、V 与 V11、U 与 W11 的接线端子上，按下接触器 KM2 的测试按钮，测量结果应为短路($R=0$)，则换相正确，若发现异常，应仔细检查，排除故障。

2. 检查控制电路

(1) 控制电路中按钮、接触器辅助触点之间的连线有无错接、漏接、虚接等现象，每个起动按钮的动合触点上下接线端子所接的连线，应接到这个按钮所控制的接触器的自锁触点端子，而正、反转的自锁线不可接反，尤其要注意每一对触点的上下端子接线不可颠倒，同一根导线两端线号应相同。

(2) 取下 FU1 熔体，装好 FU2 熔体，断开主电路。将万用表的表笔分别接到 FU2 下端子 0 号线、1 号线上进行检查。

(3) 检查起动、停止控制电路。分别按下 SB2、SB3 按钮，对应测得接触器 KM1、KM2 线圈的电阻值，再按下停车按钮 SB1，万用表应显示电路由通到断。

(4) 检查自锁电路。分别按下接触器 KM1、KM2 的测试按钮，测得接触器 KM1、KM2 线圈的电阻值，在按下接触器 KM1 或 KM2 的同时，再按下停车按钮 SB1，万用表应显示电路由通到断。若发现异常，则重点检查接触器自锁线、触点上下端子的连线及线圈有无断线和接触不良。容易出现的问题是 KM1 和 KM2 的自锁线相互接错位置，将动断触点误接成自锁线的动合触点使用，使控制电路动作不正常。

(5) 检查辅助触点联锁电路。按下接触器 KM1 的测试按钮，测得接触器 KM1 线圈的电阻值，再按下接触器 KM2 的测试按钮，万用表应显示电路由通到断。同样，先按下接触器 KM2 的测试按钮，测得接触器 KM2 线圈的电阻值，再按下接触器 KM1 的测试按钮，万用表应显示电路由通到断。若将 KM1 和 KM2 的测试按钮同时按下，万用表应显示为断路。如发现异常现象，重点检查接触器动断触点与相反转向接触器线圈的连线。常见联锁线路的错误接线有将动合辅助触点错接成联锁电路中的动断辅助触点；把接触器的联锁线错接成同一接触器的线圈端子上使用，引起联锁控制电路动作不正常。

(6) 检查位置开关的联锁电路。压下行程开关 SQ1，测得接触器 KM2 线圈的电阻值，再压下行程开关 SQ2，万用表应显示电路由通到断。同样先压下行程开关 SQ1，测得接触器 KM2 线圈的电阻值，再压下行程开关 SQ2，万用表应显示电路由通到断。若同时压下行程开关 SQ1、SQ2 时，接触器 KM1 和 KM2 无论闭合或断开，万用表应显示电路为断路。如发现异常现象，重点检查行程开关 SQ1、SQ2 盒内的连线是否正确。

五、电路通电调试

为确保人身安全，在通电试车时，要严格遵守安全操作规程，一人监护，一人操作。检查三相电源，将热继电器按电动机的额定电流整定。试车前应检查与通电试车有关的电气设备是否有不安全的因素存在，若查出应立即整改，然后方能试车。

(1) 功能试验

拆掉电动机绕组的连线，合上三相开关 QF。按正向起动按钮 SB2，KM1 吸合，按限位开关 SQ1，KM1 释放，KM2 吸合；再按限位开关 SQ2，KM2 释放，KM1 吸合……如此重复操作几次检查线路的可靠性。

按停止按钮 SB1，KM1 或 KM2 释放。

(2) 通电调试

断开电源，恢复电动机连接线，并做好停车准备。合上 QF，接通电源。

按正向起动按钮 SB2，KM1 吸合自锁，电动机起动正转，工作台向前(左)，碰限位开关 SQ1，KM1 释放，KM2 吸合自锁，电动机反转；工作台向后(右)，碰限位开关 SQ2，KM2 释放，KM1 吸合向锁……如此往复。应注意电动机运行的声音，观察电动机是否全电压运行且转速达到额定值。如果电动机运行时发现有异常现象，应立即停车，检查后，再投入运行。

按停止按钮 SB1，KM1 或 KM2 断开，电动机停转，工作台不动。

六、电路的一般故障排除

该电路出现的主要故障现象有电动机 M 不能起动、电动机 M 不能正向起动、电动机 M 不能反向起动。故障分析及检查方法如下。

1. 电动机 M 不能起动的故障

在主电路的故障中，可能存在熔断器 FU1 断路、热继电器主电路有断点及电动机 M

绕组有故障等问题。在控制电路的故障中,可能存在熔断器 FU2 断路、热继电器 FR 辅助动断触点接触不良、按钮 SB1 动断触点接触不良等问题。

检查步骤为:按下按钮 SB2 或 SB3,观察接触器 KM1 或 KM2 线圈是否吸合。若接触器 KM1 或 KM2 线圈吸合,则是主电路的问题,可重点检查电动机 M 绕组;若接触器 KM1 或 KM2 线圈未吸合,则为控制电路的问题,重点检查熔断器 FU2、热继电器 FR 动断触点及按钮 SB1 动断触点。

2. 电动机 M 不能正向起动的故障

对主电路而言,可能存在接触器 KM1 主触点闭合接触不良的问题。对控制电路而言,可能存在按钮 SB2 动合触点压合接触不良、按钮 SB3 动断触点接触不良、接触器 KM2、SQ1、SQ3 的动断触点接触不良及接触器 KM1 线圈损坏等问题。

检查步骤为:按下正转起动按钮 SB2,观察接触器 KM1 线圈是否吸合。若接触器 KM1 线圈吸合,则检查接触器 KM1 主触点;若接触器 KM1 线圈未吸合,则重点检查按钮 SB3 的动断触点及接触器 KM2、SQ1、SQ3 的动断触点。

3. 电动机 M 不能反向起动的故障

对主电路而言,可能存在接触器 KM2 主触点闭合接触不良的问题。对控制电路而言,可能存在按钮 SB3 动合触点压合接触不良、按钮 SB2 动断触点接触不良、接触器 KM1、SQ2、SQ4 的动断触点接触不良及接触器 KM2 线圈损坏等问题。

检查步骤为:按下反转起动按钮 SB3,观察接触器 KM2 线圈是否吸合。若接触器 KM2 线圈吸合,则检查接触器 KM2 主触点;若接触器 KM2 线圈未吸合,则重点检查按钮 SB2 的动断触点及接触器 KM1、SQ2、SQ4 的动断触点。

检查评价

按照工作任务的训练要求完成工作任务,技能训练评价见表 4-9。

表 4-9　技能训练评价

班级		姓名		指导教师		总分		
项目及配分	考核内容			评分标准		小组自评	小组互评	教师评价
装前检查(15 分)	1. 按照原理图选择器件。 2. 用万用表检测器件			1. 元器件选择不正确,扣 5 分。 2. 不会筛选元器件,扣 5 分。 3. 电动机质量漏检,扣 5 分				
安装元器件(20 分)	1. 读懂原理图。 2. 按照布置图进行电路安装。 3. 安装位置应整齐、匀称、牢固、间距合理,便于元器件的更换			1. 读图不正确,扣 10 分。 2. 电路安装不正确,扣 5~10 分。 3. 安装位置不整齐、不匀称、不牢固或间距不合理,每处扣 5 分。 4. 不按布置图安装,扣 15 分。 5. 损坏元器件,扣 15 分				

续表

项目及配分	考 核 内 容	评 分 标 准	小组自评	小组互评	教师评价
布线(25 分)	1. 布线时应横平竖直,分布均匀,尽量不交叉,变换走向时应垂直。 2. 剥线时严禁损伤导线线心和绝缘层。 3. 接线点或接线柱严格按要求接线	1. 不按原理图接线,扣 20 分。 2. 布线不符合要求,每根扣 5~10 分。 3. 接线点(柱)不符合要求,扣 5 分。 4. 损伤导线线心或绝缘层,每根扣 5 分。 5. 漏线,每根扣 2 分			
电路调试(20 分)	1. 会使用万用表测试控制电路。 2. 完成电路调试使电动机正常工作	1. 测试控制电路方法不正确,扣 10 分。 2. 调试电路参数不正确,每步扣 5 分。 3. 电动机不转,扣 5~10 分			
检修(10 分)	1. 检查电路故障。 2. 排除电路故障	1. 查不出故障,扣 10 分。 2. 查出故障但不能排除,扣 5 分			
职业与安全意识(10 分)	1. 工具摆放、工作台清理、余废料处理。 2. 严格遵守操作规程	1. 工具摆放不整齐,扣 3 分。 2. 工作台清理不干净,扣 3 分。 3. 违章操作,扣 10 分			

任务小结

通过本任务的学习,学会识读工作台自动往复控制电路的电路原理图、元器件位置图、电气互连图,掌握工作台自动往复控制电路的安装、调试、检查电路的基本方法,掌握对工作台自动往复控制电路一般故障的查找和排除的方法。

知识拓展

工作台自动往复控制电路除了上面所学的电路外,还可以接成图 4-25 所示的延时自动往复控制电路,同学们自行分析工作原理。

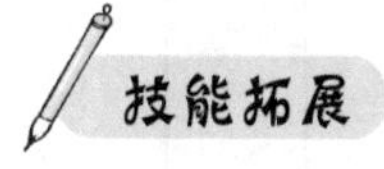

技能拓展

根据图 4-25 所示的延时自动往复控制电路原理图,设计元器件位置图、电路接线图,然后进行电路的安装与调试,使用的工具、仪器仪表、元器件及设备与前面所学相同。

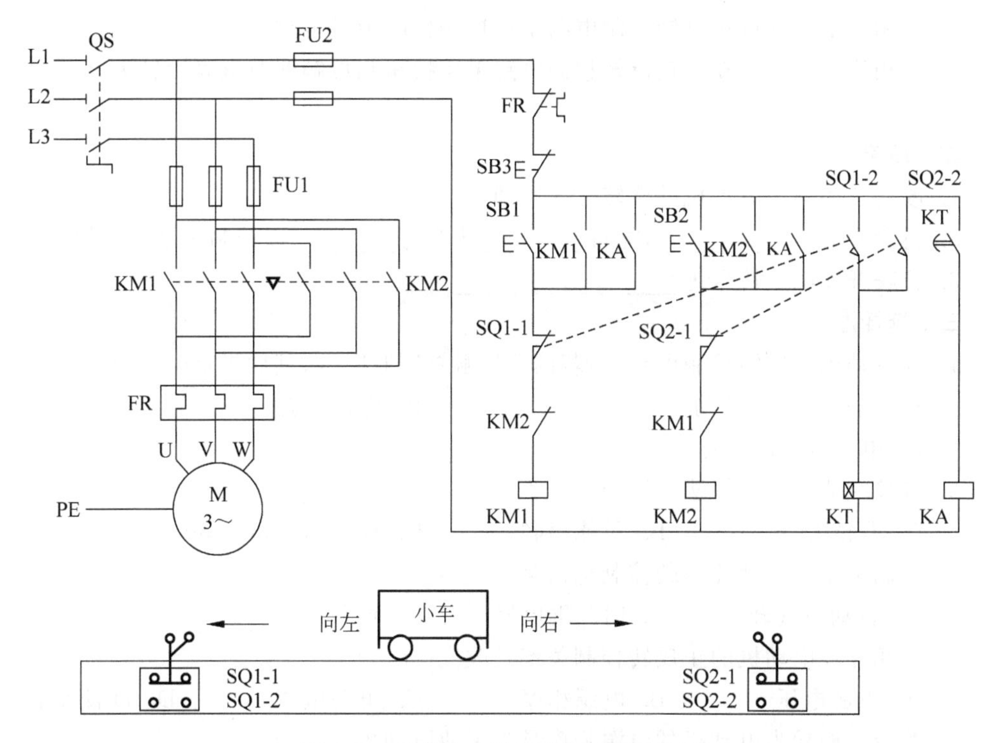

图 4-25　工作台延时自动往复控制电路

项目总结

通过本项目的学习，应掌握行程开关结构、符号、工作原理、使用方法及检测方法；能够识读三相异步电动机按钮互锁控制电路、接触器互锁控制电路、按钮和接触器双重互锁控制电路、工作台自动往复控制电路的原理图、元器件位置图、电气互连图，掌握了这些电路的安装、调试、检查电路的基本方法以及电路一般故障的查找和排除的方法。为今后学习典型机床电路的安装、调试、检查电路和故障排除打下基础。

思考与练习

一、判断题

1. 电磁式继电器大多由两个主要部分组成，即感测部分和执行部分。（　　）

2. RC1A 系列插入式熔断器主要用于 380V、100A 以下电路的短路保护和一定程度的过载保护。（　　）

3. 组合开关可用于交流 50Hz、380V 以下以及直流 220V 以下的电气线路中，供手动不频繁接通或断开电路、换接电源和负载。（　　）

4. 要使三相异步电动机反转，只要改变定子绕组任意两相绕组的相序即可。（　　）

5. 三相异步电动机正反转控制电路采用接触器联锁最可靠。 (　　)

6. 三相笼形异步电动机正反转控制电路采用按钮和接触器双重联锁较为可靠。 (　　)

二、填空题

1. 改变三相异步电动机的旋转方向原理是________________。

2. 行程开关又称________,能将________转变为________以控制运动部件的行程。

3. 行程开关触点符号为________、________。

三、选择题

1. 在电动机正反转控制电路中,若两只接触器同时吸合,其后果是(　　)。

A. 电动机不能转动　　B. 电源短路

C. 电动机转向不定

2. 各接触器线圈的接法(　　)。

A. 只能并联　　B. 只能串联　　C. 根据需要可以并联或串联

3. 控制工作台自动往返的控制电器是(　　)。

A. 自动空气开关　　B. 时间继电器　　C. 行程开关

4. 三相异步电动机的正反转控制关键是改变(　　)。

A. 电源电压　　B. 电源相序　　C. 电源电流　　D. 负载大小

5. 改变三相异步电动机的电源相序是为了使电动机(　　)。

A. 改变旋转方向　　B. 改变转速　　C. 改变功率　　D. 降压起动

6. 按钮联锁正反转控制电路的优点是操作方便,缺点是容易产生电源两相(　　)事故。

A. 断路　　B. 短路　　C. 过载　　D. 失压

7. 按钮联锁正反转控制电路的优点是操作方便,缺点是容易产生电源两相短路事故。在实际工作中,经常采用(　　)正反转控制电路。

A. 按钮联锁　　B. 接触器联锁

C. 按钮、接触器联锁　　D. 倒顺开关

8. 自动往返控制电路属于(　　)电路。

A. 时间控制　　B. 行程控制　　C. 速度控制

9. 在三相异步电动机的正反转控制电路中,当一个接触器的触点熔焊而另一个接触器吸合时,将发生短路事故,能够防止这种短路事故的是(　　)。

A. 接触器触点互锁　　B. 复合按钮联锁

C. 行程开关联锁

10. 在接触器控制电动机正反转的电路中,联锁保护一般采用(　　)。

A. 串接对方控制电器的动合触点　　B. 串接对方控制电器的动断触点

C. 串接自己的动合触点　　D. 串接自己的动断触点

四、分析题

1. 试分析判断图 4-26 所示的主电路是否能实现正反转控制,若不能,请说明原因。

2. 试分析判断图 4-27 所示的控制电路是否能实现正反转控制,若不能,请说明原因。

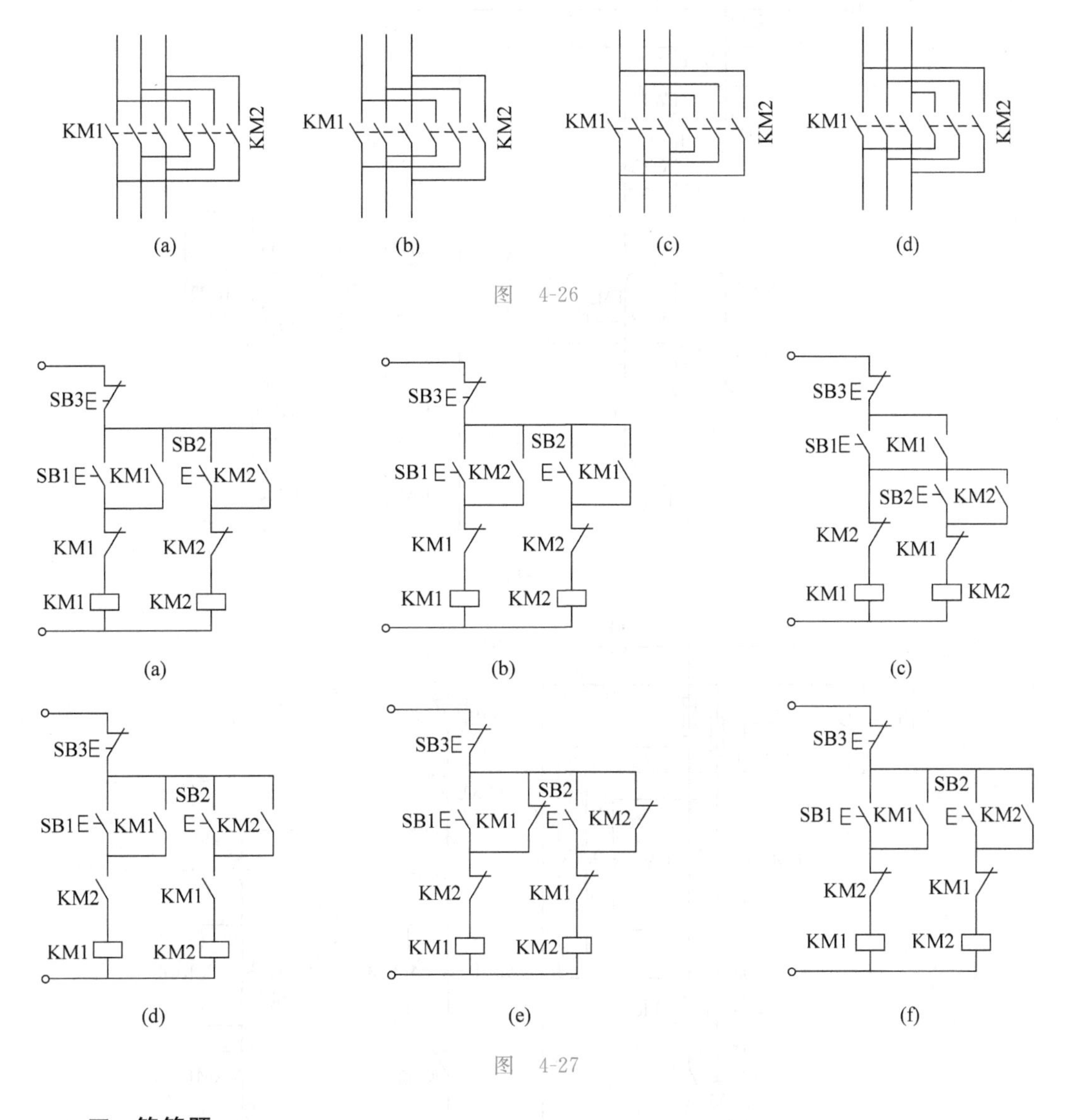

图　4-26

图　4-27

五、简答题

1. 简述控制按钮与行程开关的结构，它们在电路中各起什么作用？

2. 什么叫互锁？在正反转控制电路中，正反转接触器为什么要进行互锁控制？互锁控制的方法有哪几种？为什么要采用双重互锁？

3. 如果电动机正反转控制电路只有正转控制没有反转控制，试分析产生该故障的可能原因。

4. 比较图 4-28 所示两个电动机正反转控制电路图。

(1) 说明电路工作原理、绘制接线图，说明接线的异同。

(2) 总结这两个电路检测方法，总结安装调试过程中经常出现的故障。

5. 绘制一个双重联锁正反转控制的电路图和接线图。

6. 绘制自动往复循环控制电路原理图和接线图，要求有限位保护。

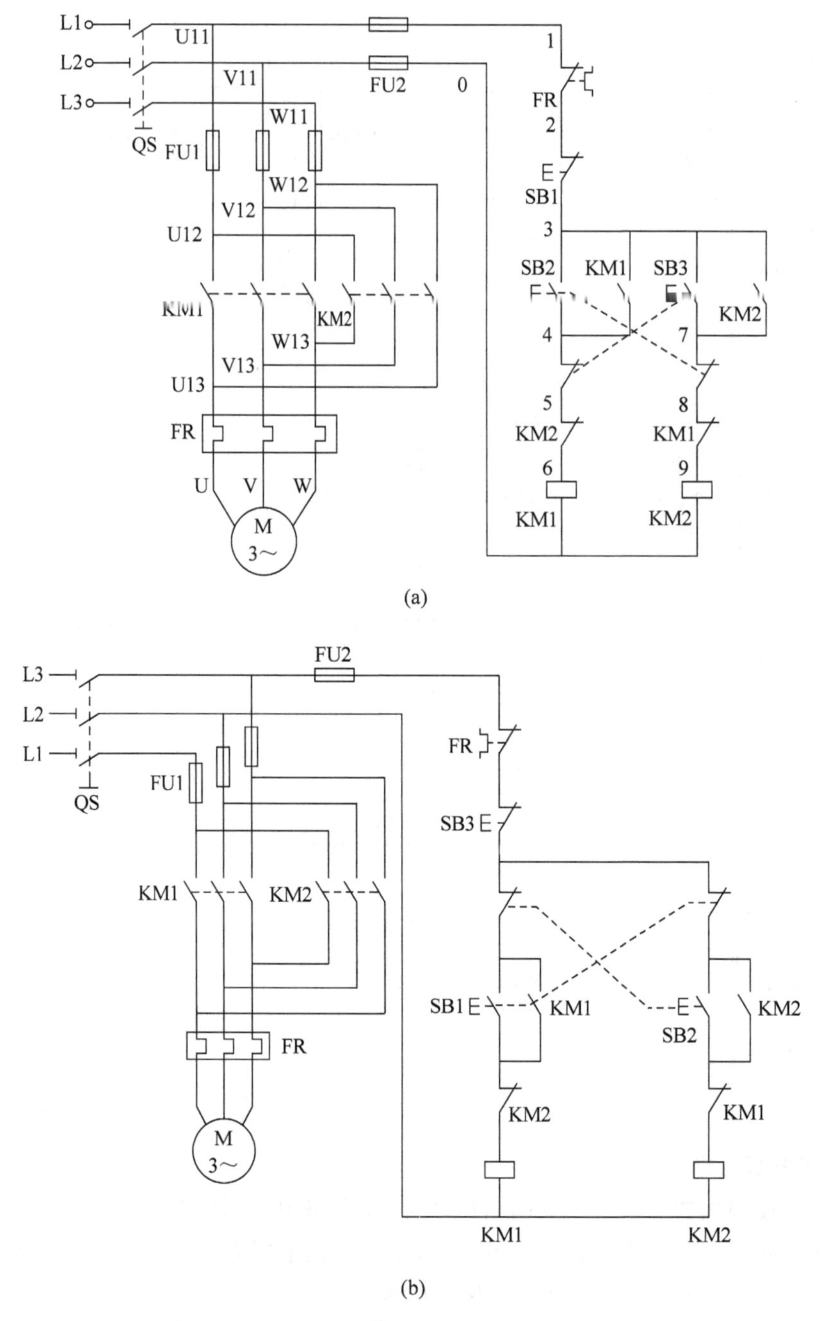

图 4-28

六、设计题

1. 某机床的主轴和润滑油泵分别由两台三相异步电动机拖动，画出满足下列控制要求的电路图。

(1) 油泵电动机起动后主轴电动机才能起动。

(2) 主轴电动机能正反转，并能单独停车。

(3) 具有必要的短路、过载、失压保护。

2. 画出控制一台电动机的电路图,其要求如下。

(1) 既能点动又能连续运转。

(2) 能正反转控制。

(3) 有过载保护。

(4) 能在两处起动和停止。

3. 试设计某工作台前进和后退的正反转控制电路,当电动机正转使工作台前进到终点时,停留 10s 后自动后退,后退至原位时自动停车。

4. 说明图 4-29 所示电路的工作原理,并按要求改进电路。

(1) 实现工作台自动往返运动。

(2) 工作台到达两端终点时能停留 5s 后再自动返回,并进行往复运动。

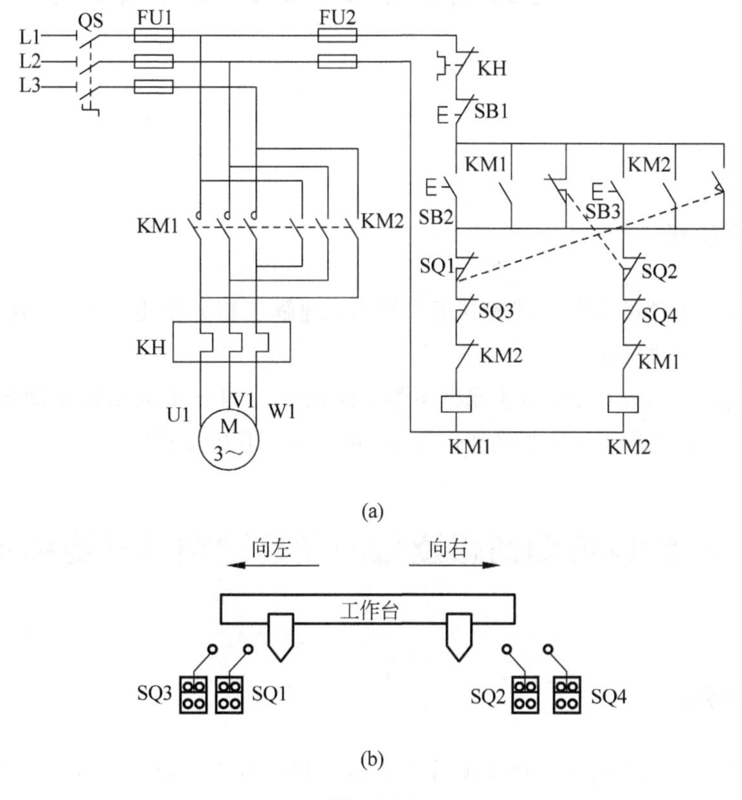

图 4-29

5. 根据时间控制的一般原则设计控制线路,具体要求如下。

按下起动按钮后,接触器 KM1 线圈得电,经 10s 后,接触器 KM2 线圈得电,又经 5s 后,接触器 KM2 断电释放,同时 KM3 得电,再经 15s 后,KM1、KM2、KM3 均断电。

6. 根据下面控制要求,设计一个控制小车运行的电路图。

(1) 小车由原位开始前进,到终端后自动停止。

(2) 在终端停留 2min 后能自动返回原位并停止。

(3) 要求能在前进或后退过程中任意位置都能停止或起动。

项目5

三相异步电动机制动控制电路的安装与调试

项目目标

了解速度继电器的结构；理解其工作原理；理解三相异步电动机制动控制电路工作原理；掌握反接制动概念。

学会识别、选择、安装、使用速度继电器；能识读三相异步电动机制动控制电路原理图，根据电路图及控制要求对电路进行安装、调试与一般故障排除。

任务　三相异步电动机反接制动控制电路的安装及调试

任务引入

反接制动是将电动机的三根电源线中任意两根对调实现电动机的反转制动。若在停车前把电动机反接，则其定子旋转磁场便反方向旋转，在转子上产生的电磁转矩亦随之反方向，成为制动转矩，在制动转矩作用下电动机的转速便很快降到零，称为反接制动。必须说明的是，当电动机的转速接近于零时，应立即切断电源，否则电动机将反转。在控制电路中常用速度继电器来实现这个要求。

电动机常用的制动方法是反接制动，图 5-1 所示为三相异步电动机反接制动控制电路原理图，本任务将完成电动机反接制动控制电路的安装与调试，并学习其工作原理。

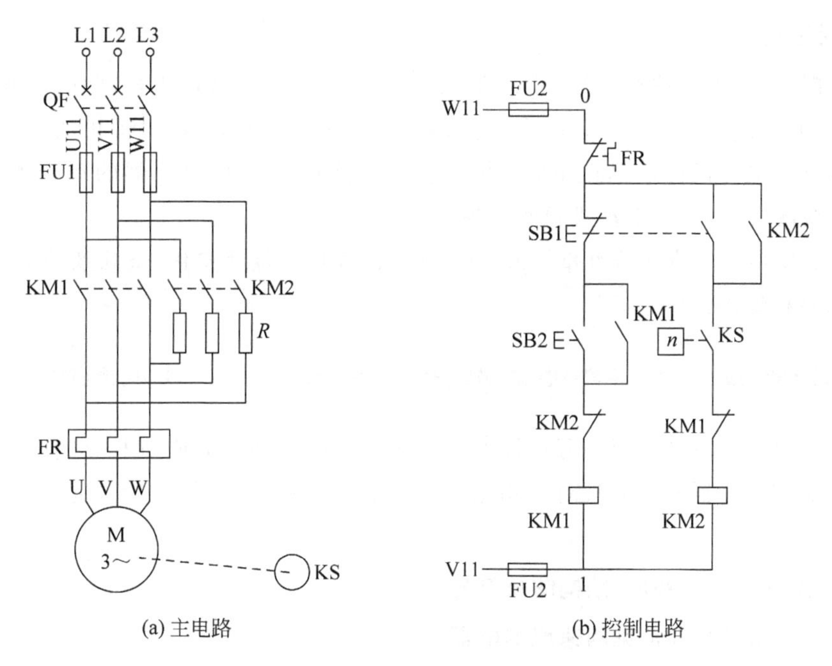

(a) 主电路　　(b) 控制电路

图 5-1　三相异步电动机反接制动控制电路原理图

一、电路构成

根据电气控制线路原理图的绘图原则，识读三相异步电动机反接制动控制电路电气原理图，明确电路所用元器件及它们之间的关系。

电动机反接制动控制电路中，速度继电器 KS 与电动机同轴，当电动机转速上升到一定数值时，速度继电器的动合触点闭合，为制动做好准备。制动时转速迅速下降，当其转速下降到接近零时，速度继电器动合触点恢复断开，接触器 KM2 线圈断电，防止电动机反转。在一些实际的三相异步电动机反接制动控制电路中，主电路还会串联制动限流电阻 R，防止反接制动瞬间过大的电流损坏电动机。

二、工作原理分析

1. 单向起动

合上电源开关 QF，起动时，先按下起动按钮 SB2，正转接触器 KM1 线圈得电并吸合，其主触点闭合，电动机直接起动，同时 KM1 动合辅助触点闭合起自锁作用，辅助动断触点断开起互锁作用 KM2 线圈不得电。当电动机转速升高后，速度继电器的动合触点 KS 闭合，为反接制动接触器 KM2 接通做准备。

2. 反接制动

停车时，按下停止按钮 SB1，SB1 的动断触点断开，动合触点闭合，此时接触器 KM1 失电释放，其动断互锁触点恢复闭合，使 KM2 线圈得电并吸合，将电动机的电源反接，进行反接制动。电动机转速迅速下降，当转速接近于零时，速度继电器的动合触点 KS 断开，KM2 线圈失电释放，电动机脱离电源，制动结束。

注意：反接制动的制动力矩较大，冲击强烈，易损坏传动零件，而且频繁的反接制动可能使电动机过热。

知识链接　元器件的认识、安装和使用——速度继电器

速度继电器是一种可以按照被控电动机转速的高低来接通或断开控制电路的电器，主要作用是与接触器配合实现对三相笼形异步电动机的反接制动控制，也称反接制动继电器。

1. 速度继电器的外形、结构图及符号

图 5-2 所示是几种常见的速度继电器。

(a) JY1型速度继电器

(b) DSK-F型电子速度继电器

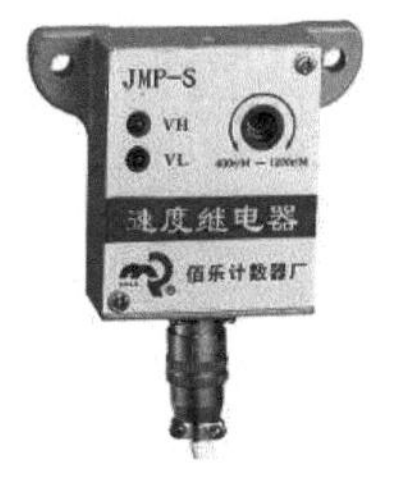

(c) JMP-S型速度继电器

(d) SR型智能速度继电器

图 5-2　几种常见的速度继电器

2. 速度继电器的工作原理及作用

速度继电器主要由转子、定子和触点三部分组成，其转子是一个圆柱形永久磁铁，定子是一个笼形空心圆环，由硅钢片叠成，并嵌有笼形导条（笼形绕组）；触点系统有正向运转和反向运转时动作的触点各一组，每组分别有一对动合触点和动断触点。图 5-3(a)所示为速度继电器的结构图，符号如图 5-3(b)所示。

速度继电器转子的轴与被控电动机的轴连接，定子空套在转子上。当电动机运行时，速度继电器的转子随电动机轴转动。此时，定子内的短路导体便切割磁力线而感应电动势，并产生感应电流，该电流与旋转的转子磁场作用产生转矩，于是速度继电器的定子也开始转动，当定子转过一定角度时，装在定子上的摆锤推动簧片（测试按钮）动作，使动断触点分断，动合触点闭合，发出控制信号作用于控制电路，电动机迅速减速，当电动机转速低于某一值时，速度继电器定子产生的转矩减小，触点在簧片作用下复位，又作用于控制电路，迅速切断电源，电动机便停止运转。

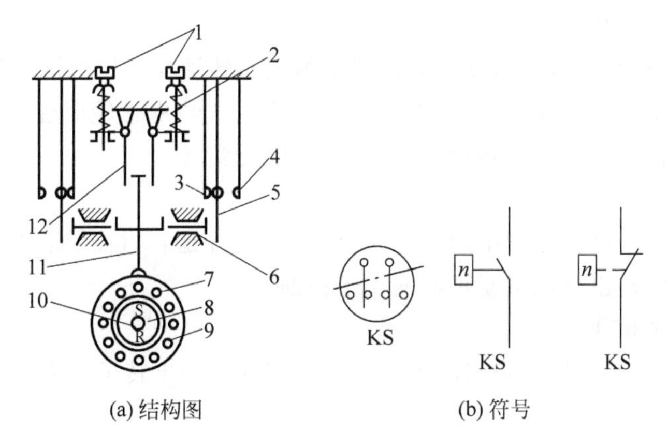

图 5-3　速度继电器的结构图及符号

1—调节钉；2—反力弹簧；3—动断触点；4—动合触点；5—测试按钮；6—推杆；7—笼形导条；8—转子；9—圆环；10—转轴；11—摆杆；12—返回杠杆

调节螺钉的松紧即可调节反力弹簧的反作用力，也就调节了触点动作所需的转子转速。一般速度继电器触点的动作转速为 140r/min 左右，触点的复位转速为 100r/min。

常用的速度继电器有 JY1、JFZ0 系列。JY1 系列可在 100～300r/min 范围内可靠工作，JFZ0-1 型用于 300～1000r/min 速度范围，JFZ0-2 型用于 1000～3600r/min 速度范围。它们具有两对动合触点和动断触点，触点额定电压为 380V，额定电流为 2A。

3. 速度继电器的技术参数、型号表示方式及含义

速度继电器的技术参数见表 5-1。

表 5-1　速度继电器的技术参数

型　号	触点额定电压/V	触点额定电流/A	触点对数		额定工作转速/(r/min)	允许操作频率/(次/h)
			正转动作	反转动作		
JY1	380	2	1 组转换触点	1 组转换触点	100～300	<30
JFZ0-1			1 动合、1 动断	1 动合、1 动断	300～1000	
JFZ0-2			1 动合、1 动断	1 动合、1 动断	1000～3600	

速度继电器的型号表示方式及含义：

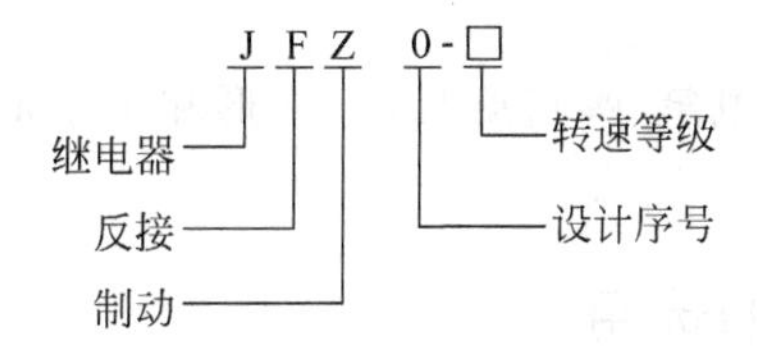

4. 速度继电器的安装、使用与检测

(1) 使用前的检查

速度继电器在使用前应用手旋转几次，看其转动是否灵活，胶木摆杆是否灵敏。

（2）安装注意事项

速度继电器一般为轴连接，安装时应注意继电器转轴与其他机械之间的间隙，不要过紧或过松。如需要皮带传动，必须将继电器固定牢固。装皮带轮时注意皮带轮的尺寸应能准确反映机械轴或电动机的转速，否则制动精度会变低。

（3）运行中的检查

应注意速度继电器在运行中的声音是否正常、温升是否过高、紧固螺钉是否松动，以防止将继电器的转轴扭弯或将联轴器的销子扭断。

（4）拆卸注意事项

拆卸时要仔细，不能用力敲击继电器的各个部件。抽出转子时为防止永久磁铁退磁，要设法将磁铁短路。

5. 速度继电器的常见故障及处理方法

速度继电器的常见故障及处理方法见表 5-2。

表 5-2 速度继电器的常见故障及处理方法

故障现象	可能原因	处理方法
反接制动时失效，电动机不制动	1. 胶木杆断裂。 2. 触点接触不良。 3. 弹性动触片断裂或失去弹性。 4. 笼形绕组开路	1. 更换速度继电器。 2. 更换触点。 3. 更换速度继电器。 4. 更换速度继电器
电动机不能正常制动	速度继电器弹性动触片调整不当	需重新调整螺钉： 1. 将调整螺钉向下旋转，弹性动触片弹性增大，速度较高时继电器才动作。 2. 将调整螺钉向上旋转，弹性动触片弹性减小，速度较低时继电器才动作

一、准备工具

安装调试所需工具为验电笔、螺钉旋具（一字形和十字形）、钢丝钳、尖嘴钳、斜口钳、剥线钳、电工刀、万用表等。

二、元器件及导线的选用

所需材料明细见表 5-3。

表 5-3 所需材料明细表

序号	名 称	文字符号	型号与规格	功 能	单位	数量
1	三相四线制电源		～3×380/220V,20A	提供电源	处	1
2	三相异步电动机	M	Y112M-4,4kW,380V,△连接	负载	台	1
3	低压断路器	QF	DZ47-60D/3P,C10	接通或断开电路	只	1
4	熔断器	FU	RL98-16,2A	短路保护	只	5
5	控制按钮	SB	LA-18	接通或断开控制电路	只	3
6	交流接触器	KM	CJX1-9/22,380V	实现电路的自动控制	只	3
7	热继电器	FR	JR20	过载保护	只	1
8	速度继电器	KS	JY12 A7500	反接制动	只	1
9	连接导线	黄、绿、红三色线,控制线黑色或蓝色	BVR-1.5mm^2,1.0mm^2塑料软铜导线	连接电路	m	若干
10	接线端子排	XT	TB2510	板内外导线对接	条	1

三、电路装接

(1) 根据图 5-1 所示,选取所用元器件,并进行检测。

(2) 在网孔板上按位置图安装元器件,如图 5-4 所示。要求:各元器件的安装位置应整齐、匀称、牢固、间距合理,便于元器件的更换。

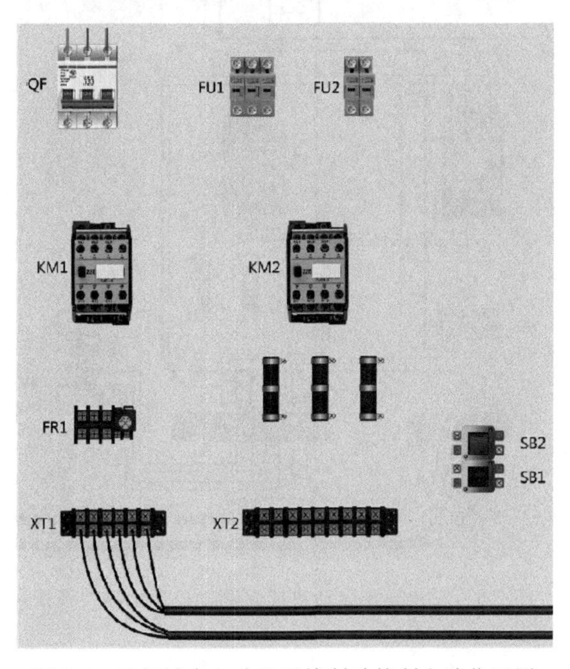

图 5-4 三相异步电动机反接制动控制电路位置图

(3) 按照主电路接线图(见图 5-5)、控制电路接线图(见图 5-6)进行接线。

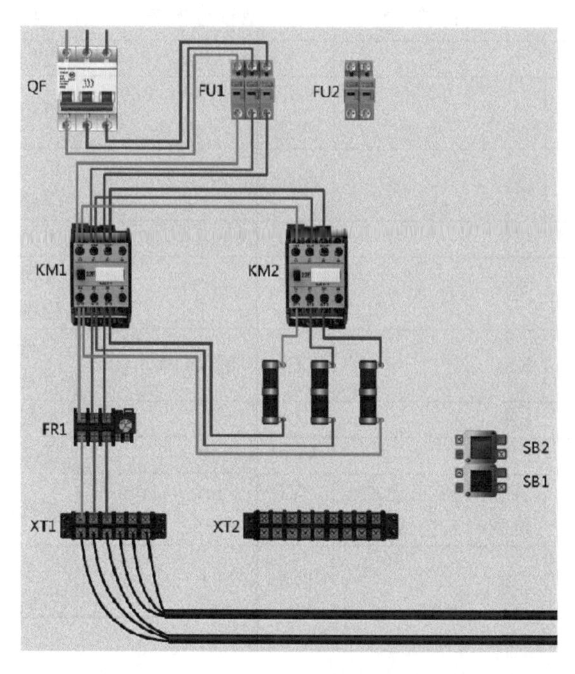

图 5-5 三相异步电动机反接制动控制电路(主电路)接线图

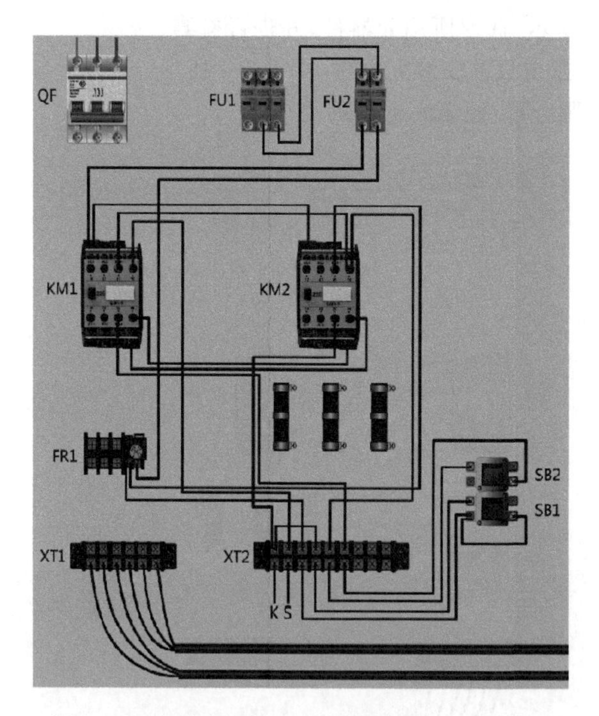

图 5-6 三相异步电动机反接制动控制电路接线图

四、电路检修

1. 检查主电路

(1) 取下 FU2 熔体,装好 FU1 熔体,断开控制电路。

(2) 起动控制电路。按下接触器 KM1 的测试按钮,用万用表分别测量开关 QF 下端子 U11 与 V11、U11 与 W11、V11 与 W11 之间的电阻,应分别为电动机两相间的电阻值,松开接触器 KM1 的测试按钮,万用表应显示电路由通到断。若某次测量结果为开路($R\to\infty$),说明所测量两相之间的接线有断开现象,应仔细检查,找出断路点,排除故障。若某次测量结果为短路($R=0$),说明所测量两相之间的接线有短路现象,应仔细检查,排除故障。

(3) 反接制动控制电路。按下接触器 KM2 的测试按钮,用万用表分别测量开关 QF 下端子 U11 与 V11、U11 与 W11、V11 与 W11 之间的电阻,应分别为电动机两相间的电阻值,松开接触器 KM2 的测试按钮,万用表应显示电路由通到断。若某次测量结果为开路($R\to\infty$),说明所测量两相之间的接线有断开现象,应仔细检查,找出断路点,排除故障。若某次测量结果为短路($R=0$),说明所测量两相之间的接线有短路现象,应仔细检查,排除故障。

2. 检查控制电路

(1) 取下 FU1 熔体,装好 FU2 熔体,断开主电路。将万用表的表笔分别接到 FU2 下端子 0 号线、1 号线上。

(2) 起动控制电路。按下起动按钮 SB2,测得接触器 KM1 线圈的电阻值,松开 SB2 测得结果为断路($R\to\infty$)。按下接触器 KM1 的测试按钮,测得接触器 KM1 线圈的电阻值。若测得的结果是开路,应检查 KM1 自锁触点是否正常,上下端子接线是否有脱落现象,必要时移动万用表的表笔,用缩小故障范围的方法来查找断路点。松开接触器 KM1 的测试按钮,测得结果应为断路。若测量结果是短路,应检查接线是否有误。

(3) 反接控制电路。将停止按钮 SB1 按到底,同时转动电动机轴使 KS 动作,动合触点闭合,测得 KM2 线圈的电阻值。电动机停止转动后应测得线路为断路,松开 SB1 而按下 KM2 的测试按钮,转动电动机轴使 KS 动作,动合触点闭合,测得 KM2 线圈的电阻值。电动机停止转动后应测得线路为断路。

(4) 联锁线路。按下 SB2 测出 KM1 线圈的电阻值的同时,按下 KM2 测试按钮使其动断触点断开,万用表应显示电路由通到断。将停止按钮 SB1 按到底,同时转动电动机轴使 KS 动作,动合触点闭合,测得 KM2 线圈的电阻值的同时,按下 KM1 测试按钮使其动断触点断开,万用表应显示电路由通到断。

五、电路通电调试

为确保人身安全,在通电试车时,要严格遵守安全操作规程,一人监护,一人操作。检查三相电源,将热继电器按电动机的额定电流整定好。试车前应检查与通电试车有关的电气设备是否有不安全的因素存在,若查出应立即整改,然后方能试车。

电路采用速度继电器 KS 作自动切断电源控制，接触器 KM1 作三相电源控制，接触器 KM2 作反接制动控制。

1. 功能试验

拆掉电动机绕组的连线，合上断路器 QF。按 SB2 起动按钮后松开，KM1 吸合自锁。按停止按钮 SB1 不放，KM1 立即释放，同时，用手转动电动机轴，使其转速为 100r/min 左右，接触器 KM2 应吸合，重复操作几次检查电路动作的可靠性。应注意电动机转向能使 KS 触点断开，若正向不能使 KS 触点动作应尝试反向转动电动机轴，观察 KS 触点是否能断开。

2. 试车

断开电源，恢复电动机连接线，并做好停车准备。合上 QF，接通电源。

按 SB2 起动按钮，KM1 吸合自锁，电动机起动运转。观察电动机起动运行情况。观察电动机是否全电压运行且转速达到额定值。若轻按停止按钮 SB1，KM1 释放，电动机断电后惯性旋转至停转。若将 SB1 按到底，电动机会快速制动而停转。应注意电动机运行的声音，如电动机运行时发现有异常现象，应立即停车检查后，再投入运行。

通电试车完毕，停转，切断电源 QF，先拆除三相电源线，再拆除电动机线。

六、电路的一般故障排除

该电路出现的主要故障现象有电动机 M 不能起动、电动机 M 不能快速停车、电动机 M 快速减速后反向起动。故障分析及检查方法如下。

1. 电动机 M 不能起动的故障

对主电路而言，可能存在熔断器 FU1 断路、接触器 KM1 主触点接触不良、热继电器主电路有断点及电动机 M 绕组有故障等问题。对控制电路而言，可能存在熔断器 FU2 断路、热继电器 FR 辅助动断触点接触不良、按钮 SB1 动断触点接触不良等问题。

检查步骤为：按下按钮 SB2，观察接触器 KM1 线圈是否吸合。若接触器 KM1 线圈吸合，则是主电路的问题，可重点检查电动机 M 绕组；若接触器 KM1 线圈未吸合，则为控制电路的问题，重点检查熔断器 FU1、FU2、热继电器 FR 动断触点、接触器 KM2 辅助动断触点及按钮 SB1 动断触点。

2. 电动机 M 不能快速停车的故障

对主电路而言，可能的原因是接触器 KM2 主触点闭合接触不良。对控制电路而言，可能的原因是速度继电器 KS 不动作、接触器 KM1 的动断触点接触不良、速度继电器 KS 的触点接触不良及接触器 KM2 线圈损坏等。

检查步骤为：按下按钮 SB1 到底，观察接触器 KM2 线圈是否吸合。若接触器 KM2 线圈吸合，则重点检查接触器 KM2 主触点；若接触器 KM2 线圈未吸合，则重点检查速度继电器 KS 是否动作及接触器 KM1 的动断触点。

3. 电动机 M 快速减速后反向起动的故障

对控制电路而言，可能的原因是速度继电器 KS 不动作及速度继电器 KS 的触点接触不良等。

检查步骤为：按下按钮 SB1 到底，观察电动机 M 快速减速后反向起动时，接触器 KM2 线圈是否释放。若接触器 KM2 线圈释放，则重点检查接触器 KM2 主触点；若接触器 KM2 线圈未释放，则重点检查速度继电器 KS 是否动作。

检查评价

按照工作任务的训练要求完成工作任务，技能训练评价见表 5-4。

表 5-4 技能训练评价

班级		姓名		指导教师		总分		
项目及配分	考核内容			评分标准		小组自评	小组互评	教师评价
装前检查(15分)	1. 按照原理图选择器件。 2. 用万用表检测器件			1. 元器件选择不正确，扣5分。 2. 不会筛选元器件，扣5分。 3. 电动机质量漏检，扣5分				
安装元器件(20分)	1. 读懂原理图。 2. 按照布置图进行电路安装。 3. 安装位置应整齐、匀称、牢固、间距合理，便于元器件的更换			1. 读图不正确，扣10分。 2. 电路安装不正确，扣5～10分。 3. 安装位置不整齐、不匀称、不牢固或间距不合理，每处扣5分。 4. 不按布置图安装，扣15分。 5. 损坏元器件，扣15分				
布线(25分)	1. 布线时应横平竖直，分布均匀，尽量不交叉，变换走向时应垂直。 2. 剥线时严禁损伤线心和导线绝缘层。 3. 接线点或接线柱严格按要求接线			1. 不按原理图接线，扣20分。 2. 布线不符合要求，每根扣5～10分。 3. 接线点(柱)不符合要求，扣5分。 4. 损伤导线线心或绝缘层，每根扣5分。 5. 漏线，每根扣2分				
电路调试(20分)	1. 会使用万用表测试控制电路。 2. 完成电路调试使电动机正常工作			1. 测试控制电路方法不正确，扣10分。 2. 调试电路参数不正确，每步扣5分。 3. 电动机不转，扣5～10分				
检修(10分)	1. 检查电路故障。 2. 排除电路故障			1. 查不出故障，扣10分。 2. 查出故障但不能排除，扣5分				
职业与安全意识(10分)	1. 工具摆放、工作台清理、余废料处理。 2. 严格遵守操作规程			1. 工具摆放不整齐，扣3分。 2. 工作台清理不干净，扣3分。 3. 违章操作，扣10分				

机械制动是利用机械装置，使电动机在切断电源后快速停转的方法。常用的机械制动设备是电磁制动器，电磁制动器的结构如图 5-7 所示。

电磁制动器主要由制动电磁铁、闸瓦制动器两部分组成。制动电磁铁由铁心、衔铁和线圈三部分组成，并有单相和三相之分。闸瓦制动器由闸轮、闸瓦、杠杆和弹簧等组成。闸轮与电动机装在同一根转轴上。

当电磁铁线圈得电后，铁心吸引衔铁，衔铁克服弹簧的拉力，迫使杠杆向上移动，使闸瓦松开，电动机可正常运转。

当闸瓦制动器的线圈断电后，衔铁复原，在弹簧的作用下，使闸瓦与闸轮抱住，电动机就被制动而停转。

用三相异步电动机电磁制动器进行制动控制的电路图如图 5-8 所示。

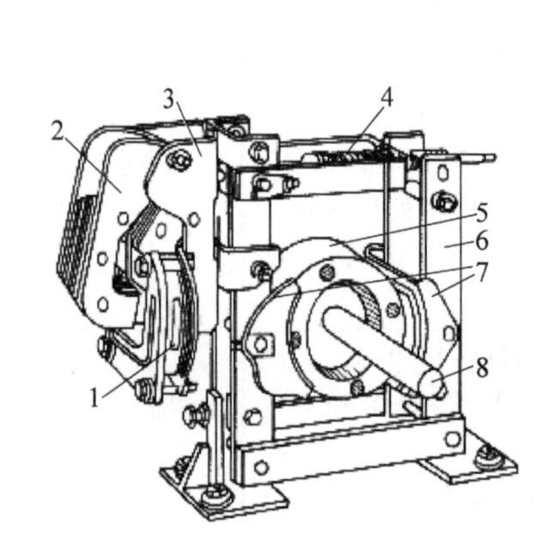

图 5-7 电磁制动器的结构

1—线圈；2—衔铁；3—铁心；4—弹簧；5—闸轮；6—杠杆；7—闸瓦；8—轴

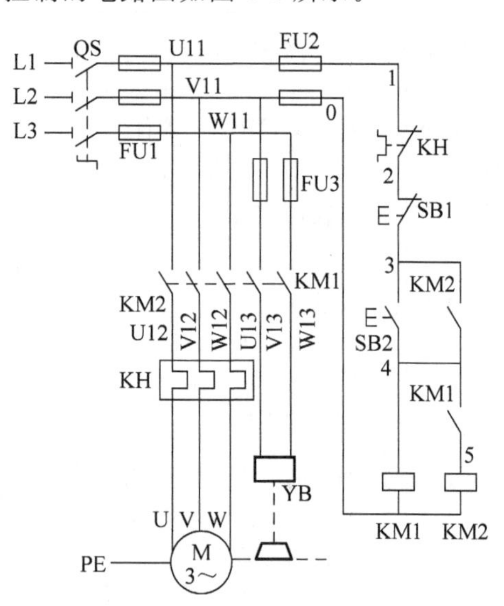

图 5-8 三相异步电动机电磁制动器制动控制的电路图

电路工作原理如下。

先合上电源开关 QS。按下 SB2 后，接触器 KM1 线圈获电动作，电磁制动器线圈 YB 得电，闸瓦先松开闸轮，然后使 KM2 线圈得电，动作，电动机 M 起动。

当按下 SB1，KM 线圈失电，电动机的电源被切断，同时电磁制动器的线圈断电，衔铁释放，在弹簧拉力的作用下，使闸瓦紧紧抱住闸轮，电动机迅速被制动停转。

根据如图 5-8 所示的三相异步电动机电磁制动器制动控制的电路图原理图，设计元

器件位置图、线路接线图，然后进行电路的安装与调试，使用的工具、仪器仪表、元器件及设备与前面所学相同。

项目总结

通过本项目的学习，使学生掌握电动机制动概念，能够识读三相异步电动机反接制动控制电路的电路原理图、元器件位置图、电气互连图，掌握该电路的安装、调试、检查线路的基本方法以及电路一般故障的查找和排除的方法。为今后学习典型机床电路的安装、调试、检查电路和故障排除打下基础。

思考与练习

一、判断题

1. 速度继电器在使用前应用手旋转几次，看其转动是否灵活，胶木摆杆动作是否灵敏。（　　）

2. 速度继电器一般为轴连接，安装时应注意继电器转轴与其他机构之间的间隙，不要过紧或过松。（　　）

3. 如需要皮带传动，不必将速度继电器固定牢固。（　　）

4. 反接制动可以使电动机快速停止，可以频繁地使用反接制动。（　　）

5. 在反接制动控制电路中，为了防止反接制动瞬间过大的电流，主电路还会串联制动限流电阻 R。（　　）

二、填空题

1. 速度继电器是一种可以按照被控电动机转速的高低来接通或断开________的电器，也称为________继电器。

2. 速度继电器主要由________、________和________三部分组成。

3. 一般速度继电器转轴转速达到________以上时触点动作，当转轴转速低于________时，触点复位。

三、选择题

1. 控制电动机反接制动的电器应是（　　）。

A. 电流继电器　　B. 时间继电器　　C. 速度继电器

2. 速度继电器在控制电路中的作用是实现（　　）。

A. 反接制动　　B. 速度计量　　C. 速度控制

3. 三相异步电动机反接制动时，采用对称制电阻接法，可以在限制制动转矩的同时，也限制了（　　）。

A. 制动电流　　B. 起动电流　　C. 制动电压　　D. 起动电压

4. 反接制动时，旋转磁场反向转动，与电动机的转动方向（　　）。

A. 相反　　B. 相同　　C. 不变　　D. 垂直

5. 一般速度继电器转轴转速达到(　　)r/min 以上时触点动作。

A. 80　　B. 120　　C. 100

6. 在反接制动控制电路中,常用(　　)来反映转速以实现自动控制。

A. 中间继电器　　B. 时间继电器　　C. 速度继电器

7. 工作中的三相异步电动机,在切断电源后,只要加上(　　)电磁转矩就能形成电力制动。

A. 和转子旋转方向相同的　　B. 和转子旋转方向相反的

C. 为 0 的

8. 速度继电器转向与触点动作现象是(　　)。

A. 正向时正向一组触点动作　　B. 任何转向时两组触点同时动作

C. 正向时反向一组触点动作

四、简答题

1. 在反接制动控制电路中,如反转接触器的线圈吸合,电动机仍然不能快速停车的原因是什么?如何排除?

2. 什么叫制动?

3. 在反接制动控制电路中,按下停止按钮,如果电动机停转后,继续反转,该故障的原因是什么?

4. 若将速度继电器 KS 触点接错成另一对,会有何情况发生?如何调节反接制动的制动强度?若速度继电器 KS 的触点损坏,会出现何种故障?

5. 请叙述反接制动的应用场合及优缺点。

6. 叙述反接制动控制电路的电路检测方法,总结安装调试过程中经常出现的故障。

7. 试分析图 5-9 所示单向起动反接制动控制电路的工作原理。

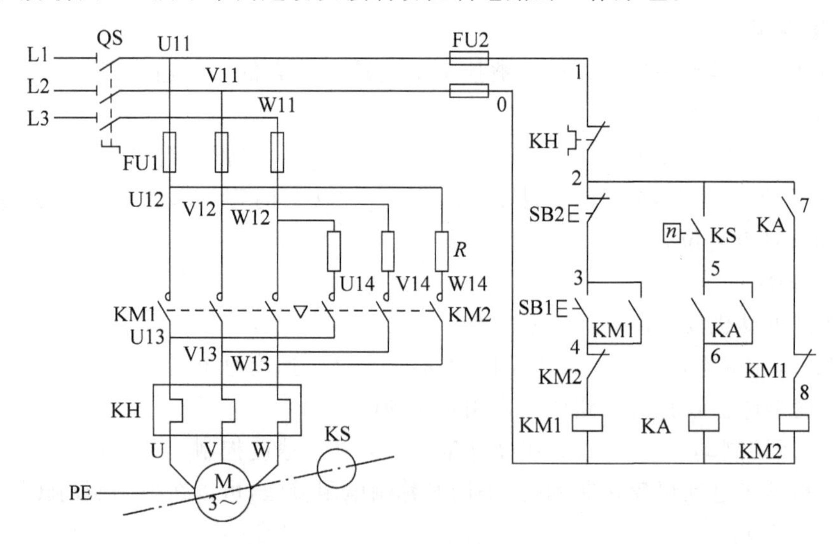

图 5-9

8. 试分析图 5-10、图 5-11 所示两个控制电路的工作原理。

(1) 正反向起动、点动和反接制动电路。

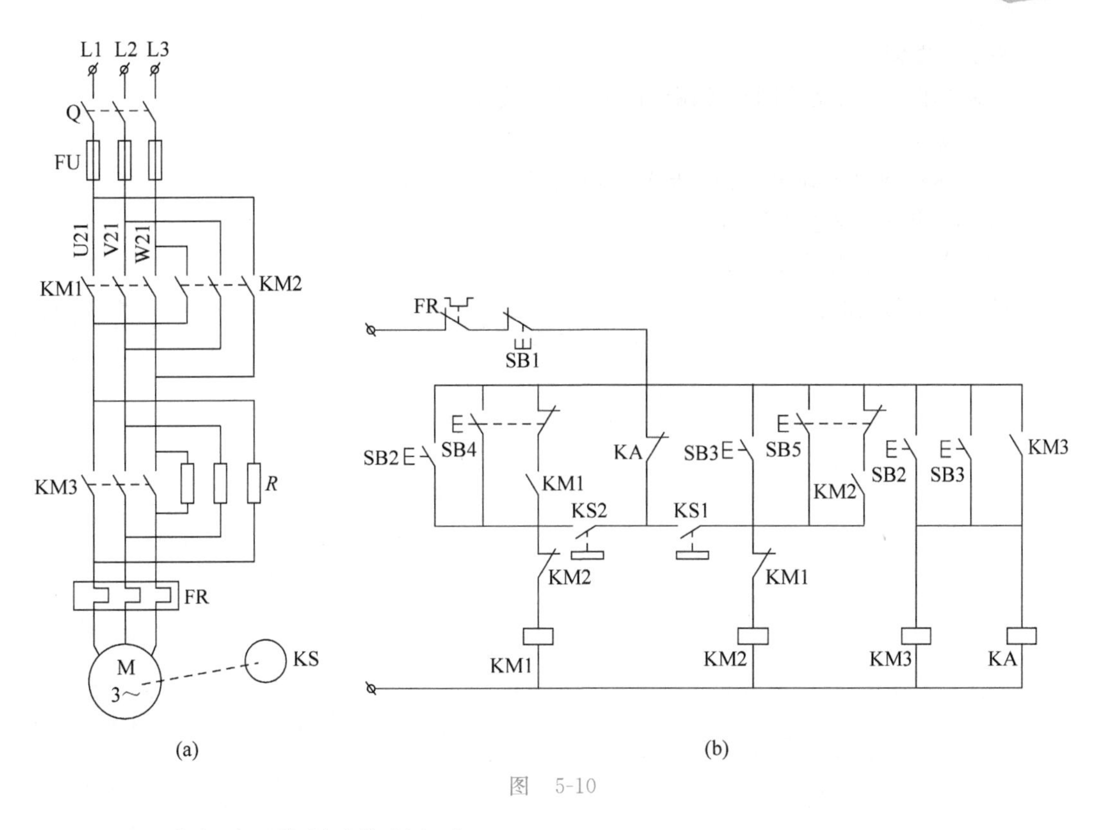

图　5-10

（2）双向起动反接制动控制电路。

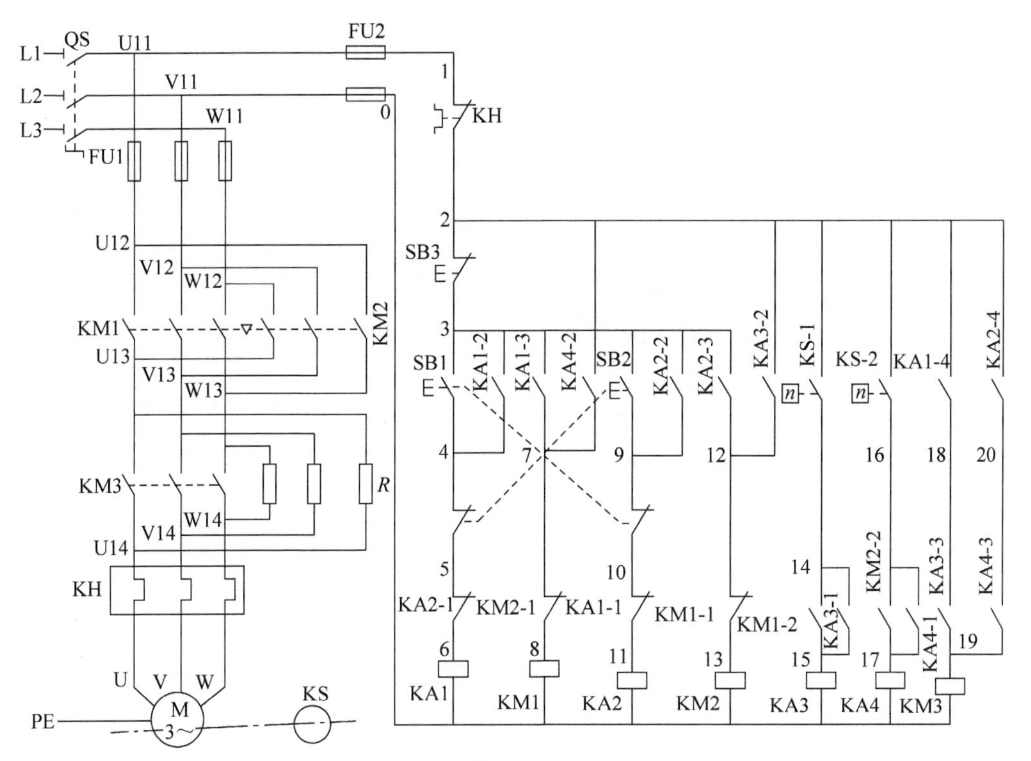

图　5-11

五、作图题

绘制单向起动、反接制动控制电路原理图、接线图。

六、设计题

按下述控制要求画出三相笼形异步电动机的控制电路原理图。

(1) 既能点动又能连续运转。

(2) 停止时采用反接制动。

(3) 能在两处起停。

项目 

CA6140型普通车床控制电路的安装、调试与故障排除

熟悉CA6140型普通车床的主要结构、主要运动形式及电气控制要求。

识读CA6140型普通车床控制电路原理图,并会分析工作原理;能按C6140型普通车床控制电路图正确安装与调试电气控制系统;能初步诊断C6140型普通车床电气控制系统的简单故障,并进行故障排除。

培养学生观察能力、团队合作能力、专业技术交流的表达能力;培养学生具有解决实际问题的工作能力,并具备安全生产和环保意识等职业素养。

任务6.1 CA6140型普通车床电气控制电路的安装与调试

对于机床电气控制系统,在分析电路时应先将机床电路分解成基本环节(即化整为零),然后对基本环节逐个进行分析,再积零为整,达到对整个电气控制系统的认识。CA6140型普通车床是工业生产中最常用的机床之一,根据CA6140型普通车床电气原理图、电力拖动特点及其控制要求,通过对CA6140型普通车床控制电路的安装、调试,掌握对机床进行故障分析、判断和排除的方法,完成CA6140型普通车床控制电路的安装、调试及一般故障的排除。

CA6140 型普通车床具有性能优越、机构先进、操作方便和外形美观等优点，是机械加工中使用极为广泛的一种机床，主要用来切削工件的外圆、内圆、端面和螺纹，也可用钻头或铰刀进行钻孔或铰孔。它的加工范围较广，但自动化程度低，适于小批量生产及修配车间使用。本任务就是掌握 CA6140 型普通车床的主要结构和运动形式；正确识读 CA6140 型普通车床电气控制电路原理图以及正确操作、调试 CA6140 型普通车床。

知识链接 CA6140 型普通车床的主要结构、主要运动形式及工作原理分析

车床是使用最广泛的一种金属切削机床，适用于加工各种轴类、套筒类和盘类零件上的回转表面，如车削内外圆柱面、圆锥面、端面、螺纹、螺杆以及定型表面等，装上钻头或铰刀等，还可进行钻孔和铰孔等加工工作。

车床型号及含义：

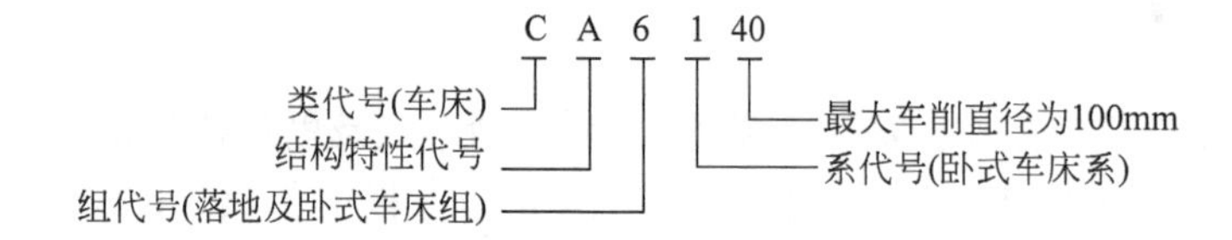

一、主要结构和运动形式

CA6140 型普通车床外形如图 6-1 所示。其主要结构如图 6-2 所示，主要由床身、主轴箱、进给箱、溜板箱、刀架、尾架、光杠、丝杠等组成。

图 6-1 CA6140 型普通车床外形

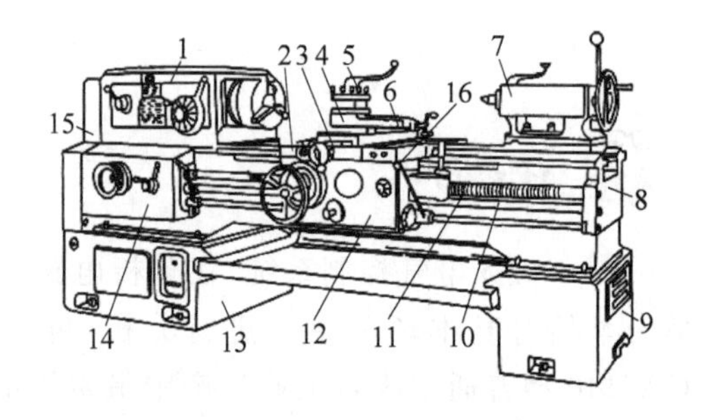

图 6-2 CA6140 型普通车床结构图

1—主轴箱；2—纵溜板；3—横溜板；4—转盘；5—方刀架；6—小溜板；7—尾架；8—床身；9—右床座；10—光杠；11—丝杠；12—溜板箱；13—左床座；14—进给箱；15—挂轮架；16—操纵手柄

车床的切削运动包括工件的旋转运动和刀具的直线运动。

切削时，车床的主运动是工件做旋转运动，也就是产生切削的运动，它是由主轴通过卡盘或顶尖带动工件旋转，承受车削加工时的主要切削功率。车削加工时，应根据被加工工件材料、刀具种类、工件尺寸、工艺要求等选择不同的切削速度。

进给运动是刀架带动刀具的直线运动，也就是使切削连续进行下去的运动，是溜板带动刀架的纵向或横向直线运动。溜板箱把丝杠或光杠的转动传递给刀架部分，变换溜板箱外的手柄位置，经刀架部分使车刀做纵向或横向进给。电动机的动力由三角带通过主轴箱传给主轴。变换主轴箱外的手柄位置，可以改变主轴的转速。根据工件的材质和加工工艺要求的不同，要求主轴有不同的切削速度。

主轴的变速是由主轴电动机经 V 带传递到主轴变速箱来实现的，CA6140 型普通车床主轴正转速度有 24 种(10～1400r/min)，反转速度有 12 种(14～1580r/min)，为机械有级变速。主轴通过卡盘带动工件做旋转运动。主轴一般只要求单方向旋转，只有在车削螺纹时才需要用反转来退刀。CA6140 型普通车床用操作手柄通过摩擦离合器来改变主轴旋转方向，其他的车床也有用改变电动机的正反转来改变主轴转向的。CA6140 型普通车床进给运动消耗的功率很小，且车螺纹时要求主轴的旋转角度与进给的移动距离之间保持一定的比例，所以也由主轴电动机拖动。

纵向运动是指相对于操作者做向左或向右的运动。横向进给是指相对于操作者做往前或往后的运动。

车床的辅助运动为车床上除切削运动以外的其他一切必需的运动，如尾架的纵向移动、工件的夹紧与松开等。

二、CA6140 型普通车床电力拖动的特点及控制要求

1. 电力拖动的特点

(1) 主拖动电动机一般选用三相笼形异步电动机，为满足调速要求，采用机械变速。

(2) 为了车削螺纹，主轴要求正反转，由主拖动电动机正反转或采用机械方法来实现。

(3) 采用齿轮箱进行机械有级调速。主轴电动机采用直接起动，为实现快速停车，一般采用机械制动。

(4) 车削加工时，由于刀具与工件温度高，所以需要冷却，因此设有冷却泵电动机，要求冷却泵电动机在主轴电动机起动后方可起动；当主轴电动机停止时，冷却泵电动机应立即停止，它们之间的控制关系是顺序控制。

(5) 为实现溜板箱的快速移动，由单独的快速移动电动机拖动，采用点动控制。

2. 电力拖动的控制要求

CA6140 型普通车床电力拖动的特点及控制要求见表 6-1。

表 6-1 CA6140 型普通车床电力拖动的特点及控制要求

运动种类	运动形式	控制要求	备注
主运动	主轴通过卡盘或顶尖带动工件的旋转运动	1. 选用三相笼形异步电动机，不需要电气调速，采用齿轮箱进行机械方法有级调速。 2. 车削螺纹时要求主轴有正反转，机械方法实现。 3. 容量不大，直接起动，按钮控制	
进给运动	溜板箱带动刀架的直线运动	1. 由主轴电动机拖动，动力通过挂轮架传递给进给箱来实现刀具的纵向和横向进给。 3. 加工螺纹时，要求刀具移动和主轴转动有固定的比例关系	
辅助运动	刀架的快速移动	由刀架快移电动机拖动，直接起动，单向旋转，不需要调速，其移动方向由进给操作手柄配合机械装置实现	
	尾架的纵向移动	手动操作控制	
	工件的夹紧与松开	手动操作控制	
	加工过程的冷却	与主轴电动机顺序控制，单向旋转、不需要调速	
安全保护措施		控制电路必须有过载、短路、欠压、失压保护功能	
		具有安全的局部照明装置	

三、安装步骤及工艺要求

（1）根据元器件明细表准备元器件，并进行检验。

（2）根据接线图中导线规格选配电线（并注意区分颜色），选配电线管，选配管束、束节、紧固体等。

（3）根据位置图在配电盘上安装元器件，并在各元器件附近标好醒目的与电路图一致的文字符号。

（4）根据电路图配板，如按钮板上按钮较多，按钮板也要先配板。按控制板内布线的工艺要求布线，并在各元器件及接线端子板接点的线头上，套上与电路图相同线号的编码套管。

（5）根据接线图管线配线，方法是先将所有需穿导线（包括备用线）穿入线管内，两端抽动一根，确定后套线号管，并用万用表检验，如管内线太多，不好抽动，可直接用万用表量取。对于可移动的导线通道应放适当的余量，使金属软管在运动时不承受拉力。

（6）将制作好的配电盘、线管等安装就位。

（7）根据电路图将线管内导线按线号与配电盘、按钮板、电动机等电器连接，注意电源线要最后连接。

（8）板内线槽配线安装。控制板内的接线建议采用线槽配线方式，板内按照线槽布线的工艺要求进行布线和套编码套管，安装完一部分电路，就用电阻测量法调试一部分，并检查编码套管是否漏编，养成边安装边自检的习惯，这样可以减少很多检修时间。

（9）外部设备配线安装。将外围设备与板上元器件连接时，必须通过接线端子板对接。

① 三台电动机、控制按钮、照明灯等与控制板之间的接线应穿过金属软管，通过接线端子板与板内电器相连并套编码套管。三相电源的进线也应接到接线端子板上。

② 对于可移动的导线通道应留适当的余量，使金属软管在运动时不承受拉力。

③ 电动机必须连接金属外壳接地线。

四、电路构成

根据电气控制线路原理图绘图原则，识读图 6-3 所示的 CA6140 型普通车床电气控

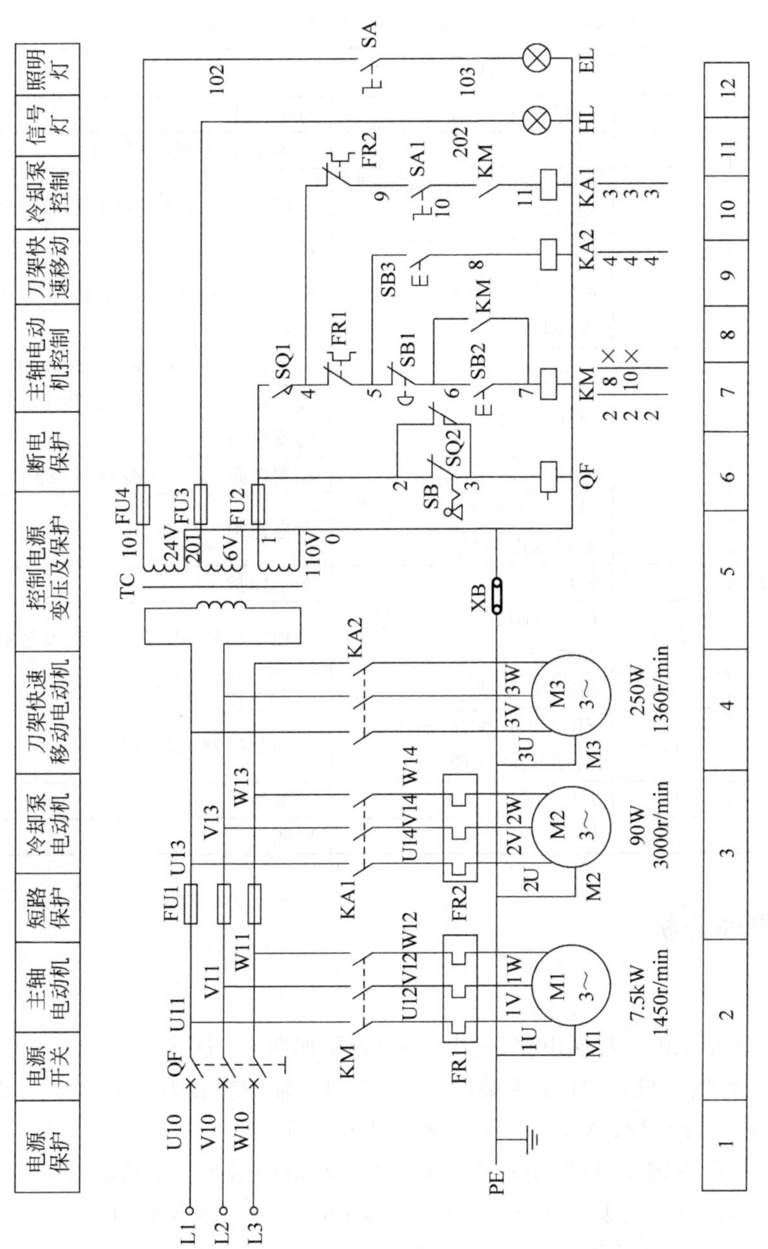

图 6-3　CA6140型普通车床电气控制电路原理图

制电路原理图，明确电路所用电气元器件及它们之间的连接关系。

CA6140 型普通车床电气控制电路分主电路、控制电路和辅助电路三部分。其电气原理图识读过程见表 6-2。

表 6-2 CA6140 型普通车床电气控制电路原理图识读过程

序号	识读任务	参考区位	电路组成	功能
1	识读电源电路	1	电源总开关 QF	总电源引入
2	识读主电路	1	FU	主轴电动机 M1 短路保护
		2	KM 主触点、FR1 热元器件、M1	主轴电动机 M1 运转控制及过载保护
		3	FU1	M2、M3 短路保护
			KA1 触点、FR2 热元器件、M2	冷却泵电动机 M2 运转控制及过载保护
		4	KA2 触点、M3	刀架快移电动机 M3 运转控制
3	识读控制电路	5	变压器 TC	提供控制电路电源、照明灯及指示电路安全电压
		6	FU2、FU3、FU4	控制电路、显示电路短路保护
			SB 钥匙开关、SQ2 动断触点、QF 线圈	断电保护
		7	SQ1	安全保护
		7、8	FR1、SB1、SB2、KM 触点及线圈	主轴电动机 M1 自锁控制及过载保护
		9	SB3、KA2 线圈	刀架快移点动控制
		10	FR2 动断触点，SB4、KM 触点 KA1 线圈	冷却泵控制及过载保护
4	识读照明及电源指示电路	11	HL	通电指示
		12	EL	照明灯

五、工作原理分析

1. 主电路分析

CA6140 型普通车床电气控制电路(主电路)原理图如图 6-4 所示。

电路中共有三台电动机。M1 为主轴电动机，带动主轴旋转和刀架的进给运动；M2 为冷却泵电动机，输送冷却液；M3 为刀架快速移动电动机。

将钥匙开关 SB 向右转动，再扳动断路器 QF 将三相电源引入。主轴电动机 M1 由接触器 KM 控制，熔断器 FU 实现短路保护，热继电器 FR1 实现过载保护，KM 还具有欠压保护和失压保护功能；冷却泵电动机 M2 由中间继电器 KA1 控制，热继电器 FR2 实现过载保护。刀架快速移动电动机 M3 由中间继电器 KA2 控制，熔断器 FU1 实现对电动机 M2、M3 和控制变压器 TC 的短路保护。

2. 控制电路分析

CA6140 型普通车床电气控制电路原理图如图 6-5 所示。

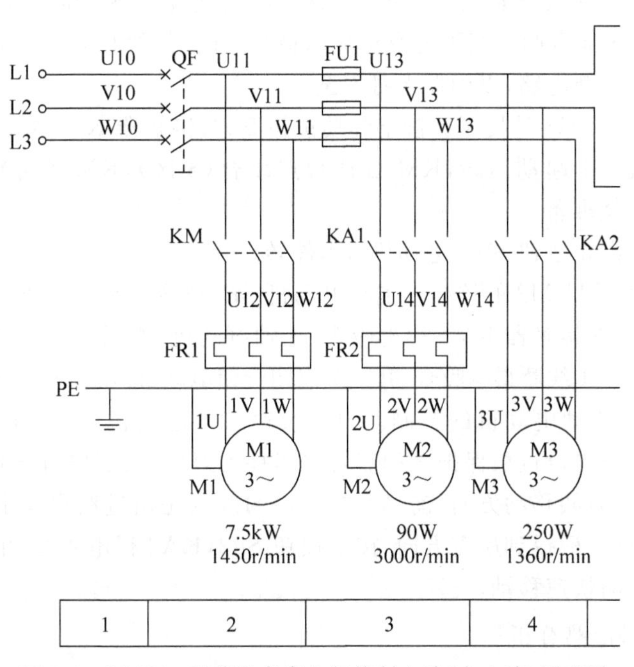

图 6-4 CA6140 型普通车床电气控制电路(主电路)原理图

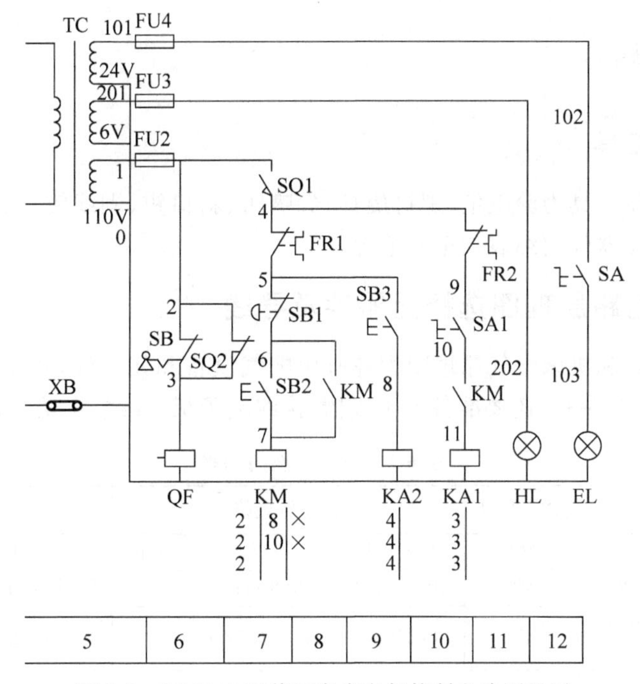

图 6-5 CA6140 型普通车床电气控制电路原理图

控制电路的电源由控制变压器 TC 的二次侧输出 110V 电压提供。在正常工作时，位置开关 SQ1 的动合触点处于闭合状态。当床头皮带罩被打开后，SQ1 动合触点断开，将控制电路切断，保证人身安全。在正常工作时，钥匙开关 SB 和位置开关 SQ2 是断开的，保证断路器 QF 能合闸。当配电盘壁龛门被打开时，位置开关 SQ2 闭合使断路器 QF 线圈得电，则自动切断电路，以确保人身安全。

(1) 主轴电动机 M1 的控制。按下起动按钮 SB2，接触器 KM 线圈得电吸合，KM 主触点闭合，电动机 M1 起动运转，KM 自锁触点闭合(8 区)，KM 动合辅助触点闭合(10 区)，为 KA1 得电做准备。

停车时，按下停止按钮 SB1，电动机 M1 停转。

(2) 冷却泵电动机 M2 的控制。主轴电动机 M1 与冷却泵电动机 M2 两台电动机之间实现顺序控制。在接触器 KM1 得电吸合、主轴电动机 M1 起动运转后，合上旋钮开关 SA1，中间继电器 KA1 线圈得电吸合，其主触点闭合使电动机 M2 起动运转，释放冷却液。

(3) 刀架快速移动电动机的控制。刀架快速移动电动机 M3 的控制电路为点动控制，因此在主电路中未设过载保护。如需要快速移动刀架，按下按钮 SB3，SB3 与 KA2 组成点动控制环节。刀架移动方向(前、后、左、右)的改变是由进给操作手柄配合机械装置来实现的。将操纵手柄扳到所需方向，按下按钮 SB3，KA2 得电吸合，电动机 M3 得电起动，刀架向指定方向快速移动。

3. 照明、信号电路分析

照明灯 EL 和指示灯 HL 的电源分别由控制变压器 TC 二次侧输出 24V 和 6V 电压提供。开关 SA 为照明灯开关。熔断器 FU3 和 FU4 分别作为指示灯 HL 和照明灯 EL 的短路保护。

一、准备工具

安装调试所需工具为验电笔、螺钉旋具、尖嘴钳、斜口钳、剥线钳、电工刀、万用表、图样(原理图图样、元器件明细表)、记号笔等。

二、根据电路原理图选择元器件及导线

按设备明细表和机床电气原理图配齐所用电气设备和元器件，并逐个检验其规格和质量是否合格，见表 6-3。还要准备若干线槽、接线端子板、导线、金属软管、编码套管等。

表 6-3 所需材料明细表

序号	名　称	文字符号	型号与规格	功　能	数量
1	主轴电动机	M1	Y132M-4-B3，7.5kW，1450r/min	主运动和进给运动	1
2	冷却泵电动机	M2	AOB-25，90W，3000r/min	驱动冷却泵	1
3	刀架快速移动电动机	M3	AOB5634，250W，1360r/min	刀架快速移动动力	1

续表

序号	名　　称	文字符号	型号与规格	功　　能	数量
4	热继电器	FR1	JR16-20/3D,15.4A	M1 的过载保护	1
5		FR2	JR16-20/3D,15.4A	M2 的过载保护	1
6	交流接触器	KM	CJ0-20B,线圈电压 110V	控制电动机 M1	1
7	中间继电器	KA1	JZ4-44,线圈电压 110V	控制电动机 M2	1
8		KA2	JZ4-44,线圈电压 110V	控制电动机 M3	1
9	熔断器	FU1	RL1-15,380V,15A,配 4A 熔体	M2、M3、TC 短路保护	3
10		FU2	RL1-15,380V,15A,配 1A 熔体	控制电路短路保护	1
11		FU3	RL1-15,380V,15A,配 1A 熔体	电源单元信号灯短路保护	1
12		FU4	RL1-15,380V,15A,配 2A 熔体	车床照明电路短路保护	1
13	按钮	SB1	LAY3-01ZS/1	M1 停止按钮	1
14		SB2	LAY3-10/3.11	M1 起动按钮	1
15		SB3	LA9	M3 起动按钮	1
16	旋钮开关	SA1	LAY3-10X-2	M2 控制开关	1
17		SB	LAY3-01Y/2	电源开关锁	1
18	挂轮架安全行程开关	SQ1	JWM6-11	断电保护	1
19	电气箱安全行程开关	SQ2	JWM6-11	断电保护	1
20	控制变压器	TC	JBK2-100,380V/110V/24V/6V	控制电源电压	1
21	信号灯	HL	ZSD-0,6	刻度照明	1
22	机床照明灯	EL	JC11	工作照明	1
23	开关	SA		照明灯开关	1
24	断路器	QF	AM2-40,20A	电源引入	

三、电路装接

(1) 根据表 6-3 选取所用元器件,并进行检测。

(2) 图 6-6 所示是 CA6140 型普通车床元器件实际位置图。

图 6-7 所示是 CA6140 型普通车床壁龛内元器件位置图,图 6-8 所示是车床外部元器件位置图。根据图 6-7 所示在网孔板上按车床壁龛内元器件实际位置模拟摆放元器件;根据图 6-8 所示在网孔板上按车床外部元器件实际位置模拟摆放元器件。根据电动机容量、电路走向及要求和各元器件的安装尺寸,正确选配导线的规格、导线通道类型和数量、接线端子板型号及节数、控制板、管夹、束节、紧固体等,按照位置图进行元器件的安装。要求:各元器件的安装位置应整齐、匀称、牢固、间距合理,便于元器件的更换。

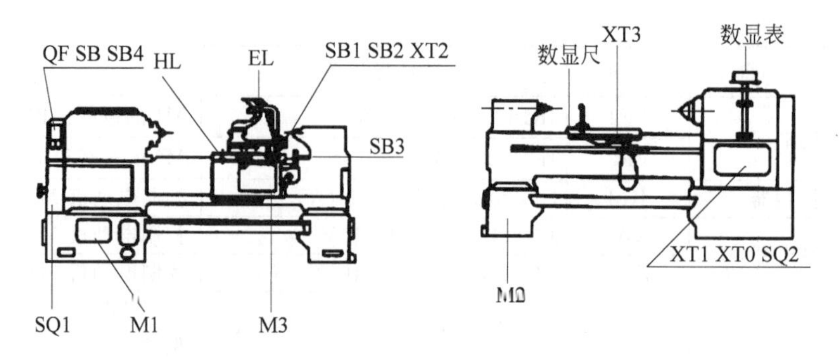

图 6-6 CA6140 型普通车床元器件位置图

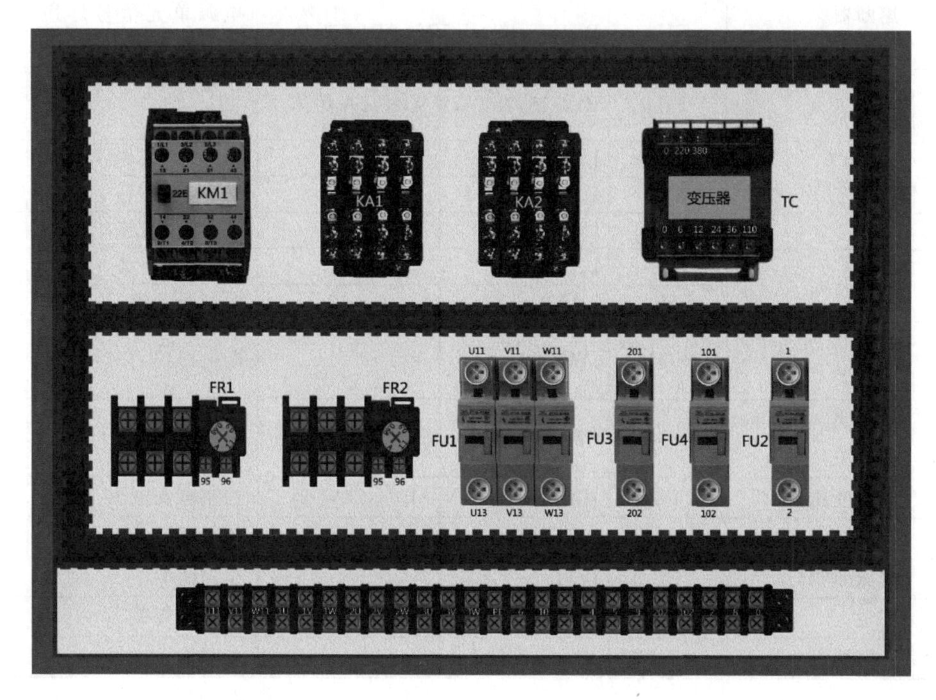

图 6-7 CA6140 型普通车床壁龛内元器件位置图

四、电路检修

(1) 检查元器件安装是否牢固。

(2) 检查布线。对照接线图检查是否掉线、错线，是否漏编或错编，接线是否牢固等。

(3) 检查热继电器等参数整定是否符合要求，热继电器参数按电动机额定电流整定；各级熔断器按元器件明细表选择。

(4) 使用万用表检查安装的电路(采用电阻测量法)。

(5) 检查供电。检查电源开关是否闭合、熔断器是否损坏等。

(6) 测试电动机及电路的绝缘电阻，清理安装场地。

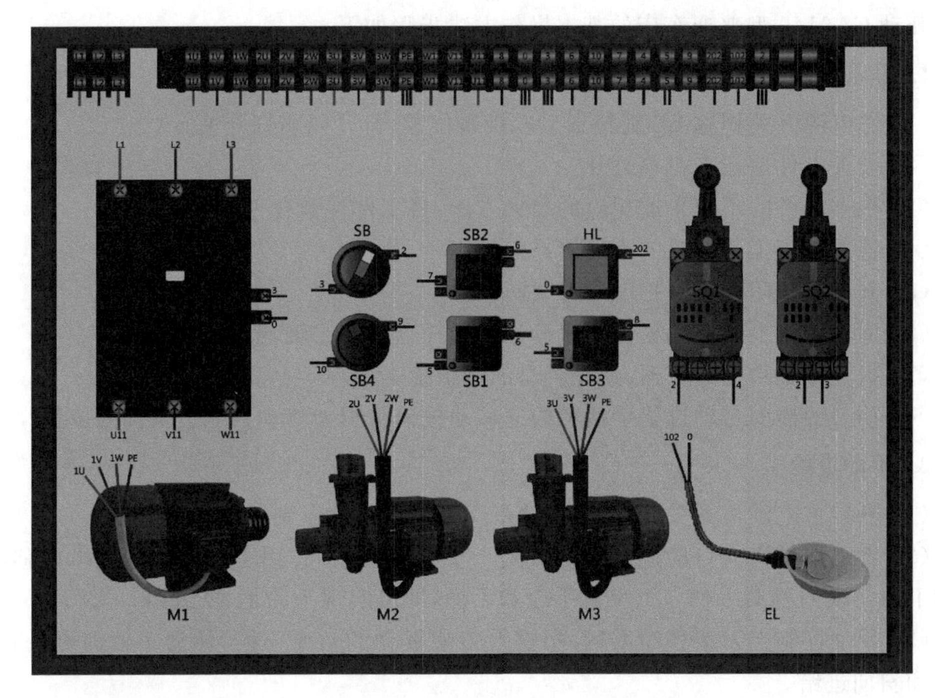

图 6-8 CA6140 型普通车床外部元器件位置图

五、电路通电调试

接线完毕经自检，检查确认安装的电路正确和无安全隐患后，检查设备接线和各熔断器，接好接地线，设备下方垫好绝缘垫，各个开关置于分断状态。在教师的指导下方可接入三相电源，验电后合上开关 QF 通电试运行。切记严格遵守安全操作规程，确保人身安全。

1. 控制电路试车

只对控制电路通电，观察各元器件动作是否正确。正确后，接入主电路，但不接电动机，再次观察各元器件动作是否正确，然后进行空载试车。

分别操作 SB、QF、SB2、SA1、SB3、SA，检查 HL、KM、KA1、KA2、EL 能否正常工作。最后按下 SB1 停止。若出现故障则断电排除故障，并记录运行和排除故障的情况。

2. 主电路通电试车

断开机械负载，分别连接电动机与端子，检查电动机运转情况是否正常。检查电动机旋转方向是否与工艺要求相同，检查电动机的空载电流是否正常；观察各元器件电路、电动机及传动装置工作情况是否正常，如不正常，应立即切断电源进行检查，在调整或修复后方能再次通电试车。经过一段时间的试运行观察及检查电动机，让电动机带上机械负载，再试车。

六、车床的模拟操作

在教师的监督指导下，按照以下操作方法，完成对车床的操作实训。

开动CA6140型普通车床的基本操作方法步骤如下。

1. 准备步骤

(1) 总电源开关钥匙SB旋转到ON接通位置,打开照明灯开关SA。

(2) 装夹工件前把卡盘罩打开。

(3) 根据工件的不同采取相应的装夹方法,将工件夹紧在卡盘上。

(4) 根据加工工件材料的不同选择刀具。

(5) 开车前关闭卡盘防护罩和刀架防护罩。

(6) 用主轴箱上的手柄根据转速标识牌选择合适的主轴转速。

(7) 扳动主轴箱上的手柄,选择合适的进给量。

(8) 用刀架横向自动进给手柄和快速移动按钮将刀架移动到靠近工件的位置。

2. 手动进给

(1) 开启主电动机开关SB2,把主轴正反转操作手柄扳到正转,主轴起动。

(2) 将刀架纵横向自动进给手柄扳到十字开口槽中间,用手动控制床鞍纵向移动手轮和下刀架横向移动手柄,正、反转手轮和手柄,即可实现手动正、反进给。

(3) 手动控制上刀架移动手柄,根据上刀架扳动的角度不同,转动手柄即可进行纵、横向和斜向进给。

3. 自动进给

(1) 开启主电动机开关SB2,将主轴正、反转操作手柄扳到正转,主轴起动。

(2) 手动控制床鞍纵向移动手轮和下刀架横向移动手柄进行校正刀具和工件的距离。

(3) 扳动刀架纵横向自动进给手柄即可进行横向的正、反自动进给,将手柄扳到十字开口槽中间,进给停止。

(4) 当操纵过程中需要刀架快速移动时,可按手柄顶部按钮SB3,松开按钮,快速停止。

4. 停机操作

(1) 用刀架纵横向自动进给手柄,将刀架移动到靠近床尾端,横向移动到靠近手柄端。

(2) 将主轴正、反转手柄扳到中间位置。

(3) 按下电动机停止按钮SB1,使电动机停止转动。

(4) 如使用冷却功能,将冷却泵开关扳到关的位置"OFF"。

(5) 将照明灯开关SB关闭。

(6) 将电源总开关转到OFF断开位置。

检查评价

按照工作任务的训练要求完成工作任务,技能训练评价见表6-4。

表 6-4 技能训练评价

班级		姓名		指导教师		总分		
项目及配分	考核内容			评分标准		小组自评	小组互评	教师评价
装前检查(15分)	1. 按照原理图选择器件。 2. 用万用表检测器件			1. 元器件选择不正确,扣5分。 2. 不会筛选元器件,扣5分。 3. 电动机质量漏检,扣5分				
安装元器件(20分)	1. 读懂原理图。 2. 按照布置图进行电路安装。 3. 安装位置应整齐、匀称、牢固、间距合理,便于元器件的更换			1. 读图不正确,扣10分。 2. 电路安装不正确,扣5～10分。 3. 安装位置不整齐、不匀称、不牢固或间距不合理,每处扣5分。 4. 不按布置图安装,扣15分。 5. 损坏元器件,扣15分				
布线(25分)	1. 布线时应横平竖直,分布均匀,尽量不交叉,变换走向时应垂直。 2. 剥线时严禁损伤导线线心和绝缘层。 3. 接线点或接线柱严格按要求接线			1. 不按原理图接线,扣20分。 2. 布线不符合要求,每根扣5～10分。 3. 接线点(柱)不符合要求,扣5分。 4. 损伤导线线心或绝缘层,每根扣5分。 5. 漏线,每根扣2分				
电路调试(20分)	1. 会使用万用表测试控制电路。 2. 完成电路调试使电动机正常工作			1. 测试控制电路方法不正确,扣10分。 2. 调试电路参数不正确,每步扣5分。 3. 电动机不转,扣5～10分				
检修(10分)	1. 检查电路故障。 2. 排除电路故障			1. 查不出故障,扣10分。 2. 查出故障但不能排除,扣5分				
职业与安全意识(10分)	1. 工具摆放、工作台清理、余废料处理。 2. 严格遵守操作规程			1. 工具摆放不整齐,扣3分。 2. 工作台清理不干净,扣3分。 3. 违章操作,扣10分				

任务小结

通过本任务的学习,学会识读CA6140型普通车床电气控制线路的电路原理图、元器件位置图、电气互连图,掌握CA6140型普通车床控制电路的安装、调试、检查电路的基本方法以及该控制电路一般故障的查找和排除的方法。

任务 6.2 CA6140 型普通车床电气控制系统的一般故障排除

能够对 CA6140 型普通车床进行模拟电气操作，能正确使用万用表对电气控制系统进行有针对性的检查测试和维修。熟悉故障分析和排除的方法和步骤，掌握 CA6140 型普通车床电气控制系统的检修方法。

在学习过程中，教师设置故障，由易到难、循序渐进，逐渐加大故障难度，根据故障现象进行诊断，逐步学会检修。

CA6140 型普通车床在使用一段时间后，由于机械磨损、电路老化、电气磨损或操作不当等原因不可避免地会导致车床电气设备发生故障，从而影响机床正常使用。CA6140 型普通车床的主要控制是对主轴电动机、冷却泵电动机和快速移动电动机的控制，本任务主要分析和排除 CA6140 型普通车床主轴电动机起动、冷却泵电动机起动和快速移动电动机起动的常见故障。

 知识链接 CA6140 型普通车床的故障分析

一、主电路故障分析

1. 主轴电动机故障

CA6140 型普通车床电气控制线路主电路原理图如图 6-4 所示。

电路中共有三台电动机。M1 为主轴电动机，带动主轴旋转和刀架的进给运动；M2 为冷却泵电动机，输送冷却液；M3 为刀架快速移动电动机。

(1) 按下起动按钮 SB2，主轴电动机 M1 不能起动。若接触器 KM 吸合，主轴电动机仍然不能起动，故障发生在主电路。检查故障时，应先立即切断电源，不要通电测量，以免扩大故障范围，可以采用电阻法进行测量。若接触器 KM 不吸合，则先检查控制电路。

(2) 主轴电动机 M1 起动后不能自锁。合上 QF，检查 6—7 之间的电压，电压不正常，连线 6、7 端；电压正常，检查 KM 动合辅助触点。

(3) 主轴电动机 M1 不能停止。断开 QF，检查 KM 能否立即释放，能立即释放，则停止按钮 SB1 被击穿，或使 5—6 两点连线短路；KM 不能释放，KM 主触点熔焊，延时一段时间释放，KM 铁心端面被油垢粘牢。

(4) 主轴电动机 M1 运行中停车。一般是过载保护 FR1 动作，原因可能是电源电压不平衡或过低；整定值小，负载过重等。

2. 冷却泵电动机故障：冷却泵电动机 M2 不能起动

可以先查看主轴电动机能否起动。若主轴电动机正常，可以用电压测量法查找 FR2 动断触点、SA1 动合触点、KM 动合触点、KA1 线圈及其之间连线是否有故障。

二、控制电路故障分析

CA6140 型普通车床电气控制线路原理图如图 6-5 所示。

1. 信号灯回路故障

合上配电箱壁龛门，插入钥匙开关旋至接通位置，合上 QF，如果电源信号灯不亮，打开壁龛门，压下 SQ2 传动杆，合上 QF，若 TC 一次侧电压为 380V，U11、V11、W11 线电压为 380V，则为 FU1 故障，若 U11、V11、W11 线电压不是 380V，而 QF 进线电压为 380V，则是 QF 故障，若 QF 进线电压不为 380V，则是电源故障；若 TC 一次侧电压不是 380V，检查 201—0 电压是否为 6V，若为 6V，检查 202—0 电压是否为 6V，若是 6V，则是信号灯 HL 损坏或连线故障，若不是 6V，则是 FU3 故障；若 201—0 电压不是 6V，则是 TC 6V 二次故障。

2. 照明灯回路故障

合上 QF，扳动旋钮 SA 至接通位置，EL 灯不亮。可以先检查信号灯是否正常，如果信号灯也不亮，先按上述信号灯回路故障检查方法检查回路，如果信号灯正常，则接通 SA，若 EL 不亮，检查 101—0 电压是否为 24V，若不是 24V，则是 TC 24V 二次绕组故障；若 101—0 电压为 24V，检查 102—0 电压是否为 24V，若不是 24V，则是 FU4 故障，若 102—0 电压是 24V，检查 103—0 电压是否为 24V，是 24V，则是灯泡 EL 损坏或连线故障，若 103—0 电压不是 24V，则是 SA 接触不良。

3. 按下 SB3，快速移动电动机不能起动

先检查信号回路、照明回路是否正常，若不正常，则查找电源回路故障；若正常，检查主轴是否正常起动，若能起动，检查 8—0 电压是否为 110V，是 110V，则是 KA2 线圈故障，若不是 110V，检查 SB3 动合触点；若主轴不能起动，检查传送带罩是否合上，若已经合上，检查 FR1 动断触点。

一、准备工作

(1) 检查各元器件的接线是否牢固，各熔断器是否安装良好。

(2) 独立安装好接地线，设备下方垫好绝缘垫，将各个开关置于分断位置。

(3) 接入三相电源。

(4) 在不设故障的情况下操作 CA6140 型普通车床，熟悉车床的各种工作状态及操作方法，参考电气原理图，按步骤正确进行操作，确保设备安全。

① 将带漏电保护装置的低压断路器 QF 合上，电源指示灯亮。

② 按下 SB3,快速移动电动机 M3 工作。

③ 按下 SB2,再合上 SA1,冷却泵电动机 M2 工作,相应指示灯亮,断开 SA1,M2 停车。

④ 按下 SB2,主轴电动机 M1 起动,按下 SB1,主轴电动机 M1 断电停转。

二、教师人为设置自然故障点

1. 电气故障的设置原则

(1) 人为设置的故障点必须是模拟车床在使用过程中由于振动、受潮、高温、异物侵入、电动机长期过载运行、频繁起动、安装质量低劣和调整不当等原因造成的“自然”故障。

(2) 切忌设置改动电路、换线、更换电气元器件等由于人为原因造成的“非自然”故障点。

(3) 故障点的设置应做到隐蔽且设置方便,除简单控制电路外,两处故障点一般不宜设置在单独支路或单一回路中。

(4) 对设置一个以上故障点的电路,其故障现象应尽可能不要相互掩盖。学生在检修时,虽检查思路尚清楚,但花去规定时间的 2/3 还查不出一个故障点时,可适当提示。

(5) 应尽量不设置容易造成人身伤害或设备事故的故障点,如有必要,教师必须在现场密切注意学生的检修动态,随时做好采取应急措施的准备。

(6) 设置的故障点必须与学生应该具有的修复能力相适应。

2. 故障图及故障设置说明

设置故障和排除故障的训练是一种实践性极强的技能训练,采用“触点”绝缘、设置假线、导线头绝缘等方式,形成电气故障。训练者在通电运行明确故障后进行分析,在切断电源、无电状态下,使用万用表检测直至排除电气故障,从而掌握电路维修的基本要领。实际设置故障形式可以多样,可按教学对象的不同而定。CA6140 型普通车床的常见故障及处理方法见表 6-5。

表 6-5 CA6140 型普通车床的常见故障及处理方法

故障现象	可能原因	处理方法
断路器 QF 合不上	1. 电气箱门没有合上(SQ2 不能压合)。 2. 钥匙式电源开关未转到 SB 断开位置	1. 关好电气箱门。 2. 将 SB 转到 SB 断开位置
电源指示灯亮,但各电动机均不能起动	1. FU2 熔断或接触不良。 2. 皮带箱没有罩好,位置开关 SQ1 没有压合	更换熔体或关好皮带箱,使 SQ1 压合
电源正常,KM 不吸合,主轴电动机不起动	1. FU2 熔断或接触不良。 2. FR1 已动作,动断触点没有复位。 3. 动断触点断开或接触不良。 4. KM 线圈断线或触点接触不良。 5. SB1、SB2 接触不良、按钮控制电路有断线或电路导线断开或接触不良。 6. 主轴电动机 M1 故障	1. 更换熔心或旋紧 FU2。 2. 检查 FR1 动作原因及动断触点并复位。 3. 更换修复 KM,如卡死应拆下重装。 4. 检查按钮。 5. 检查导线。 6. 检查电动机 M1

续表

故障现象	可能原因	处理方法
电源正常，KM能吸合，但主轴电动机不能起动	1. KM主触点接触不良。 2. FR电阻丝烧断。 3. 电动机损坏，接线脱落或绕组断线	1. 打磨主触点。 2. 更换FR。 3. 检查电动机绕组、接线，修复
KM能吸合，但不能自锁（只能点动）	KM的自锁触点接触不良或接头松动	1. 检查KM的自锁触点并修复，紧固。 2. 检查按钮接线，并修复
主轴电动机缺相运行（电动机转速极低甚至不转，并发出“嗡嗡”声）	1. 电源缺相（FU一相熔断；三相开关一相接头接触不良）。 2. KM有一相接触不良。 3. FR电阻丝烧断。 4. 电动机损坏，接线脱落或绕组断线。请立即切断电源，否则会烧坏电动机	1. 用万用表检测电源是否缺相，并修复。 2. 更换KM。 3. 更换FR。 4. 检查电动机绕组、接线脱落，并修复
主轴电动机不能停转（按SB1电动机不停转）	1. KM主触点熔焊、衔铁卡死。 2. KM铁心面有油污灰尘使衔铁粘住。 3. 停止按钮SB1动断触点被卡住	1. 切断电源使电动机停转，更换KM或检修机械卡阻。 2. 将KM铁心油污灰尘擦干净。 3. 修复或更换
冷却泵电动机M2不能起动	1. 主轴电动机M1没有起动。 2. 熔断器FU1熔断。 3. 旋钮开关SB4触点损坏。 4. FR2已动作或动断触点损坏。 5. KA1触点损坏或线圈断开。 6. M2损坏	1. 起动主轴电动机。 2. 更换FU1的熔体。 3. 更换SB4将FR2复位或更换FR2。 4. 将FR2复位或更换FR2。 5. 更换KA1。 6. 更换M2
刀架快速移动电动机M3不能起动	1. 熔断器FU1熔断。 2. KA2触点损坏或线圈断开。 3. 按钮SB3触点损坏。 4. M3损坏	1. 更换FU1的熔体。 2. 更换后仍不能起动，应考虑电动机内部故障。 3. 更换SB3。 4. 更换M3
指示灯不亮	1. FU3熔断。 2. 灯开关或照明灯泡损坏。 3. 变压器TC绕组断线或松脱、短路	1. 更换熔丝或灯泡。 2. 用万用表检测变压器绕组，并修复。 3. 更换TC
照明灯不亮	1. FU4熔断。 2. 灯开关SA或照明灯泡EL损坏。 3. 变压器TC绕组断线或松脱、短路	1. 更换熔丝或灯泡EL。 2. 用万用表检测变压器绕组，并修复。 3. 更换TC

三、排除故障的技能训练步骤

(1) 先熟悉原理，再进行通电试车操作。

(2) 熟悉电气元器件的安装位置，明确各电气元器件的作用。

（3）教师示范故障分析检修过程（故障可人为设置）。

（4）教师设置简单的故障点，指导学生如何从故障现象着手进行分析，逐步引导到采用正确的检查步骤和检修方法。

（5）教师设置人为的自然故障点，由学生检修。

四、排除故障的技能训练要求

（1）学生应根据故障现象，先在原理图中正确标出最小故障范围的线段，然后采用正确的检查和排除故障方法并在规定时间内排除故障。

（2）排除故障时，必须修复故障点，不得采用更换电气元器件、借用触点及改动电路的方法。否则，作为不能排除故障点扣分。

（3）检修时，严禁扩大故障范围或产生新的故障，并不得损坏电气元器件。

注意：

（1）设备应在指导教师指导下操作，安全第一。设备通电后，严禁在电器侧随意扳动电器。进行故障排除训练时，尽量采用不带电检修。若需要带电检修，必须有指导教师在现场监督。

（2）必须安装好各电动机、支架接地线，设备下方垫好绝缘橡胶垫，厚度不小于8mm。操作前要仔细查看各接地线端有无松动或脱落，以免通电后发生意外或损坏电器。

（3）在操作中若发出不正常声响，应立即断电，查明故障原因，待修。故障噪声主要来自电动机缺相运行及接触器、继电器吸合不正常等。

（4）发现熔断器熔断，找出故障后，方可更换同规格熔断器。

（5）在维修设备故障时不要随便互换线端处号码管。

（6）操作时用力不要过大，速度不宜过快，操作频率不宜过高。

（7）实训结束后应拔出电源插头，将各开关置于分断位置。

（8）做好实训记录。

五、设备维护

（1）操作中，若设备发出较大噪声要及时处理。如接触器发出较大"嗡嗡"声，一般可将该电器拆下，修复后使用或更换新电器。

（2）设备在经过一定次数的排除故障训练后，可能会出现导线过短的情况，一般按电气原理图进行第二次接线后，便可重复使用。

（3）更换电器配件或新电器时应按原型号配置。

（4）电动机在使用一段时间后，需加少量润滑油，做好电动机保养工作。

设置两个故障点，技能训练评价见表6-6。

表 6-6　技能训练评价

考核项目	配分	评分标准	扣分
元器件检查安装	5	1. 元器件漏检或错误,每处扣 1 分。 2. 不按接线图安装元器件,扣 1 分。 3. 元器件安装不牢固,每处扣 1 分。 4. 元器件安装不整齐、不均匀、不合理,每处扣 1 分。 5. 损坏元器件,每处扣 1 分	
电路安装	20	1. 不按图接线,扣 2 分。 2. 布线不合理、不美观,每根扣 1 分。 3. 线头松动、压绝缘层、反圈、露铜过长,每处扣 1 分。 4. 损伤导线绝缘或线心,每根扣 1 分。 5. 错编、漏编号,每处扣 1 分	
通电试车	20	1. 配错熔管,每处扣 1 分。 2. 整定电流调整错误,扣 1 分。 3. 一次试车不成功,扣 5 分。 4. 二次试车不成功,扣 10 分。 5. 三次试车不成功,扣 20 分	
故障分析	30	1. 故障叙述不正确、不全面,扣 3 分。 2. 不会分析故障范围,扣 5 分。 3. 错标电路故障点,扣 5 分	
故障排除	20	1. 停电不验电,扣 3 分。 2. 工具和仪表使用方法不正确,扣 2 分。 3. 检测方法、步骤错误,扣 5 分。 4. 不能查出故障点,扣 10 分。 5. 查出故障,但不能排除,扣 10 分。 6. 排除故障过程中产生新故障,扣 20 分。 7. 损坏电动机、元器件,扣 20 分	
安全生产	5	1. 漏接地线,每处扣 5 分。 2. 发生安全事故,扣 5 分。 3. 违反安全文明操作规程(视实际情况进行扣分)	

任务小结

通过本任务的学习,学会对 CA6140 型普通车床电气控制线路一般故障的检查、分析和排除的基本方法,能够正确使用万用表对电气控制系统进行检查、测试,掌握 CA6140 型普通车床电气控制系统的检修方法。

项目总结

通过本项目的学习,帮助学生了解 CA6140 型普通车床的主要结构、主要运动形式、电力拖动特点及电气控制要求,理解其工作原理;掌握机床电气设备安装步骤及工艺要求,学会 CA6140 型普通车床电气控制线路的安装、调试;掌握电气设备常见故障测量诊断及故障的检修方法,学会对 CA6140 型普通车床电气控制线路进行一般故障的排除。

思考与练习

一、填空题

1. CA6140 型普通车床主轴电动机 M1 和冷却泵电动机 M2 采用________控制方式,即只有________起动后 M2 才能起动,如 M1 停转,则 M2 ________。

2. CA6140 型普通车床电路图中,控制变压器能够提供________、________、________三种电压,其中控制电路的电压为________ V,照明电路的电压为________ V,指示灯的电压为________ V。

3. CA6140 型普通车床的刀架快速移动电动机 M3 采用________控制方式,由________继电器来控制;因其是短时工作,所以________过载保护。

4. CA6140 型普通车床的主轴电动机 M1 的起动与停止分别由按钮________、________控制,主轴的正反转是由________实现的。

5. CA6140 型普通车床正常工作时,位置开关 SQ1 的动合触点处于________状态;钥匙开关 SB 和位置开关 SQ2 的动断触点处于________状态。

6. CA6140 型普通车床的切削运动包括工件的________运动和刀具的________运动。

7. CA6140 型普通车床的主轴运动和进给运动采用________台电动机控制。

二、选择题

1. CA6140 型普通车床的主轴电动机 M1 过载保护采用(　　),短路保护采用(　　),失压保护采用(　　),欠压保护采用(　　)。

A. 接触器自锁　　B. 熔断器　　C. 热继电器　　D. 接触器线圈

2. CA6140 型普通车床主轴电动机若有一相断开,会发出"嗡嗡"声,转矩下降,可能导致(　　)。

A. 电动机烧坏　　B. 控制电路烧坏　　C. 电动机加速运转

3. CA6140 型普通车床控制电路的电源是通过变压器(　　)引入到熔断器 FU2。

A. TC　　B. KM　　C. KT　　D. SB

4. 逐步短接法只能用于检查(　　)。

A. 导线与元器件接触不良的故障　　B. 熔断器故障

C. 负载本身断路或接触不良的故障

5. 逐步短接法不能用于检查(　　),否则易造成短路事故。

A. 非等电位点　　B. 等电位点

三、简答题

1. CA6140 型普通车床电气控制线路中,若接触器 KM 有一对主触点接触不良,会出现什么现象?如何解决?

2. 在 CA6140 型普通车床电气控制线路中，为什么对快速移动电动机 M3 没有进行过载保护？

3. 简述 CA6140 型普通车床主轴电动机与冷却泵电动机的电气控制关系？

4. CA6140 型普通车床电气控制具有哪些保护？分别是由哪些元件实现的？

5. 在 CA6140 型普通车床中，若主轴电动机 M1 只能点动，则可能的故障原因是什么？在此情况下，冷却泵是否正常工作？

6. CA6140 型普通车床的主轴是怎样实现正反转控制的？

7. CA6140 型普通车床的主轴电动机因过载自动停车后，操作者立即按起动按钮，但电动机不能起动，试分析可能的原因。

8. 为什么 CA6140 型普通车床的主轴电动机用交流接触器控制，而另外两台电动机用中间继电器控制？

9. CA6140 型普通车床中 SQ1、SQ2 各起什么作用？

项目 7

M7130型平面磨床控制电路的安装、调试与故障排除

熟悉 M7130 型平面磨床的主要结构、主要运动形式及电气控制要求。

识读控制电路原理图，并会分析工作原理；能按 M7130 型平面磨床控制电路图正确安装与调试电气控制系统；能初步诊断 M7130 型平面磨床电气控制系统的简单故障，并进行故障排除。

培养学生观察能力、团队合作能力、专业技术交流的表达能力；培养学生具有解决实际问题的工作能力，并具备安全生产和环保意识等职业素养。

任务 7.1　M7130 型平面磨床电气控制线路的安装与调试

电气控制系统在机械设备中起着神经中枢的作用。通过对电动机的控制，能拖动生产机械，实现各种运动状态达到加工生产的目的。不同或相同类型的生产机械设备，由于各自的工作方式、工艺要求不同，其电气控制系统也不相同。M7130 型平面磨床是工业生产中又一种最常见的机床。根据 M7130 型平面磨床电气原理图、电力拖动特点及其控制要求，通过对 M7130 型平面磨床控制电路的安装、调试，掌握对机床进行故障分析、判断和排除的方法，完成 M7130 型平面磨床控制电路的安装、调试及一般故障的排除。

M7130型平面磨床是使用砂轮周边或端面对工件表面进行加工的精密机床。它不但能加工一般的金属材料，还能加工一般刀具不能加工的硬质材料，如淬火钢、硬质合金等。M7130型平面磨床因其结构简单、操作方便、磨削精度和光洁度都比较高，所以使用较为普遍。本任务目标是掌握M7130型平面磨床的主要结构和运动形式；正确识读M7130型平面磨床电气控制线路原理图以及正确操作方法；调试M7130型平面磨床。

知识链接 M7130型平面磨床的主要结构、主要运动形式及工作原理分析

磨床是用砂轮的周边或端面对工件的表面进行机械加工的一种精密机床，它可以加工各种表面，如平面、内外圆柱面、圆锥面和螺旋面。通过磨削，使工件表面的形状、精度、光洁度等达到预期的要求，同时，它还可以进行切断加工。磨床的种类很多，根据用途不同可分为平面磨床、内圆磨床、外圆磨床、工具磨床和各种专用磨床等，其中尤以平面磨床应用最为广泛。平面磨床又分为卧轴磨床、立轴磨床、矩台磨床、圆台磨床。本项目以M7130型平面磨床为例进行分析。

磨床型号及含义：

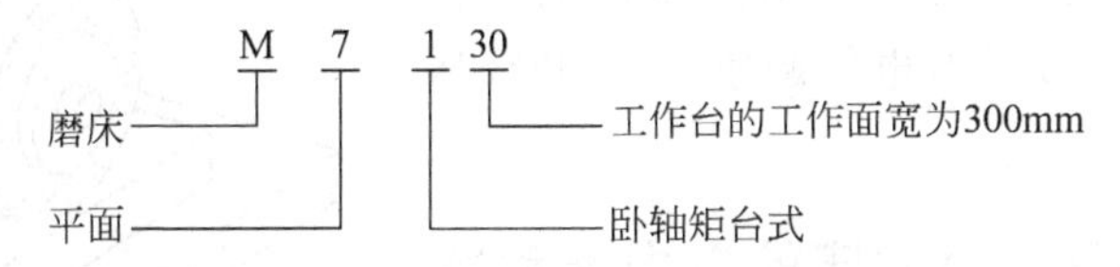

一、主要结构和运动形式

1. 主要结构

M7130型平面磨床外形如图7-1所示，其主要结构如图7-2所示，主要由床身、矩形工作台、电磁吸盘、砂轮箱(又称磨头)、滑座、立柱等部分组成。

2. M7130型平面磨床的运动形式

M7130型平面磨床的运动示意图如图7-3所示。主运动是砂轮的旋转运动。进给运动有垂直进给、横向进给、纵向进给。垂直进给是滑座在立柱上的上下运动；横向进给是砂轮箱在滑座上的水平运动；纵向进给即工作台沿床身的往复运动。工作台每完成一次纵向往复运动时，砂轮箱便做一次间断性横向进给，从而能连续地加工工件表面，当加工完整个平面后，砂轮箱便作一次间断性垂直进给，称为吃刀运动(在垂直于工件表面的方向移动一次)。通过吃刀运动可将工件加工到所需的尺寸。

辅助运动是指砂轮箱在滑座水平导轨上做快速横向移动；滑座沿立柱上的垂直导轨做快速垂直移动；工作台往复运动速度的调整等。

图 7-1　M7130 型平面磨床

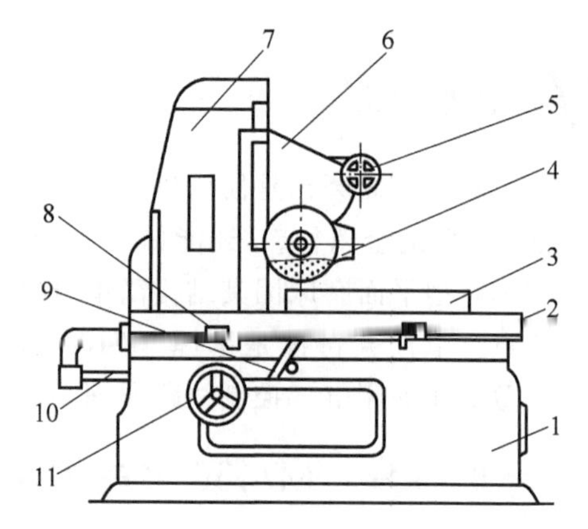

图 7-2　M7130 型平面磨床结构图

1—床身；2—工作台；3—电磁吸盘；4—砂轮箱；5—砂轮箱横向移动手柄；6—滑座；7—立柱；8—工作台换向撞块；9—工作台往复运动换向手柄；10—活塞杆；11—砂轮箱垂直进刀手柄

M7130 型平面磨床主运动是砂轮的快速旋转运动，由砂轮异步电动机 M1 带动。M1 可直接起动，没有电气调速要求，也不需要反转。进给运动有工作台的纵向往复运动和砂轮的横向进给运动，采用液压传动完成。由液压泵电动机 M3 驱动液压泵，对 M3 没有电气调速、反转和降压起动要求。

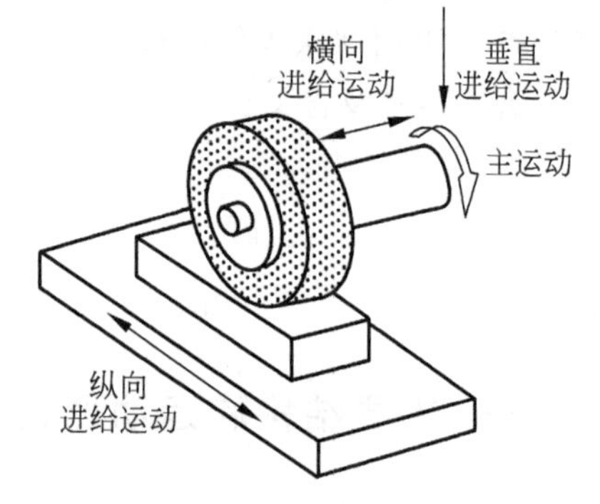

图 7-3　M7130 型平面磨床的运动示意图

二、M7130 型平面磨床的电力拖动特点及控制要求

M7130 型平面磨床采用 3 台电动机拖动：砂轮电动机 M1 拖动砂轮旋转；液压泵电动机 M3 驱动油泵，经液压传动机械完成工作台往复运动并实现砂轮的横向自动进给，同时承担工作台导轨的润滑；冷却泵电动机 M2 拖动冷却泵，供给磨削加工时需要的冷却液，同时冷却液带走磨下的铁屑。M7130 型平面磨床的电力拖动控制要求如下。

（1）3 台电动机都要求单方向旋转，且不需要调速，由于 3 台电动机容量都不大，可采用全压起动。

（2）冷却泵电动机 M2 应随着砂轮电动机 M1 的起动而开动，即 M1、M2 顺序控制。若加工中不需要冷却液，则可单独关断 M2。

（3）工作台的往复运动。工作台在液压作用下做纵向往复运动。

（4）砂轮的横向进给。可由液压传动，也可用手轮控制。

（5）砂轮的升降运动。通过手轮控制机械传动装置来实现。

（6）电磁吸盘的控制。根据工件的尺寸大小和结构形状，可以把工件用螺钉和压板直接固定在工作台上，也可以在工作台上安装电磁吸盘，将工件吸附在电磁吸盘上。为此电磁吸盘要求有充磁、断开励磁和退磁控制电路。为保证安全，电磁吸盘与电动机之间有电气联锁装置，即电磁吸盘吸合后，电动机才能起动。电磁吸盘不工作或发生故障时，电动机均不能起动，并能在电磁吸力不足时利用欠电流继电器 KA 使磨床停止工作。不加工时，允许电动机起动，机床作调整工作。

(7) 应具有完善的保护环节，如电动机的短路保护、过载保护、零电压保护、电磁吸盘吸力不足时利用欠电流保护。电磁吸盘的直流电源通过 T1 降压整流得来。

(8) 照明灯电源通过 T2 降压取得。

M7130 型平面磨床的电力拖动形式及控制要求见表 7-1。

表 7-1　M7130 型平面磨床的电力拖动形式及控制要求

运动种类	运动形式		控制要求
主运动	砂轮的旋转运动		选用三相异步电动机 M1，不需要调速，单向旋转
进给运动	垂直进给	即滑座在立柱上的上下运动	通过操作手轮控制机械传动装置实现
	横向进给	即砂轮箱在滑座上的水平运动（吃刀运动）	可液压传动或手轮操作
	纵向进给	即工作台沿床身的往复运动	由液压泵电动机 M3 通过液压传动完成单向旋转
辅助运动	工件的吸持和松开		电磁吸盘的控制要求有充磁和退磁控制环节；电磁吸盘与 3 台电动机之间的电气联锁，当电磁吸盘吸合后才能起动
	加工过程的冷却		由 M2 拖动冷却泵旋转提供给砂轮和工作冷却液。要求 M1、M2 顺序控制，M2 随着 M1 运动，单向旋转，不需要调速
	保护		必须有过载、短路、欠电流、失压保护功能

三、电路构成

根据电气控制线路原理图绘图原则，识读图 7-4 所示的 M7130 型平面磨床电气控制线路，明确电路所用电气元器件及它们之间的连接关系。

M7130 型平面磨床电气控制线路分主电路、控制电路和辅助电路 3 部分。

在原理图的上部按电路功能分区，标明每个区电路的作用。底边按顺序分 17 个区，其中 1 区为电源开关及全电路短路保护，2～4 区为主电路部分，5～9 区为控制电路部分，10～15 区为电磁吸盘电路部分，16 和 17 区为照明电路部分。

M7130 型平面磨床电气控制线路原理图识读过程见表 7-2。

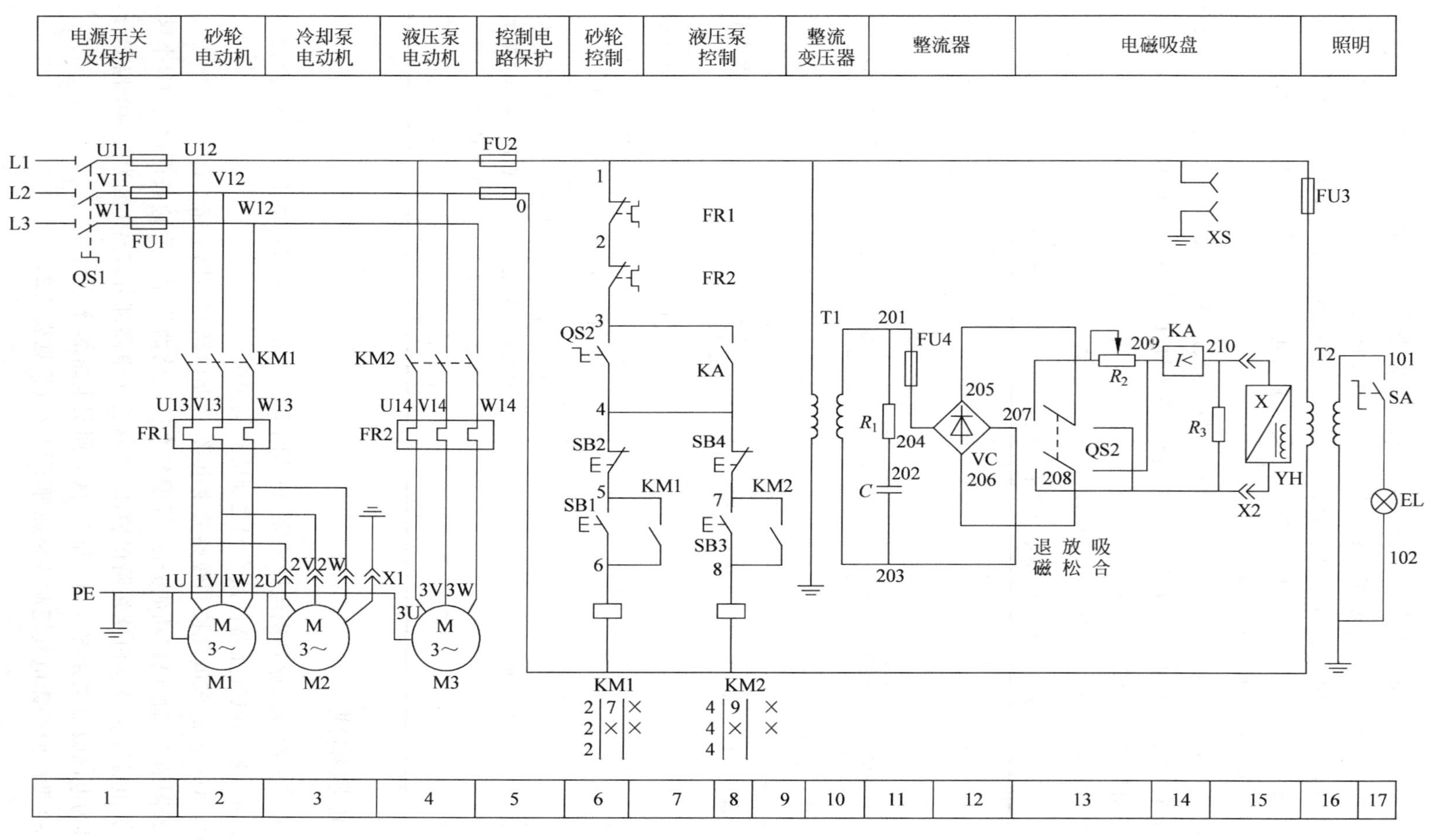

图 7-4 M7130 型平面磨床电气控制线路原理图

表 7-2　M7130 型平面磨床电气控制线路原理图识读过程

序号	识读任务	参考区位	电路组成	功　能
1	读电源电路	1	QS1	全电路电源引入开关
			FU1	全电路短路保护
2	识读主电路	2、3	KM1 主触点、FR1 热元器件、M1、M2	砂轮电动机 M1 和冷却泵电动机 M2 运转控制及过载保护
		4	KM2 主触点、FR2 热元器件、M3	液压泵电动机 M3 运转控制及过载保护
3	识读电动机控制电路	5	FU2	控制电路短路保护
		6、7	FR1 和 FR2 动断触点 SB1、SB2、QS2、KM1 动合触点、KM1 线圈	砂轮电动机 M1、冷却泵电动机 M2 自锁控制
		8	KA 动合触点	欠电流保护
		8、9	SB3、SB4、KM2 动合触点、KM2 线圈	液压泵电动机 M3 自锁控制
4	识读电磁吸盘电路	9	整流变压器 T1	提供电磁吸盘整流电源
		10	R_1、C 阻容吸收电路	过电压保护
		11	FU4	整流桥 VC 交流侧短路保护
		12	整流桥 VC	提供电磁吸盘的直流电源
		13	退磁开关 QS2	电磁吸盘状态选择
			R_2	退磁电流大小调节
		14	欠电流继电器 KA	电磁吸盘弱磁保护
			R_3	YH 线圈放电电阻
			插头插座 XS	退磁器用
			电磁吸盘插头插座 X2	电磁吸盘用
		15	电磁吸盘 YH	磨床夹具
5	识读辅助电路	16	FU3	照明短路保护
			变压器 T2	提供照明电路安全电压
		17	SA、EL	照明控制

四、工作原理分析

1. 主电路分析

如图 7-5 所示，主电路共有 3 台异步电动机，其中 M3 拖动高压液压泵提供压力油，液压系统传动机构完成工作台的往复运动及砂轮的横向进给运动；砂轮电动机 M1 拖动砂轮旋转对工件进行磨削加工；冷却泵电动机 M2 拖动冷却泵供给磨削时所需的冷却液。

M1 由 KM1 的主触点控制，由于 M2 必须在 M1 运转后才能起动，因此由同一接触器 KM1 的主触点控制，即采用主电路顺序控制。FR1 是其过载保护。M2 由插头 X1 与三相电源相接，在需要提供冷却液时才插上。M3 由 KM2 主触点控制，其过载保护由 FR2 完成。三台电动机均为单向控制。

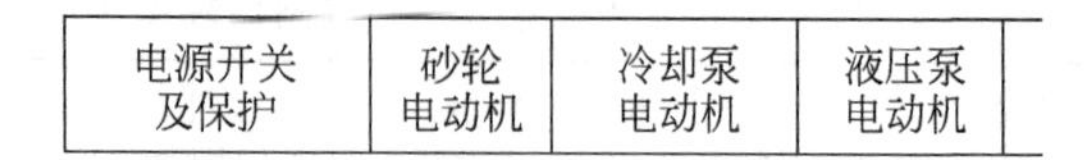

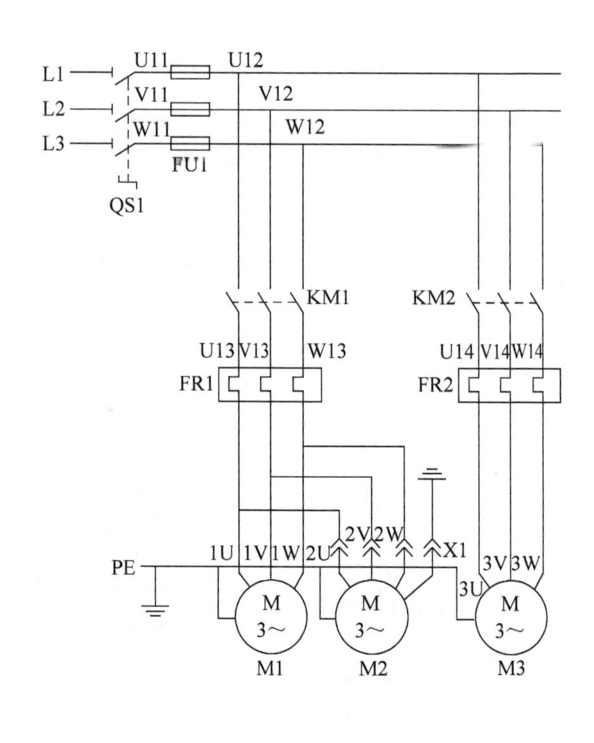

1	2	3	4

图 7-5 M7130 型平面磨床电气控制线路(主电路)原理图

长期工作的 M1、M2、M3 分别由 FR1、FR2 作过载保护。3 台电动机共用一组熔断器 FU1 实现短路保护。

2. 控制电路分析

M7130 型平面磨床电气控制电路原理如图 7-6 所示。

控制电路采用交流 380V 电压供电,由 FU2 作短路保护。5～9 区为电动机控制电路。当触点(3—4)接通时,电动机控制电路才能正常工作。触点(3—4)的接通条件是转换开关 QS2 拨到"退磁"位置或欠电流继电器 KA 的动合触点(3—4)闭合。

为了确保人身和设备安全,要求只有确保电磁吸盘吸牢工件,才能起动砂轮和液压系统。为此将欠电流继电器 KA 的线圈串接在电磁吸盘 YH 的工作回路中,KA 的动合触点串联于 KM1、KM2 线圈电路,只有电源电压正常时,电磁吸盘得电工作,KA 得电吸合,其动合触点才会闭合,才能起动砂轮电动机 M1 和液压泵电动机 M3。若电源电压偏低,KA 动合触点释放,KM1、KM2 线圈不能得电,电动机不能起动。

(1) 开车前的准备。合上电源开关 QS1,合上照明开关 SA,照明灯 EL 亮,KA 线圈

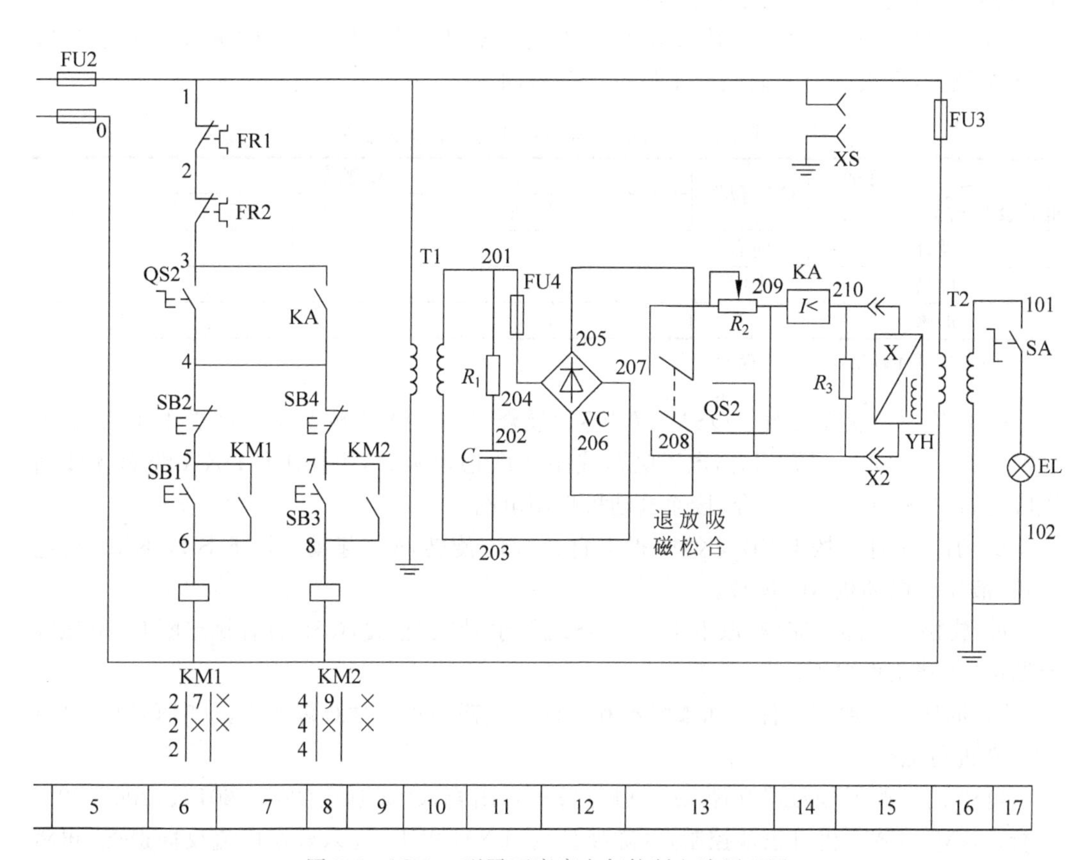

图 7-6　M7130 型平面磨床电气控制电路原理图

吸合或 QS2 向左拨到“退磁”位置，插上冷却泵电动机 M2 的插头 X1，插上电磁吸盘插头 X2，各操作手柄置于合理位置后方可进行后面的操作。

(2) 砂轮电动机 M1、冷却泵电动机 M2 的控制。按下起动按钮 SB1，接触器 KM1 线圈得电吸合，电动机 M1 起动，砂轮旋转，M2 起动，冷却泵起动。按下停止按钮 SB2，接触器 KM1 线圈断电松开，电动机 M1 停转，M2 停转。

M2 在插上插头 X1 后，与 M1 同时启停。如果不需要冷却液，可以拔下插头。

(3) 液压泵电动机 M3 控制。按下液压泵起动按钮 SB3，接触器 KM2 线圈得电吸合，液压泵电动机 M3 起动运转，按下液压泵停止按钮 SB4，液压泵电动机 M3 停止运转。

(4) 电磁吸盘控制。电磁吸盘是用来固定加工工件的一种夹具。电磁吸盘就是一个电磁铁，其线圈通电后产生电磁吸力，吸持铁磁材料工件，进行磨削加工。电磁吸盘与机械夹紧机构相比具有操作快捷、不伤工件、可同时吸持多个小工件，在加工过程中工件发热能自由伸缩，不会变形等优点。缺点是需要使用直流电源并且不能吸持非磁性材料工件。

电磁吸盘电路包括整流变压器、短路保护、整流电路 VC、充磁退磁控制、弱磁保护、电磁吸盘等电路。

① 降压整流电路。整流变压器 T1 将 220V 交流电压降压，再经整流桥 VC 整流输出 110V 直流电压，供给电磁吸盘线圈 YH。

② 电磁吸盘控制电路。转换开关 QS2 为电磁吸盘控制开关，有“吸合”“放松”“退磁”3 个位置，见表 7-3，电磁吸盘工作过程分析如下。

表 7-3 电磁吸盘与 QS2 工作状态对应关系

QS2 / 电磁吸盘状态	QS2 位置	QS2 触点		
		3—4	205—208，206—209	205—207，206—208
吸合	向右	−	+	−
放松	中间	−	−	−
退磁	向左	+	−	+

注：“+”表示接通，“−”表示断开。

a. 吸合——夹紧工件。QS2 向右拨到“吸合”位置，QS2 触点(3—4)断开，QS2 触点(205—208)、(206—209)闭合，电磁吸盘线圈 YH 通电吸合，吸住工件；KA 线圈 YH 通电吸合，KA 触点(3—4)闭合，接通电动机控制电路。

b. 加工工件。按下 SB1，KM1 得电自锁，M1 旋转，M2 起动。按下 SB3，KM2 得电自锁，液压泵电动机 M3 运转。

c. 放松——加工完毕，取下工件。QS2 拨到“放松”位置，QS2 所有触点断开，电磁吸盘断电，可将工件取下。

d. 退磁——取下工件。如果吸盘和工件的剩磁使得工件难以取下，这时必须对吸盘和工件进行退磁。

QS2 向左拨到“退磁”位置，QS2 触点(3—4)闭合，QS2 触点(205—207)、(206—208)闭合。KM1、KM2 仍可正常控制，电磁吸盘线圈 YH 串 R_2 通入较小电流反向退磁，再将 QS2 拨到“放松”位置，取下工件。

退磁时注意控制时间，退磁时间过长，可能会导致反方向充磁，工件更难取下。电阻 R_2 的作用是调节退磁电流。退磁结束，再将 QS2 拨到“放松”位置，即可将工件顺利取下。退磁时间长短，应根据工件的大小、材料性质经过几次实践操作，找到规律。

如果有些工件不易退磁，可将附件退磁器的插头插入插座 XS，使工件在交变磁场的作用下进行退磁。

(5) 不需要电磁吸盘时的控制。若将工件夹紧在工作台上而不需要电磁吸盘时，应将插座 X2 上的插头拔掉，同时将 QS2 向左拨到“退磁”位置，这时 QS2 触点(3—4)闭合，各电动机仍可正常控制。

(6) 电磁吸盘的保护。电磁吸盘的保护电路是由放电电阻 R_3 和欠电流继电器 KA 组成的。R_3 起过电压保护作用，KA 起欠电流保护作用。

(7) 过电压保护。由于电磁吸盘线圈的电感很大，当电磁吸盘从“吸合”状态转变为“放松”状态的瞬间，即断电时线圈两端会产生很高的自感电动势，若无放电回路，极易击穿电磁吸盘线圈和损坏其他电气设备。R_3 的作用是在电磁吸盘断电瞬间，给线圈提供放电回路，吸收线圈释放的电磁能量。

(8) 弱磁保护电路(14 区)。欠电流继电器 KA 用来防止电磁吸盘断电时工件脱出发生事故。

在磨削加工时,如电磁吸盘的吸力不足,工件会被高速旋转的砂轮碰击而飞出,造成事故,因此引入欠电流继电器 KA,串入电磁吸盘 YH 线圈回路,KA 动合触点与 QS2 动合触点(3—4)并联,串联在 KM1、KM2 线圈的控制回路中。QS2 动合触点(3—4)仅在 QS2 拨到"退磁"位置时接通,因此仅当充磁电流足够大时,电磁吸盘才能吸牢工件,电动机才能起动;在加工过程中,如电流不足,电磁吸盘的吸力不足,KA 线圈动作,及时切断 KM1、KM2 线圈电路,各电动机断电停车,避免事故的发生,从而确保安全生产。

(9) R_1 与 C 组成阻容吸收电路(11 区)。R_1 与 C 的作用是防止电磁吸盘 YH 回路交流侧的过电压。FU4 为电磁吸盘提供短路保护。

3. 照明电路控制

照明变压器 T2 将 380V 交流电压降为 36V 的安全电压,供给照明电路。EL 为照明灯,一端接地,另一端由开关控制。FU3 为照明电路的短路保护。

一、准备工具

安装调试所需工具为验电笔、螺钉旋具、尖嘴钳、斜口钳、剥线钳、电工刀、万用表、图样(原理图图样、元器件明细表)、记号笔等。

二、根据电路原理图选择元器件及导线

按设备明细表和机床电气图配齐所用电气设备和元器件,并逐个检验其规格和质量是否合格,见表 7-4。还要准备若干线槽、接线端子板、导线、金属软管、编码套管等。

表 7-4　所需材料明细表

序号	名　称	代号	型号与规格	功能用途	数量
1	电源开关	QS1	HZ1-25/3	引入电源	1
2	转换开关	QS2	HZ1-10P/3	控制电磁吸盘	1
3	照明灯开关	SA		控制照明灯	1
4	砂轮电动机	M1	W451-4,4.5kW,220/380V,1440r/min	驱动砂轮	1
5	冷却泵电动机	M2	JCB-22,125W,220/380V,2790r/min	驱动冷却泵	1
6	液压泵电动机	M3	JO42-4,2.8kW,220/380V,1450r/min	驱动液压泵	1
7	熔断器	FU1	RL1-60/3,60A,熔体 30A	电源保护	3
8		FU2	RL1-15,15A,熔体 5A	控制电路短路保护	2
9		FU3	RL1-15/2,熔体 1A	照明电路短路保护	1
10		FU4	RL1-15,15A,熔体 2A	保护电磁吸盘	1
11	接触器	KM1	CJ0-10,线圈电压 380V	控制电动机 M1	1
12		KM2	CJ0-10,线圈电压 380V	控制电动机 M3	1

续表

序号	名　　称	代号	型号与规格	功 能 用 途	数量
13	热继电器	FR1	JR10-10,整定电流 9.5A	M1 的过载保护	1
14		FR2	JR10-10,整定电流 6.1A	M3 的过载保护	1
15	整流变压器	T1	BK-400,400V·A,220/145V	降压	1
16	照明变压器	T2	BK-50,50V·A,380/36V	降压	1
17	硅整流器	VC	GZH,1A,200V	输出直流电压	1
18	电磁吸盘	YH	1.2A,110V	工件夹具	1
19	欠电流继电器	KA	JT3-11L,1.5A	欠电流保护	1
20	按钮	SB1	LA2 绿色	起动电动机 M1	1
21		SB2	LA2 红色	停止电动机 M1	1
22		SB3	LA2 绿色	起动电动机 M3	1
23		SB4	LA2 红色	停止电动机 M3	1
24	电阻器	R_1	GF,6W,125Ω	放电保护电阻	1
25		R_2	GF,50W,1000Ω	退磁电阻	1
26		R_3	GF,50W,500Ω	放电保护电阻	1
27	电容器	C	600V,5μF	保护用电容	1
28	照明灯	EL	JD3,24V,40W	工作照明	1
29	接插器	X1	VY0-36	电动机 M2 使用	1
30		X2	CY0-36	电磁吸盘使用	1
31	插座	XS	250V,5A	退磁使用	1
32	退磁器	附件	TC1TH/H	工作退磁使用	1

三、电路装接

(1) 根据表 7-4 选取所用元器件,并进行检测。

(2) 图 7-7 所示是 M7130 型平面磨床外部元器件实际位置图。根据图 7-8 在网孔板上按磨床元器件实际位置模拟摆放元器件。根据图 7-9 在网孔板上按磨床外部元器件实际位置模拟摆放元器件。根据电动机容量、电路走向及要求和各元器件的安装尺寸,正确

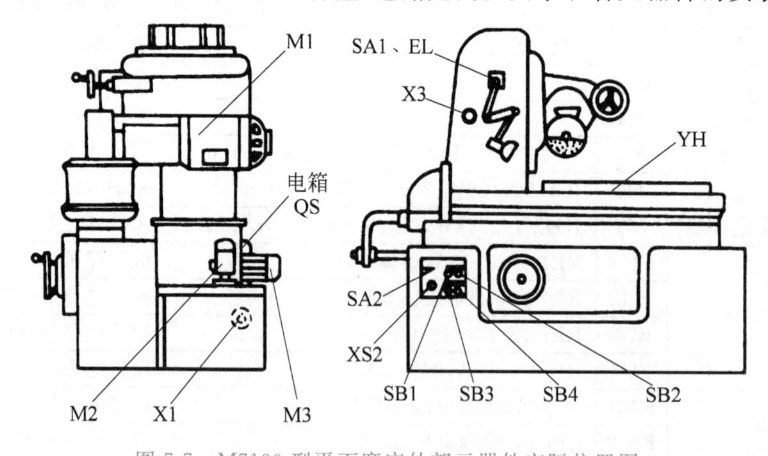

图 7-7　M7130 型平面磨床外部元器件实际位置图

选配导线的规格、导线通道类型和数量、接线端子板型号及节数、控制板、管夹、束节、紧固体等，按照位置图进行元器件的安装。要求：各元器件的安装位置应整齐、匀称、牢固、间距合理，便于元器件的更换。

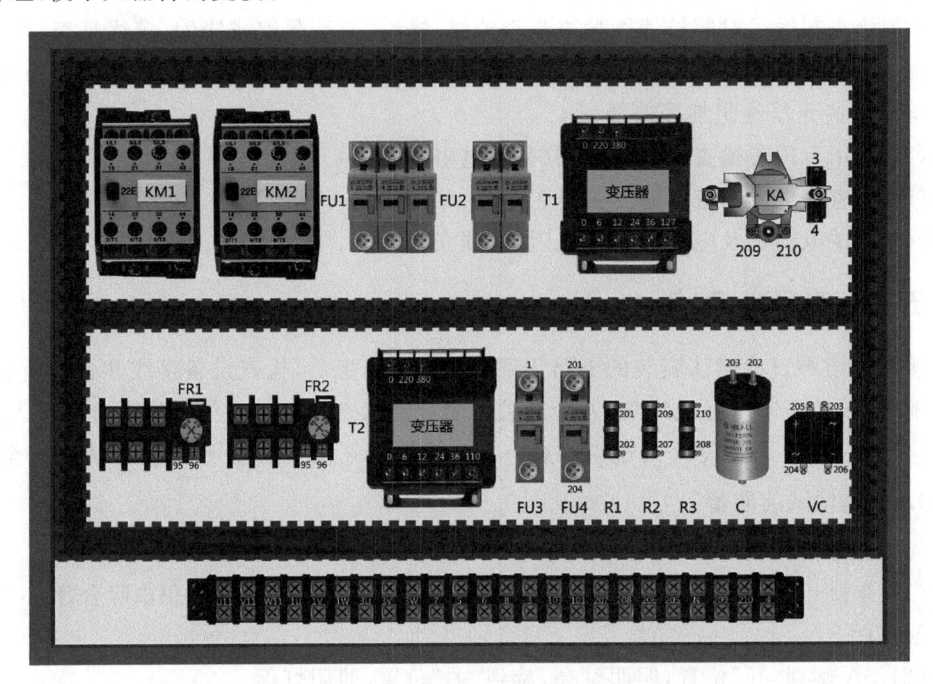

图 7-8　M7130 型平面磨床壁龛内元器件位置图

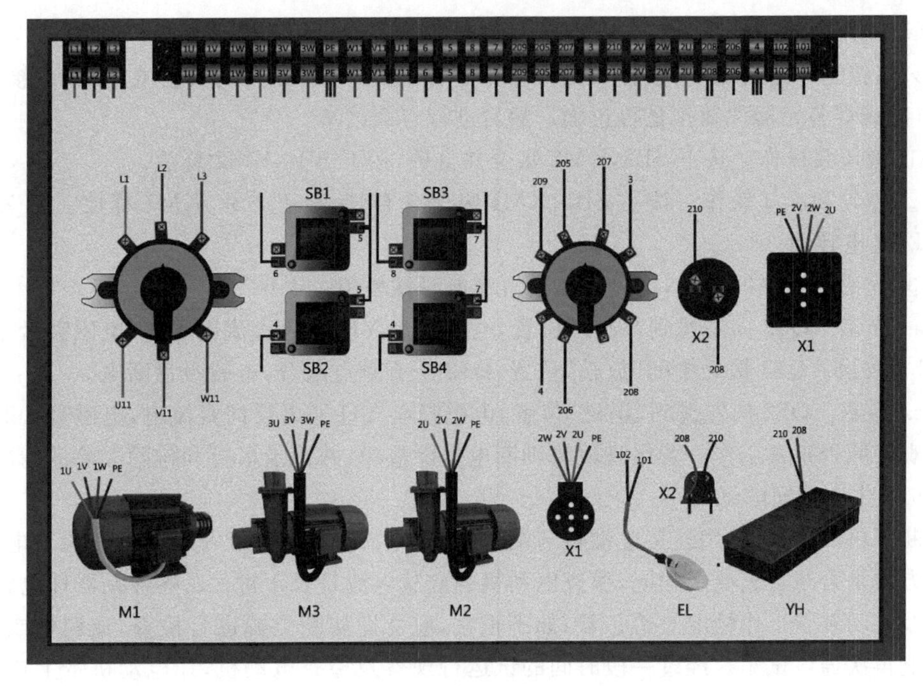

图 7-9　M7130 型平面磨床外部元器件位置图

四、电路检修

(1) 检查元器件安装是否牢固。

(2) 检查布线。对照接线图检查是否掉线、错线,是否漏编或错编,接线是否牢固等。

(3) 检查热继电器等参数整定是否符合要求,热继电器参数按电动机额定电流整定;各级熔断器按元器件明细表选择。

(4) 使用万用表检查安装的电路(采用电阻测量法)。

(5) 检查供电。检查电源开关是否闭合、熔断器是否损坏等。

(6) 测试电动机及电路的绝缘电阻,清理安装场地。

五、电路通电调试

接线完毕经自检确认安装的电路正确和无安全隐患后,检查设备接线和各熔断器,接好接地线,设备下方垫好绝缘垫,各个开关置于分断状态。在教师的指导下方可接入三相电源,验电后合上开关QS1通电试运行。切记严格遵守安全操作规程,确保人身安全。

1. 通电调试前准备

先在无故障情况下操作,步骤如下。

(1) 先合上QS1,再插上X2,将QS2向右拨到"吸合"位置,KA线圈得电吸合,KA(3—4)动合触点闭合。

(2) SA旋到"开"位置,照明灯亮,旋到"关"位置,照明灯灭。

2. 通电调试

(1) 控制电路试车

只给控制电路通电,观察各元器件动作是否正确。正确后,接入主电路,但不接电动机,再次观察各元器件动作是否正确。然后进行空载试车。

① 液压泵操作。按下SB3,KM2吸合并自锁,按下SB4,KM2释放。

② 砂轮和冷却操作。按下SB1,KM1吸合并自锁,按下SB2,KM1释放。将X1插上,M2通电转动。

③ 充磁和退磁的控制,电磁吸盘由直流电磁铁模拟。

a. 充磁。QS2向右拨到"吸合"位置,电磁吸盘YH通入直流电工作,电磁吸盘充磁。

b. 放松。QS2拨到中间"放松"位置,QS2所有触点断开,电磁吸盘断电。

c. 退磁。QS2向左拨到"退磁"位置,电磁吸盘YH通入反向直流电,电磁吸盘退磁。

观察能否正常工作。若出现故障则断电排除故障,并记录运行和排除故障的情况。

(2) 主电路通电试车

断开机械负载,分别连接电动机与端子,检查电动机运转情况是否正常。检查电动机旋转方向是否与工艺要求相同,检查电动机的空载电流是否正常;观察各元器件电路、电动机及传动装置工作情况是否正常,如不正常,应立即切断电源进行检查,在调整或修复后方能再次通电试车。经过一段时间的试运行观察及检查电动机,让电动机带上机械负载,再试车。

① 液压泵操作。按下 SB3，KM2 吸合并自锁，M3 转动，按下 SB4，KM2 释放，M3 停车。

② 砂轮和冷却操作。将 X1 插上，按下 SB1，KM1 吸合并自锁，M1 和 M2 同时转动；按下 SB2，KM1 释放，M1 和 M2 均停车。

六、磨床的模拟操作

在实习指导教师的监督指导下，按照以下操作方法，完成对磨床的操作实训。

1. 开机前的准备工作

(1) 检查机床各部件(外观)是否完好。

(2) 检查各操作按钮、手柄是否在原位。

(3) 按设备润滑图表进行注油润滑，检查油标油位。

(4) 手动磨头升降、横向移动、工作台，拖板移位，观察各运动部件是否轻快。

2. 开机操作调试的方法与步骤

(1) 合上磨床电源总开关 QS1。

(2) 将开关 SA 扳到闭合状态，机床工作照明灯 EL 亮，此时说明机床已处于带电状态，不要随意用手触摸机床电气部分，防止发生触电事故。

(3) 将转换开关 QS2 扳至“退磁”位置。

(4) 按下按钮 SB3 起动液压泵电动机 M3。

(5) 操作工作台纵向运动手轮，使工作台纵向运动至床身两端换向挡铁位置，观察工作台是否能够自动返回。

(6) 扳动快速移动操作手柄，观察工作台纵向、横向和垂直 3 个方向的快速进给情况。

(7) 操作手轮，观察砂轮架的横向进给情况。

(8) 将工件放在电磁吸盘上，将转换开关 QS2 扳至“吸合”位置，检查工件固定情况。

(9) 工件固定牢固后，按下按钮 SB1，起动砂轮电动机，待砂轮电动机工作稳定后，进行加工(工件加工需在教师指导下进行)。

(10) 接通接插器 X1，使冷却泵电动机在砂轮电动机起动后运转，为加工面提供切削液。

(11) 加工完毕后，按下 SB2 按钮，停止砂轮电动机。

(12) 按下 SB4 按钮，停止液压泵电动机。

(13) 将转换开关 QS2 扳至“退磁”位置，退磁结束后，将转换开关 QS2 扳至“放松”位置，将工件取下。

(14) 关闭机床电源总开关 QS1。

(15) 擦拭机床，清理机床周围杂物，打扫卫生，按设备润滑图表进行注油。

检查评价

按照工作任务的训练要求完成工作任务，技能训练评价见表 7-5。

表 7-5 技能训练评价

<table>
<tr><td>班级</td><td colspan="2"></td><td>姓名</td><td></td><td>指导教师</td><td></td><td>总分</td><td colspan="2"></td></tr>
<tr><td>项日及配分</td><td colspan="4">考核内容</td><td colspan="2">评分标准</td><td>小组
自评</td><td>小组
互评</td><td>教师
评价</td></tr>
<tr><td>装前检查
(15 分)</td><td colspan="4">1. 按照原理图选择器件。
2. 用万用表检测器件</td><td colspan="2">1. 元器件选择不正确，扣 5 分。
2. 不会筛选元器件，扣 5 分。
3. 电动机质量漏检，扣 5 分</td><td></td><td></td><td></td></tr>
<tr><td>安装元器件
(20 分)</td><td colspan="4">1. 读懂原理图。
2. 按照布置图进行电路安装。
3. 安装位置应整齐、匀称、牢固、间距合理，便于元器件的更换</td><td colspan="2">1. 读图不正确，扣 10 分。
2. 电路安装不正确，扣 5～10 分。
3. 安装位置不整齐、不匀称、不牢固或间距不合理，每处扣 5 分。
4. 不按布置图安装，扣 15 分。
5. 损坏元器件，扣 15 分</td><td></td><td></td><td></td></tr>
<tr><td>布线(25 分)</td><td colspan="4">1. 布线时应横平竖直，分布均匀，尽量不交叉，变换走向时应垂直。
2. 剥线时严禁损伤导线线心和绝缘层。
3. 接线点或接线柱严格按要求接线</td><td colspan="2">1. 不按原理图接线，扣 20 分。
2. 布线不符合要求，每根扣 5～10 分。
3. 接线点(柱)不符合要求，扣 5 分。
4. 损伤导线线心或绝缘层，每根扣 5 分。
5. 漏线，每根扣 2 分</td><td></td><td></td><td></td></tr>
<tr><td>电路调试
(20 分)</td><td colspan="4">1. 会使用万用表测试控制电路。
2. 完成电路调试使电动机正常工作</td><td colspan="2">1. 测试控制电路方法不正确，扣 10 分。
2. 调试电路参数不正确，每步扣 5 分。
3. 电动机不转，扣 5～10 分</td><td></td><td></td><td></td></tr>
<tr><td>检修(10 分)</td><td colspan="4">1. 检查电路故障。
2. 排除电路故障</td><td colspan="2">1. 查不出故障，扣 10 分。
2. 查出故障但不能排除，扣 5 分</td><td></td><td></td><td></td></tr>
<tr><td>职业与安全意识(10 分)</td><td colspan="4">1. 工具摆放、工作台清理、余废料处理。
2. 严格遵守操作规程</td><td colspan="2">1. 工具摆放不整齐，扣 3 分。
2. 工作台清理不干净，扣 3 分。
3. 违章操作，扣 10 分</td><td></td><td></td><td></td></tr>
</table>

任务小结

通过本任务的学习，学会识读 M7130 型平面磨床控制电路的电路原理图、元器件位置图、电气互连图，掌握 M7130 型平面磨床控制电路的安装、调试、检查电路的基本方法以及该控制电路一般故障的查找和排除的方法。

任务 7.2　M7130 型平面磨床控制电路的一般故障排除

能够对 M7130 型平面磨床进行模拟电气操作，能正确使用万用表对电气控制系统进行有针对性的检查测试和维修。熟悉故障分析和排除的方法和步骤，掌握 M7130 型平面磨床控制系统的检修方法。

建议先由教师设置人为故障，在知道故障点的情况下观察各种故障现象，然后在不知道故障点的情况下，根据故障现象进行诊断，逐步学会检修。

M7130 型平面磨床在使用一段时间后，由于机械磨损、电路老化、电气磨损或操作不当等原因不可避免地会导致车床电气设备发生故障，从而影响机床正常使用。M7130 型平面磨床的主要控制是对砂轮电动机、冷却泵电动机和液压泵电动机的控制，本任务主要分析和排除 M7130 型平面磨床砂轮电动机、冷却泵电动机和液压泵电动机拖动系统故障和机床照明电路的常见故障。

知识链接　M7130 型平面磨床的故障分析

M7130 型平面磨床电气控制电路原理图如图 7-6 所示。

1. 照明灯不亮

检查变压器 T2 电压是否正常，若正常，则是开关 SA 损坏，或照明灯 EL 损坏；若变压器电压不正常，检查一次电压是否正常，若不正常，则是 FU3 断开，电源电压异常；若变压器电压不正常，检查二次电压是否正常，若正常，则是开关 SA 损坏，或照明灯 EL 损坏；若二次电压不正常，而一次电压为 380V，则是变压器 T2 损坏。

2. 砂轮、冷却泵电动机控制电路的故障分析

(1) 砂轮电动机不能起动故障分析。先检查控制电路：若按下 SB1，接触器 KM1 没有反应，首先检查熔断器是否断开，若正常，再检查 FR1 和 FR2 位于 6 区的动合触点是否接通，若接通，再检查 QS2 位于 6 区的动合触点或 KA 位于 8 区的动合触点是否闭合，若这两个触点均未闭合，则要检查 QS2 触点是否有故障，KA 线圈是否能得电，KA 触点是否有问题；若以上触点没有问题，则检查 SB1 按下是否能接通，SB2 动断触点是否接通，最后检查接触器 KM1 线圈是否有问题。若按下 SB1 按钮，接触器 KM1 吸合，则要从主电路进行检查：首先检查 KM1 主触点是否卡阻或接触不良，若 KM1 主触点出线端电压

正常，则检查 FR1 热继电器出线电压是否正常，若热继电器出线电压正常，则检查电动机 M1 接线是否脱落，绕组是否烧坏。

(2) 冷却泵电动机不工作故障分析。冷却泵电动机是通过接插器 X1 和电动机 M2 进线并联，同砂轮电动机 M1 实现主电路顺序控制。若砂轮电动机工作正常，冷却泵不工作，则先检查接插器 X1 是否接触良好，若接插器没问题，则检查冷却泵电动机 M2 接线是否脱落，绕组是否烧坏。

(3) 液压泵电动机控制电路常见故障分析。液压泵电动机不能起动，首先检查控制电路：若按下 SB3 按钮，接触器 KM2 无反应，先检查 FU2、FR1、FR2 是否断开，若正常，再检查 QS2 位于 6 区的动合触点或 KA 位于 8 区的动合触点是否闭合，若这两个触点均未闭合，则要检查 QS2 触点是否有故障，KA 线圈是否能得电，KA 触点是否有问题；若按下 SB3 按钮，接触器 KM2 吸合，则要从主电路进行检查：先检查 KM2 主触点是否卡阻或接触不良，若 KM2 主触点出线端电压正常，则检查热继电器 FE2 出线电压是否正常，若热继电器出线端电压正常，则检查电动机 M 接线是否脱落，绕组是否烧坏。

一、准备工作

(1) 检查设备接线和各熔断器，接好接地线，设备下方垫好绝缘垫，各个开关置于分断状态，接入三相电源。

(2) 在不设故障的情况下操作一遍 M7130 型平面磨床，按步骤正确操作磨床，确保设备安全，了解磨床的各种工作状态及操作方法。

(3) 参照电器位置图和机床接线图，熟悉车床元器件的分布位置和走线情况。

二、教师人为设置自然故障点

电气故障设置的原则：人为设置的故障点必须是模拟“自然”故障，切忌设置改动电路、换线、换件等人为原因造成的“非自然”故障点；应尽量不设置容易造成人身或设备事故的故障点。

三、教师示范检修

(1) 观察故障现象→分析故障范围→查找故障点→排除故障→检修完毕进行通电试验→做好检修记录。

(2) 教师设置故障点，由学生检修。

M7130 型平面磨床电气控制系统的部分故障及检修方法见表 7-6。

表 7-6　M7130 型平面磨床电气控制系统的部分故障及检修方法

故障现象	可能原因	处理方法
操作无反应	1. 无电源。 2. QS1 接触不良或内部熔体断开。 3. FU1 接触不良或熔断。 4. FU1 的出线端 U12、V12、W12 有两端脱落或断开	1. 检查电源。 2. 断电后，检查相关部分
电源正常，但冷却泵、砂轮、液压泵均不能起动	1. 电磁吸盘控制电路有故障。 2. KA 动合触点接触不良或出线端 3、4 有脱落或断开。 3. FR1、FR2 是否动作或接触不良。 4. QS2 是否处于“中间”放松位置	1. 检查 FU2、FU4 有否熔断，T1 是否正常，整流桥 VC 是否正常，KA 线圈是否烧断。 2. 检查 FR1、FR2 动断触点是否因电动机过载而分断。 3. 检查或更换 KA。 4. 检查 QS2 位置
液压泵电动机不能起动	QS2 拨到“退磁”的状态下，按下 SB3，KM2 不吸合，可能是 4—SB4—7—SB3—8—KM2 中某一电路或元器件故障	1. 检查或更换 SB3、SB4。 2. 检查或更换 KM2。 3. 检查相应元器件及触点的出线端。 4. 更换 M3
砂轮及冷却泵电动机不能起动	QS2 拨到“退磁”的状态下，按下 SB1，KM1 不吸合，可能是 4—SB2—5—SB1—6—KM1 中某一电路或元器件故障。 1. SB1 或 SB2 接触不良或出线端 4、5、6 有脱落或断路。 2. KM1 线圈烧断或出线端 6、0 有脱落或断路。 3. QS2、FR1、FR2 动断触点出线端 1、2、3、4 有脱落或断路	1. 检查 SB1、SB2。 2. 检查或更换 KM1。 3. 检查相应元器件及触点的出线端
砂轮及液压泵电动机均不能起动	QS2 拨到“退磁”的状态下，按下 SB1，KM1 不吸合，按下 SB3，KM2 不吸合，可能是 1—FR1—2—FR2—3—QS2 中某一电路或元器件故障。 1. QS2、FR1、FR2 动断触点出线端 1、2、3、4 有脱落或断路。 2. QS2 触点接触不良。 3. FR1、FR2 已动作	1. 检查相应元器件及触点的出线端。 2. 检查 QS2 触点。 3. 查找 FR1、FR2 动作原因
砂轮电动机不能连续工作	QS2 拨到“退磁”的状态下，按下 SB1，KM1 没有自锁，可能是 5(SB1—KM1)、6(SB1—KM1)中某一电路或元器件故障	检查 5、6 线路相关元器件 KM1 动合触点
冷却泵电动机不能起动	QS2 拨到“退磁”的状态下，按下 SB1，KM1 吸合，砂轮电动机能起动，但冷却泵电动机不能起动。 1. 插座 XS1 接触不良。 2. 冷却泵电动机损坏	1. 检查维修插座 XS1。 2. 检查更换冷却泵电动机 M2

续表

故障现象	可能原因	处理方法
电磁吸盘无吸力	1. FU2、FU4熔断器中有熔断的熔丝。 2. 控制变压器T1损坏。 3. 整流桥中相邻两个二极管都被烧断。 4. KA线圈烧坏。 5. 电磁吸盘线圈开路。 6. QS2、R_2接触不良或出线端有脱落或断路。 7. 插座X2接触不良	1. 测量、更换FU2、FU4熔丝。 2. 修复或更换T1。 3. 检查并更换二极管。 4. 修理或更换KA线圈。 5. 修理或更换电磁吸盘线圈。 6. 检查相应元器件及触点的出线端。 7. 检查维修X2
电磁吸盘吸力不足	1. 电源电压不足。 2. 整流电路输出电压不正常,负载时低于110V,整流桥中有一个二极管或一对桥臂上两个二极管开路。 3. 电磁吸盘线圈局部短路或损坏	1. 检查电源电压。 2. 检查并更换二极管。 3. 检查并更换电磁吸盘线圈
电磁吸盘退磁效果差	1. 退磁控制电路断路。 2. 退磁电压过高。 3. 退磁时间太长或太短	1. 检查QS2接触是否良好、R_2是否损坏。 2. 检查退磁电压。 3. 掌握好退磁时间
EL灯不亮	101—SA—102—EL—零线中某一电路或元器件故障	1. 检查101、102号线。 2. 检查灯

注意:

(1) 仪表的正确使用。

(2) 故障查出后需修复,不能采用更换元器件的方法修复故障点。

(3) 在维修中不允许扩大故障范围或者产生新的故障,不得损害元器件或设备。

(4) 停电后要验电,带电维修时,要穿好绝缘鞋,必须在教师的监督下进行,以确保人身安全。

(5) 在操作中若发现发出不正常声响,应立即断电,查明故障原因、待修。故障噪声主要来自电动机缺相运行及接触器、继电器吸合不正常。

检查评价

设置两个故障点,技能训练评价见表7-7。

表 7-7　技能训练评价

考核项目	配分	评分标准	扣分
元器件检查安装	5	1. 元器件漏检或错误,每处扣 1 分。 2. 不按接线图安装元器件,扣 1 分。 3. 元器件安装不牢固,每处扣 1 分。 4. 元器件安装不整齐、不均匀、不合理,每处扣 1 分。 5. 损坏元器件,每处扣 1 分	
电路安装	20	1. 不按图接线,扣 2 分。 2. 布线不合理、不美观,每根扣 1 分。 3. 线头松动、压绝缘层、反圈、露铜过长,每处扣 1 分。 4. 损伤导线绝缘或线心,每根扣 1 分。 5. 错编、漏编号,每根扣 1 分	
通电试车	20	1. 配错熔管,每处扣 1 分。 2. 整定电流调整错误,扣 1 分。 3. 一次试车不成功,扣 5 分。 4. 二次试车不成功,扣 10 分。 5. 三次试车不成功,扣 20 分	
故障分析	30	1. 故障叙述不正确、不全面,扣 3 分。 2. 不会分析故障范围,扣 5 分。 3. 错标电路故障点,扣 5 分	
故障排除	20	1. 停电不验电,扣 3 分。 2. 工具和仪表使用方法不正确,扣 2 分。 3. 检测方法、步骤错误,扣 5 分。 4. 不能查出故障点,扣 10 分。 5. 查出故障,但不能排除,扣 10 分。 6. 排除故障过程中产生新故障,扣 20 分。 7. 损坏电动机、损坏元器件,扣 20 分	
安全生产	5	1. 漏接地线,每处扣 5 分。 2. 发生安全事故,扣 5 分。 3. 违反安全文明操作规程(视实际情况进行扣分)	

任务小结

通过本任务的学习,掌握 M7130 型平面磨床控制电路一般故障的检查、分析和排除的基本方法,能够正确使用万用表对电气控制系统进行检查、测试,掌握 M7130 型平面磨床电气控制系统的检修方法。

项目总结

通过本项目的学习,帮助学生了解 M7130 型平面磨床的主要结构、主要运动形式、电力拖动特点及电气控制要求,理解其工作原理,学会对 M7130 型平面磨床电气控制线路的安装、调试及一般故障的排除。

思考与练习

一、填空题

1. M7130型平面磨床中,若合上电源开关QS1,控制电路得电,________吸合为起动电动机做好准备工作。

2. M7130型平面磨床的主运动为________,进给运动为________、________、________。

3. M7130型平面磨床中,砂轮电动机M1 ________变速,________反转。

4. M7130型平面磨床中,砂轮电动机M1和冷却泵电动机采用________控制。

二、选择题

1. 电磁吸盘的电路文字符号是(　　)。
   A. YA　　B. YB　　C. YC　　D. YH

2. 平面磨床在加工中(　　)。
   A. 调速可有可无　　B. 不需调速　　C. 需调速

3. M7130型平面磨床中,若桥式整流装置中有一个二极管因烧坏而断开,则(　　)。
   A. 整流输出电压约为正常值的一半　　B. 整流输出电压为零
   C. 仍能正常工作

4. M7130型平面磨床电动机控制电路正常工作的条件是(　　)。
   A. 工件自动吸牢　　B. 将QS2扳到吸磁位置
   C. 将QS2扳到退磁位置或电流继电器KA吸合

5. 电磁吸盘是一个大电感,并联电阻R_3的作用是(　　)。
   A. 当回路断开时,吸收磁场能量　　B. 回路接通时存储电场能量
   C. 改善功率因数

6. M7130型平面磨床加工完成后,取下工件前必须退磁,若退磁时间过长,则会出现(　　)。
   A. 退磁不够　　B. 退磁更彻底　　C. 反而使工件不能取下

7. M7130型平面磨床中,为保证电磁吸盘将工件吸牢后才能开动砂轮电动机M1,在电磁吸盘电路中串接了一个(　　)继电器线圈。
   A. 过电压　　B. 过电流　　C. 欠电流

8. M7130型平面磨床控制线路中,VC是(　　)。
   A. 半波整流器　　B. 桥式整流器　　C. 滤波器

三、简答题

1. M7130型平面磨床的电磁吸盘吸力不足会造成什么后果?吸力不足的原因有哪些?

2. M7130型平面磨床中,电磁吸盘退磁不好的原因有哪些?

3. M7130 型平面磨床中,用电磁吸盘固定工件有哪些优缺点? 为什么电磁吸盘要用直流电而不用交流电?

4. M7130 型平面磨床控制电路中,欠电流继电器 KA 和电阻 R_3 分别起什么作用? R_1 和 C 起什么作用?

5. M7130 型平面磨床控制电路中,FR1、FR2 的动断触点是否可以由串联改接为并联? 为什么?

6. 在 M7130 型平面磨床中,若出现电磁吸盘无吸力故障,请分析故障的主要原因和检修故障的基本思路。

7. 识读 M7130 型平面磨床电路原理图,写出其砂轮电动机控制的工作原理。

8. 总结磨床电路检测方法,总结 M7130 型平面磨床安装调试中经常出现的故障。

9. 在平面磨床中采用电磁吸盘吸持工件的优缺点是什么?

X62W型万能铣床控制电路的安装、调试与故障排除

熟悉 X62W 型万能铣床的主要结构、主要运动形式及电气控制要求。

识读 X62W 型万能铣床控制电路原理图，并会分析工作原理；能按 X62W 型万能铣床控制电路图正确安装与调试电气控制系统；能初步诊断 X62W 型万能铣床电气控制系统的简单故障，并进行故障排除。

培养学生的观察能力、团队合作能力、专业技术交流的表达能力，培养学生具有解决实际问题的工作能力，培养学生具备安全生产和环保意识等职业素养。

任务 8.1　X62W 型万能铣床电气控制线路的安装与调试

X62W 型万能铣床是工业生产中一种常见的机床。在本项目中，根据 X62W 型万能铣床电气原理图、电力拖动特点及其控制要求，通过对 X62W 型万能铣床控制电路的安装、调试，掌握对机床进行故障分析、判断和排除的方法，完成 X62W 型万能铣床控制电路的安装、调试及一般故障的排除。

X62W 型万能铣床功能多、用途广，是工业生产加工过程中不可缺少的一种金属铣削机床，它可以用圆柱铣刀、圆片铣刀、角度铣刀、成形铣刀及端面铣刀等刀具对各种零件进

行平面、斜面、沟槽及成形表面的加工，装上分度盘可以铣削齿轮和螺旋面，装上圆工作台可以铣削凸轮和弧形槽等。本任务的内容是掌握 X62W 型万能铣床的主要结构和运动形式；正确识读 X62W 型万能铣床电气控制电路原理图以及正确操作、调试 X62W 型万能铣床。

知识链接　X62W 型万能铣床的主要结构、主要运动形式及电气控制要求

铣床是一种用途十分广泛的金属切削机床，其使用范围仅次于车床。铣床可用于加工平面、斜面和沟槽；如果装上分度头，可以铣削直齿齿轮和螺旋面；如果装上圆工作台，还可以加工凸轮和弧形槽等，如图 8-1 所示。

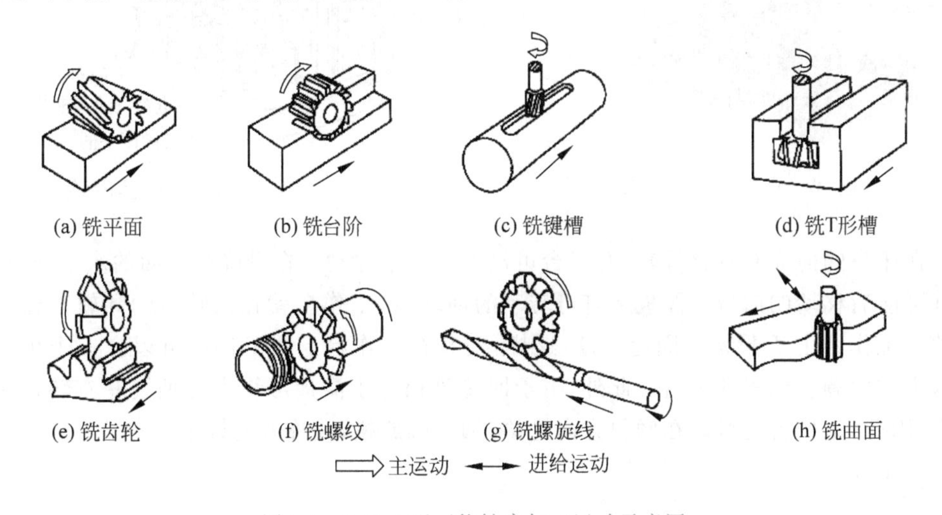

图 8-1　X62W 型万能铣床加工运动示意图

铣床的种类很多，有卧铣、立铣、龙门铣、仿形铣及各种专用铣床等，常用的万能铣床有两种：一种是 X52K 型立式万能铣床，铣头垂直方向放置；另一种是 X62W 型卧式万能铣床，铣头水平方向放置。这两种铣床在结构上大体相似，差别在于铣头的放置方向不同，而工作台的进给方式、主轴变速的工作原理等都相同，电气控制电路经过系列化以后也基本相同。

铣床型号含义：

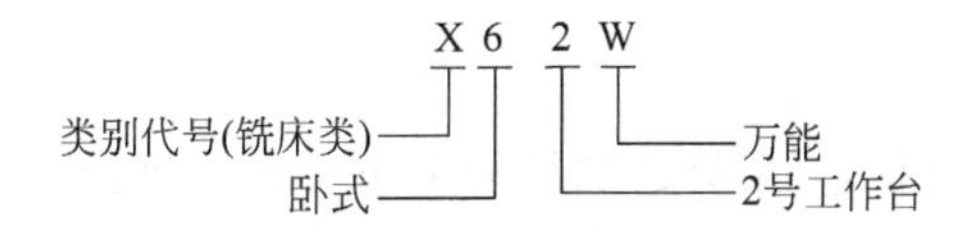

一、X62W 型万能铣床的主要结构和运动形式

X62W 型万能铣床实物图如图 8-2 所示，其结构如图 8-3 所示，主要由主轴、刀杆、悬梁、工作台、回转盘、横溜板、升降台、床身、底座等几部分组成。床身固定在底座上，在床身的顶部有水平导轨，上面的悬梁装有一个或两个刀杆支架。刀杆支架用来支撑铣刀心

轴的一端，另一端则固定在主轴上，由主轴带动铣刀铣削。刀杆支架在悬梁上以及悬梁在床身顶部的水平导轨上都可以作水平移动，以便安装不同的心轴。

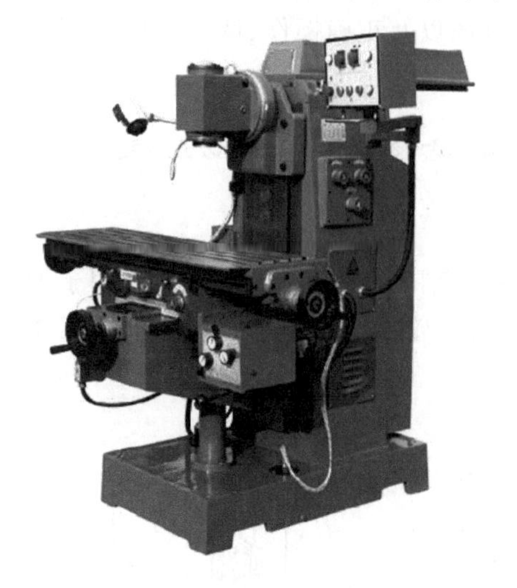

图 8-2 X62W 型万能铣床实物图

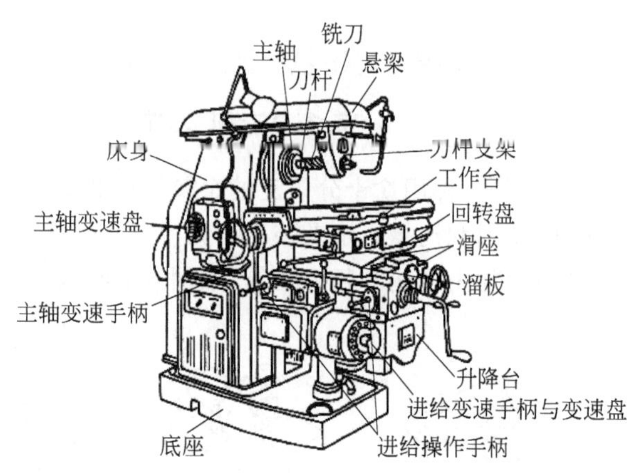

图 8-3 X62W 型万能铣床结构图

在床身的前面有垂直导轨，升降台可沿着它上下移动。在升降台上面的水平导轨上，装有可前后移动的溜板。溜板上有可转动的回转盘，工作台就在回转盘的导轨上作左右移动。工作台用 T 形槽来固定工件，这样，安装在工作台上的工件就可以在三个坐标上的六个方向调整位置和进给。此外，由于回转盘相对于溜板可绕中心轴线左右转过一个角度，因此，工作台还可以在倾斜方向进给，加工螺旋槽，故称万能铣床。

1. 床身

床身用来安装和连接其他部件，内装有主轴的传动机构和变速操纵机构。在床身的前面有垂直导轨，升降台可沿导轨上下移动；在床身的顶部有水平导轨，其上装着带有一个或两个刀杆支架的悬梁，悬梁可沿导轨水平移动，以调整铣刀的位置。

2. 刀杆支架、悬梁

刀杆支架在悬梁上，用来支撑铣刀心轴的外端，心轴的另一端装在主轴上。刀杆支架可以在悬梁上水平移动，悬梁又可以在床身顶部的水平导轨上水平移动，这样就能适应各种长度的心轴。

3. 升降台

升降台依靠下面的丝杠，可沿床身的导轨上下移动。进给系统的电动机和变速机构装在升降台内部。

4. 工作台

工作台用来安装夹具和工件，它的位置在横向溜板的水平导轨上，可沿导轨垂直于主轴线方向作纵向移动。在横向溜板和工作台之间有回转盘，可使工作台向左右转±45°，因此，工作台在水平面内除了可以横向进给和纵向进给外，还可以在倾斜的方向进给，以便加工螺旋槽等。

铣削是一种高效率的加工方式。主轴带动铣刀的旋转运动是主运动，工作台带动工件在水平的纵、横方向及垂直方向进行前后、左右、上下 6 个方向的运动是进给运动，工作台在 6 个方向的快速移动及圆工作台的旋转运动的旋转等其他运动则属于辅助运动。

二、电力拖动的特点及控制要求

1. 电力拖动的特点

(1) 由于主轴电动机的正反转并不频繁，因此采用组合开关来改变电源相序实现主轴电动机的正反转。由于主轴传动系统中装有避免振动的惯性轮，使主轴停车困难，故主轴电动机采用电磁离合器制动来实现准确停车。

(2) 由于工作台要求有前后、左右、上下 6 个方向的进给运动和快速移动，所以也要求进给电动机能正反转，并通过操纵手柄和机械离合器配合实现。进给的快速移动是通过电磁铁和机械挂挡来实现的。为了扩大其加工能力，在工作台上可加装圆形工作台，圆形工作台的回转运动是由进给电动机经传动机构驱动的。

(3) 主轴和进给运动均采用变速盘来进行速度选择，为了保证齿轮的良好啮合，两种运动均要求变速后作瞬间点动(即变速冲动)。

2. 控制要求

(1) 当主轴电动机和冷却泵电动机过载时，进给运动必须立即停止，以免损坏刀具和铣床。

(2) 根据加工工艺的要求，该铣床应具有以下电气联锁措施。

① 由于 6 个方向的进给运动同时只能有一种运动产生，因此采用了机械手柄和位置开关相配合的方式来实现 6 个方向的联锁。

② 为了防止刀具和铣床的损坏，要求只有主轴旋转后才允许有进给运动。

③ 为了提高劳动生产率，在不进行铣削加工时，可使工作台快速移动。

④ 为了减少加工工件的表面粗糙度，要求只有进给运动停止后主轴才能停止或同时停止。

(3) 要求有冷却系统、照明设备及各种保护措施。

三、电路构成

根据电气控制线路原理图绘图原则，识读图 8-4 所示的 X62W 型万能铣床电气控制线路，明确电路所用电气元器件及它们之间的连接关系。

X62W 型万能铣床电气控制线路分主电路、控制电路和照明电路三部分。其电气原理图识读见表 8-1。

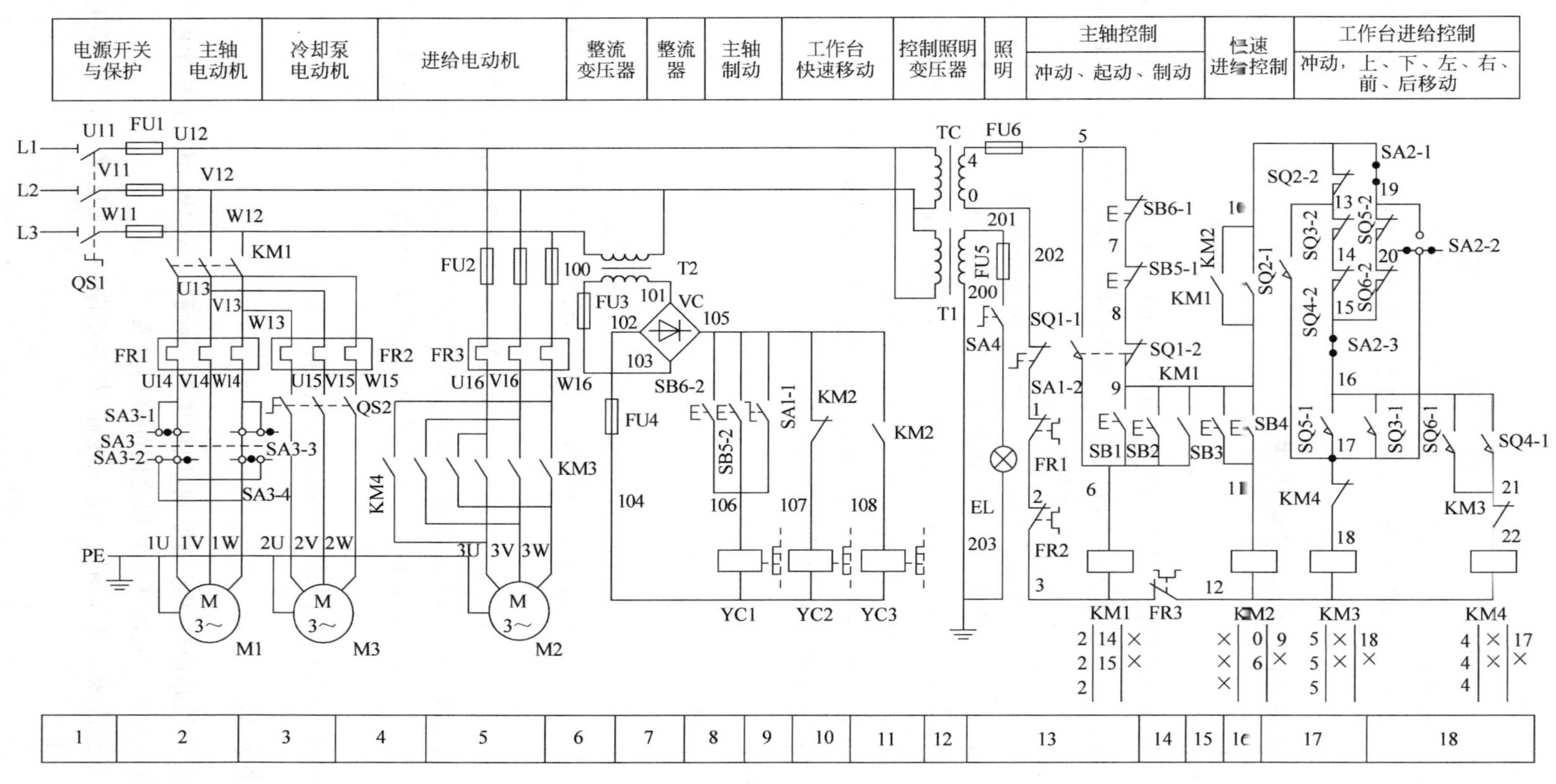

图 8-4 X62W 型万能铣床电气原理图

表 8-1　X62W 型万能铣床识读

序号	识读任务	参考区位	电路组成	功　能
1	识读电源电路	1	QS1	电源总开关
			FU1	全电路的短路保护
2	识读主电路	2	KM1 主触点、FR1 热元器件、M1	主轴电动机 M1 运转控制及过载保护
			SA3	主轴电动机 M1 转向控制
		3	QS2、FR2、M3	冷却泵电动机 M3 运转控制及过载保护
		4	KM4 主触点	进给电动机 M2 反转控制
		5	KM3 主触点、M2	进给电动机 M2 正转控制
3	识读控制电路	6	FU3	整流桥交流侧短路保护
		7	FU4	整流桥直流侧短路保护
			整流桥 VC	提供电磁离合器直流电源
		8	SB6、SB5、YC1	主轴电动机 M1 的制动
		9	KM2 动断触点、YC2	工作台移动
		10	KM2 动合触点、YC3	工作台快速移动
		13、14	SA1-2、SQ1-1、SQ1-2、SB1、SB2、SB5-1、SB6-1、KM1	主轴控制（冲动、起动、制动）
		15、16	SB3、SB4、KM2	快速进给
		17	SQ2-2	冲动控制
			SQ5-1、SQ4-2、SQ3-2、KM3	后、上、左进给控制
		18	SQ4-1、SQ6-1、SQ6-2、KM4	前、下、右进给控制
			SA2-2	圆形工作台转换开关
4	辅助电路	11、12	FU5、FU6	照明电路、控制电路短路保护
			TC	控制电路变压器
		12	T1	照明变压器
			SA4、EL	照明控制

四、工作原理分析

1. 主电路分析

请读者对照图 8-5 进行分析。

2. 控制电路分析

(1) 主轴电动机 M1 的控制。

如图 8-6 所示，为了方便操作，主轴电动机 M1 采用两地控制方式，起动按钮 SB1、SB2，停止按钮 SB5、SB6 分别装在床身和工作台上。YC1 是用于主轴制动的电磁离合器，KM1 是主轴电动机 M1 的起动接触器，SQ1 是主轴变速冲动行程开关。

① 主轴电动机 M1 的起动：起动前，首先选好主轴的转速，然后合上电源开关 QS1，再将主轴转换开关 SA3(2 区)扳到所需要的转向。SA3 的动作说明见表 8-2。按下起动按钮 SB1(或 SB2)，接触器 KM1 线圈获电动作，其主触点和自锁触点闭合，主轴电动机 M1 起动运转，KM1 动合辅助触点(9—10)闭合，为工作台进给电路提供电源。

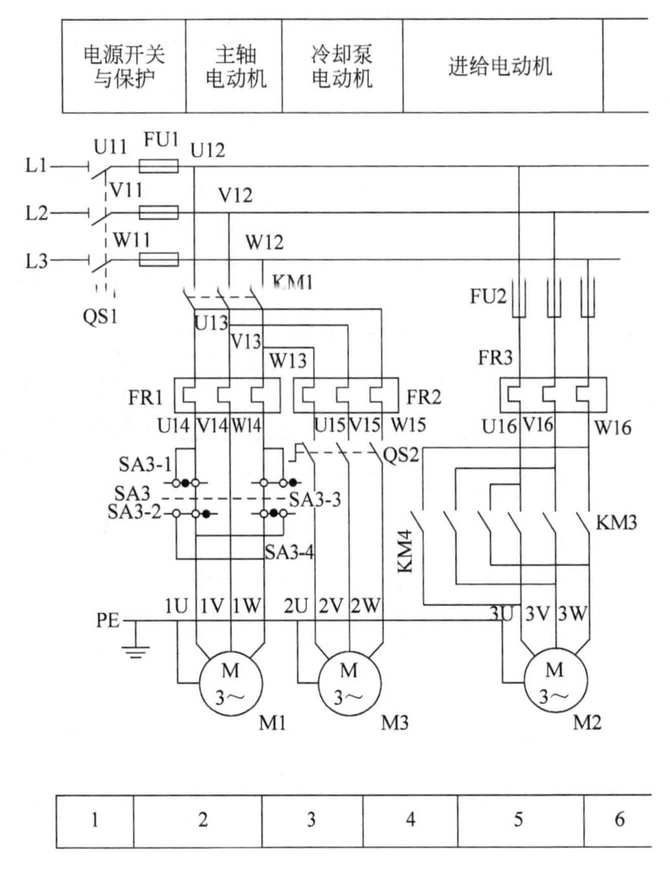

图 8-5 X62W 型万能铣床电气控制线路(主电路)图

② 主轴电动机 M1 的制动：按下停止按钮 SB5-1(或 SB6-1)，接触器 KM1 线圈失电，主轴电动机 M1 断电惯性运转，同时 SB5-2(或 SB6-2)闭合，使电磁离合器 YC1 获电，使主轴电动机 M1 制动停转。

③ 主轴换铣刀控制：主轴在更换铣刀时，为避免其转动，造成更换困难，应将主轴制动。方法是将转换开关 SA1 扳到换刀位置，此时动合触点 SA1-1(9 区)闭合，电磁离合器 YC1 线圈获电，使主轴处于制动状态以便换刀；同时动断触点 SA1-2 断开，切断整个控制电路，保证了人身安全。

④ 主轴变速冲动控制：主轴变速是由一个变速手柄和一个变速盘来实现的。主轴变速冲动控制是利用变速手柄与冲动行程开关 SQ1 通过机械上的联动机构来实现。如图 8-7 所示。

变速时，先将变速手柄 3 压下，使手柄的榫块从定位槽中脱出，然后向外拉动手柄使榫块落入第二道槽内，使齿轮组脱离啮合。转动变速盘 4 选定所需要的转速，然后将变速手柄 3 推回原位，使榫块重新落进槽内，齿轮组重新啮合。

由于齿之间不能刚好对上，若冲动一下，则啮合十分方便。当手柄推进时，凸轮 1 将弹簧杆 2 推动一下又返回，则弹簧杆 2 又推动一下位置开关 SQ1(13 区)，使动断触点 SQ1-2 先分断，动合触点 SQ1-1 后闭合，接触器 KM1 线圈瞬时得电，主轴电动机 M1 也瞬

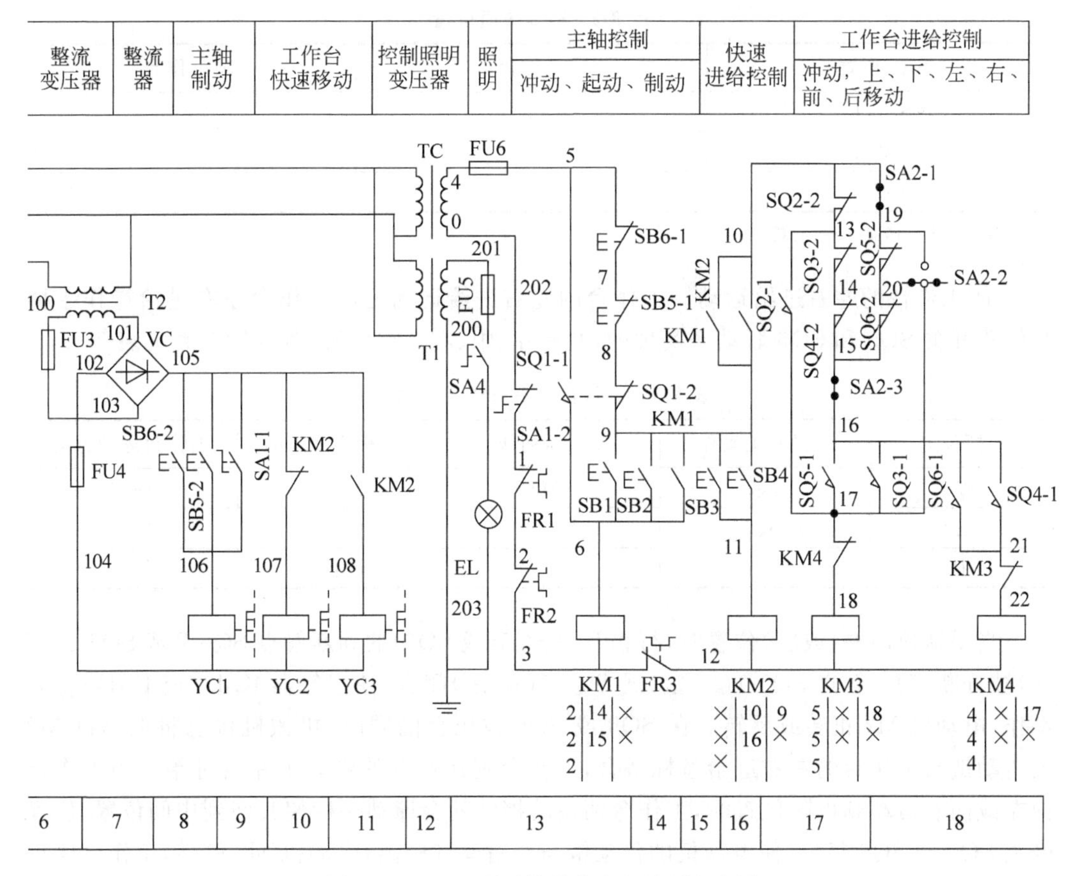

图 8-6 X62W 型万能铣床电气控制电路图

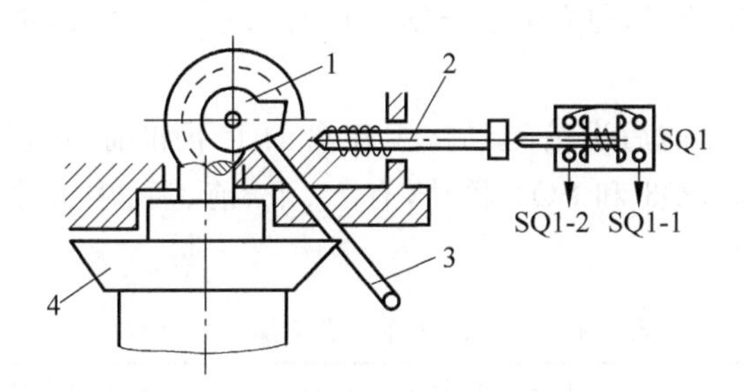

图 8-7 主轴变速冲动控制示意图

1—凸轮；2—弹簧杆；3—变速手柄；4—变速盘

时起动；但紧接着凸轮 1 放开弹簧杆 2，位置开关 SQ1(13 区)复位，电动机 M1 断电。由于未采取制动而使电动机 M1 惯性运转，故电动机 M1 产生一个冲动力，使齿轮系统抖动，保证了齿轮的顺利啮合。需注意的是变速前应先停车。

(2) 进给电动机 M2 的控制。

工作台的进给是通过两个操作手柄和机械联动机构控制对应的位置开关使进给电动机 M2 正转或反转来实现的，并且前后、左右、上下 6 个方向的运动之间实现联锁，不能同时接通。SA2 处于 SA2-1、SA2-2、SA2-3 接通位置见表 8-2。

表 8-2 SA2 接通位置

SA2 位置	工作台	圆工作台
SA2-1	+	−
SA2-2	−	+
SA2-3	+	−

注：+表示接通，−表示断开。

① 工作台的左右进给运动。工作台的左右进给运动是由工作台左右进给操作手柄与位置开关 SQ5 和 SQ6 联动来实现的，共有左、中、右 3 个位置，其控制关系见表 8-3。

表 8-3 工作台左右进给手柄功能

手柄位置	位置开关动作	接触器动作	电动机 M2 起动	工作台运动方向
左	SQ5	KM3	正转	向左
右	SQ6	KM4	反转	向右
中	—	—	停止	停止

当手柄扳向左(或右)位置时，行程开关 SQ5(或 SQ6)的动断触点 SQ5-2 或 SQ6-2(17 区)被分断，动合触点 SQ5-1(17 区)或 SQ6-1(18 区)闭合，使接触器 KM3(或 KM4)获电动作，电动机 M2 正转或反转。在 SQ5 或 SQ6 被压合的同时，机械机构已将电动机 M2 的传动链与工作台的左右进给丝杠搭合，工作台则在丝杠的带动下左右进给。当工作台向左或向右运动到极限位置时，工作台两端的挡铁就会撞动手柄使其回到中间位置，位置开关 SQ5 或 SQ6 复位，使电动机的传动链与左右丝杠脱离，电动机 M2 停转，工作台停止运动，从而实现左右进给的终端保护。

当手柄扳向中间位置时，位置开关 SQ5 和 SQ6 均未被压合，进给控制电路处于断开状态。

② 工作台的上下和前后进给运动。工作台的上下和前后进给是由同一手柄控制的，该手柄与位置开关 SQ3 和 SQ4 联动，有上、下、前、后、中五个位置，其控制关系见表 8-4。

表 8-4 工作台升降及横向操纵手柄位置

手柄位置	工作台运动方向	离合器接通的丝杠	行程开关动作	接触器动作	电动机运转
向上	向上进给或快速向上	垂直丝杠	SQ4	KM4	M2 反转
向下	向下进给或快速向下	垂直丝杠	SQ3	KM3	M2 正转
向前	向前进给或快速向前	垂直丝杠	SQ3	KM3	M2 正转
向后	向后进给或快速向后	垂直丝杠	SQ4	KM4	M2 反转
中间	升降或横向进给停止	垂直丝杠	—	—	停止

当手柄扳到中间位置时，位置开关 SQ3 和 SQ4 未被压合，工作台无任何进给运动；当手柄扳到上或后位置时，位置开关 SQ4 被压合，使其动断触点 SQ4-2(17 区)分断，动合触点 SQ4-1(18 区)闭合，接触器 KM4 获电动作，电动机 M2 反转，机械机构将电动机 M2

的传动链与前后进给丝杠搭合，电动机 M2 则带动溜板向后运动，若传动链与上下进给丝杠搭合，电动机 M2 则带动升降台向上运动。当手柄扳到下或前位置时，请读者参照上后位置自行分析。和左右进给一样，工作台的上、下、前、后 4 个方向也均有极限保护，使手柄自动复位到中间位置，使电动机和工作台停止运动。

③ 联锁控制。上、下、前、后、左、右 6 个方向的进给只能选择其一，绝不可能出现两个方向同时进给。在两个手柄中，当一个操作手柄被置于某一进给方向时，另一个操作手柄必须置于中间位置，否则将无法实现任何进给运动，从而实现了联锁保护。若将左右进给手柄扳向右时，而又将另一进给手柄扳到上时，则位置开关 SQ6 和 SQ4 均被压合，使 SQ6-2 和 SQ4-2 均分断，接触器 KM3 和 KM4 的通路均断开，电动机 M2 只能停转，保证了操作安全。

④ 进给变速冲动。与主轴变速时一样，为使齿轮进入良好的啮合状态，也要进行变速后的瞬时点动。进给变速时，必须先把进给操作手柄放在中间位置，然后将进给变速盘拉出，使进给齿轮松开，选好进给速度，再将变速盘推回原位。在推进过程中，挡块压下位置开关 SQ2(17 区)，使触点 SQ2-2 分断，SQ2-1 闭合，接触器 KM3 经 10—19—20—15—14—13—17—18 路径得电动作，电动机 M2 起动；但随着变速盘的复位，位置开关 SQ2 也复位，KM3 断电释放，电动机 M2 失电停转。由于使电动机 M2 瞬时点动一下，齿轮系统产生一次抖动，使齿轮顺利啮合。

⑤ 工作台的快速移动。在加工过程中，在不进行铣削加工时，为了减少生产辅助时间，可使工作台快速移动，当进入铣削加工时，则要求工作台以原进给速度移动。6 个进给方向的快速移动是通过两个进给操作手柄和快速移动按钮配合实现的。

工件安装好后，扳动进给操作手柄选定进给方向，按下快速移动按钮 SB3 或 SB4(两地控制)，接触器 KM2 得电，KM2 的一个动合触点接通进给控制线路，为工作台 6 个方向的快速移动做好准备；另一个动合触点接通电磁离合器 YC3，使电动机 M2 与进给丝杠直接搭合，实现工作台的快速进给；KM2 的动断触点分断，电磁离合器 YC2 失电，使齿轮传动链与进给丝杠分离。当快速移动到预定位置时，松开快速移动按钮 SB3 或 SB4，接触器 KM2 断电释放，电磁离合器 YC3 断开，YC2 吸合，快速移动停止。

⑥ 圆形工作台的控制。为了提高铣床的加工能力，可在工作台上安装附件圆形工作台，进行对圆弧或凸轮的铣削加工。圆形工作台工作时，所有的进给系统均停止工作，实现联锁。转换开关 SA2 是用来控制圆形工作台的。当圆形工作台工作时，将 SA2 扳到接通位置，此时触点 SA2-1 和 SA2-3(17 区)断开，触点 SA2-2(18 区)闭合，电流经 10—13—14—15—20—19—17—18 路径，使接触器 KM3 得电，电动机 M2 起动，通过一根专用轴带动圆形工作台做旋转运动。当不需要圆形工作台工作时，则将转换开关 SA2 扳到断开位置，此时触点 SA2-1 和 SA2-3 闭合，触点 SA2-2 断开，以保证工作台在 6 个方向的进给运动，因为圆形工作台的旋转运动和 6 个方向的进给运动也是联锁的。

(3) 冷却和照明控制冷却泵电动机 M3 只有在主轴电动机 M1 起动后才能起动，因而采用的是主电路顺序控制。铣床照明由变压器 T1 供给 24V 安全电压，由开关 SA4 控制。熔断器 FU5 对照明电路进行短路保护。

一、准备工具

安装调试所需工具为验电笔、螺钉旋具、尖嘴钳、斜口钳、剥线钳、电工刀、万用表、图纸(原理图图纸、元器件明细表)、编号笔等。

二、根据电路原理图选择元器件及导线

根据电路原理图选择元器件及导线,见表 8-5。还要准备若干线槽、接线端子板、导线、金属软管、编码套管等。

表 8-5 所需材料明细表

序号	名　　称	代　号	型号与规格	功 能 用 途	数量
1	开关	QS1	HZ10-60/3J,60A,380V	电源总开关	1
2		QS2	HZ10-10/3J,10A,380V	冷却泵开关	1
3		SA1	LS2-3A	换刀开关	1
4		SA2	HZ10-10/3J,10A,380V	圆工作台开关	1
5		SA3	HZ3-133,10A,500V	M1 换向开关	1
6	主轴电动机	M1	Y132M-4-B3,7.5kW,380V,1450r/min	驱动主轴	1
7	进给电动机	M2	Y90L-4,1.5kW,380V,1440r/min	驱动进给	1
8	冷却泵电机	M3	JCB-22,125W,380V,2790r/min	驱动冷却泵	1
9	熔断器	FU1	RL1-60,60A,熔体 50A	电源短路保护	3
10		FU2	RL1-15,15A,熔体 10A	进给短路保护	3
11		FU3、FU6	RL1-15,15A,熔体 4A	整流、控制电路短路保护	2
12		FU4、FU5	RL1-15,15A,熔体 2A	直流、照明电路短路保护	2
13	热继电器	FR1	JR0-40,整定电流 16A	M1 过载保护	1
14		FR2	JR0-10,整定电流 0.43A	M2 过载保护	1
15		FR3	JR0-10,整定电流 3.4A	M3 过载保护	1
16	变压器	T2	BK-100,380/36V	整流电源	1
17		TC	BK-150,380/110V	控制电路电源	1
18	照明变压器	T1	BK-50,50V·A,380/24V	照明电源	1
19	整流器	VC	2CZ×4,5A,50V	整流用	1
20	接触器	KM1	CJ0-20,20A,线圈电压 110V	主轴起动	1

续表

序号	名　称	代　号	型号与规格	功 能 用 途	数量
21	接触器	KM2	CJ0-10,10A,线圈电压 110V	快速进给	1
22		KM3	CJ0-10,10A,线圈电压 110V	进给电机正传	1
23		KM4	CJ0-10,10A,线圈电压 110V	进给电机反转	1
24	按钮	SB1、SB2	LA2 绿色	M1 起动	1
25		SB3、SB4	LA2 黑色	快速进给控制	1
26		SB5、SB6	LA2 红色	电动机 M1 停止按钮	1
27	电磁离合器	YC1	B1DL-Ⅲ	主轴制动	1
28		YC2	B1DL-Ⅱ	工作台进给	1
29		YC3	B1DL-Ⅰ	工作台快速进给	1
30	位置开关	SQ1	LX3-11K 开启式	主轴冲动	1
31		SQ2	LX3-11K 开启式	进给冲动	1
32		SQ3	LX3-131 单轮自动复位	进给向下、向前控制	1
33		SQ4	LX3-131 单轮自动复位	进给向上、后前控制	1
34		SQ5	LX3-11K 开启式	进给向左控制	1
35		SQ6	LX3-11K 开启式	进给向右控制	1

三、电路装接

(1) 根据表 8-5 选取所用元器件,并进行检测。

(2) 图 8-8 所示是 X62W 型万能铣床电器元器件实际位置图。在网孔板上按铣床右壁龛、左壁龛内元器件实际位置模拟摆放元器件,如图 8-9 和图 8-10 所示;在网孔板上按铣床外部电器元器件实际位置模拟摆放元器件,如图 8-11 所示。根据电动机容量、电路走向及要求和各元器件的安装尺寸,正确选配导线的规格、导线通道类型和数量、接线端子板型号及节数、控制板、管夹、束节、紧固体等,按照位置图进行元器件的安装。要求:各元器件的安装位置应整齐、匀称、牢固、间距合理,便于元器件的更换。

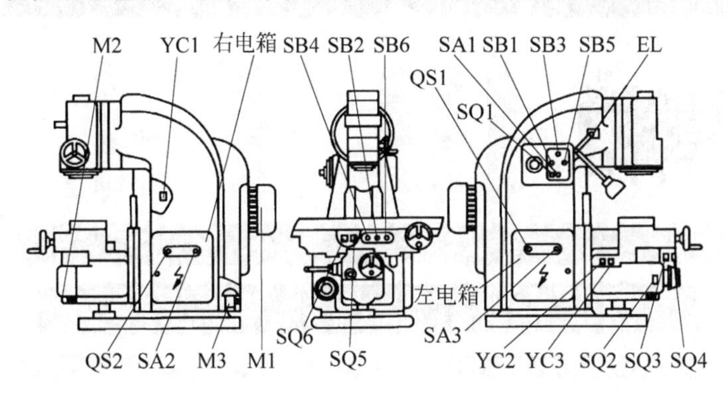

图 8-8　X62W 型万能铣床电器元器件实际位置图

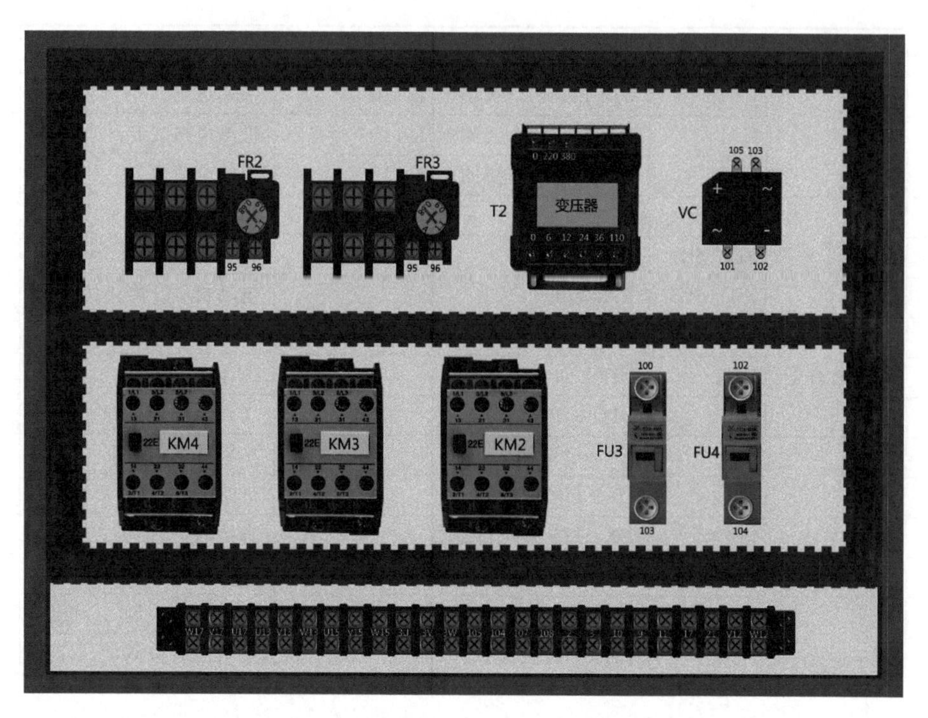

图 8-9 X62W 型万能铣床右壁龛电器元器件位置图

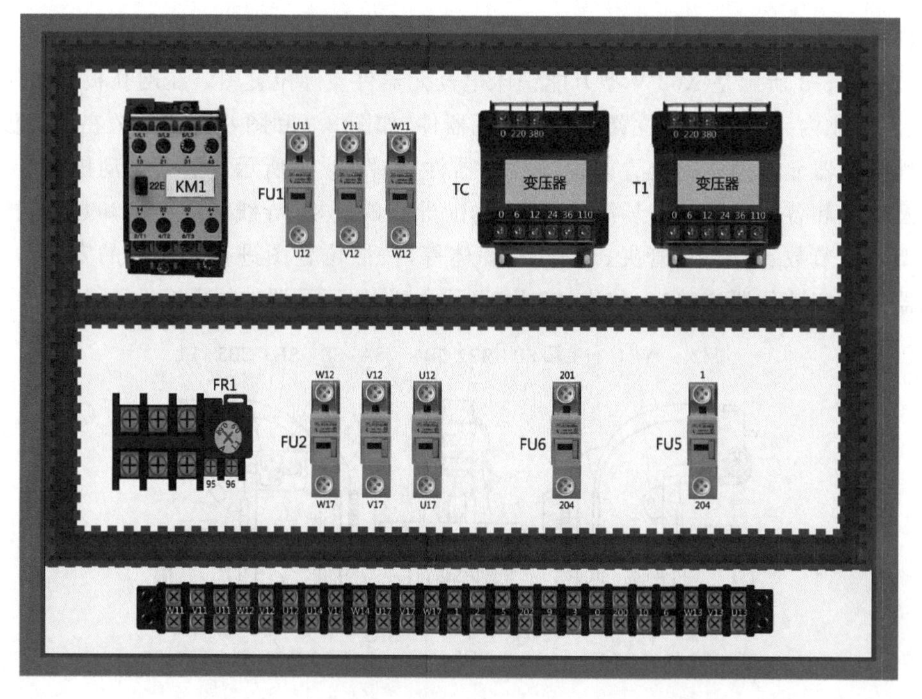

图 8-10 X62W 型万能铣床左壁龛电器元器件位置图

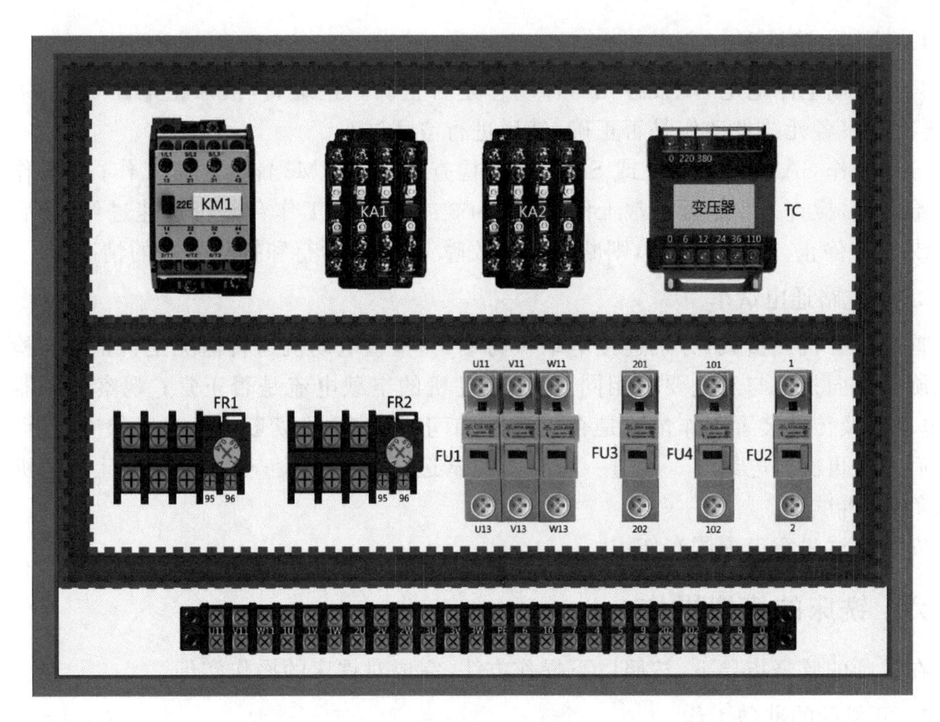

图 8-11 X62W 型万能铣床外部电器元器件位置图

注意：

外围设备与板上元器件连接时，必须通过接线端子板对接。

(1) 三台电动机、控制按钮、照明灯等与控制板之间的接线应穿过金属软管，通过接线端子板与板内电器相连、并套编码套管。三相电源的进线也应接到接线端子板上。

(2) 对于可移动的导线通道应留适当的余量，使金属软管在运动时不承受拉力。

(3) 电动机必须连接金属外壳接地线。

四、电路检修

(1) 检查元器件安装是否牢固。

(2) 检查主电路、控制电路的接线是否正确，接地通道是否具有连续性。

(3) 检查热继电器等参数整定是否符合要求；热继电器参数按电动机额定电流整定；各级熔断器按元器件明细表选择。

(4) 用万用表检查安装的电路(采用电阻测量法)。

(5) 测试电动机及电路的绝缘电阻，清理安装场地。

五、电路通电调试

接线完毕经自检、检查确认安装的电路正确和无安全隐患后，在老师的指导下方可接上电源，验电后合上开关 QS1 通电试运行。切记严格遵守安全操作规程，确保人身安全。

1. 控制电路试车

只给控制电路通电，观察各元器件动作是否正确。正确后，接入主电路，但不接电动机，再次观察各元器件动作是否正确，然后进行空载试车。

分别操作 SA3、SA4、SB1 或 SB2、QS2，检查 EL、M1、M3 能否正常工作；再操作工作台进给手柄，检查 M2 能否正常工作，按下 SB3 或 SB4 看工作台是否快速进给，最后按下 SB5 或 SB6 停止。若出现故障则断电排除故障，并记录运行和排除故障的情况。

2. 主电路通电试车

首先断开机械负载，分别连接电动机与端子，检查电动机运转情况是否正常。检查电动机旋转方向是否与工艺要求相同，检查电动机的空载电流是否正常；观察各元器件线路、电动机及传动装置工作情况是否正常，如不正常，应立即切断电源进行检查，在调整或修复后方能再次通电试车。经过一段时间的试运行观察及检查电动机后，让电动机带上机械负载，再试车。

安装调试注意事项同车床。

六、铣床的模拟操作

在教师的监督指导下，按照以下操作方法，完成对铣床的操作实训。

1. 开机前的准备工作

(1) 将主轴制动开关 SA4 置于“放松”位置。

(2) 将主轴变速操纵手柄向右推进原位。

(3) 将工作台纵向进给操纵手柄置于“中间”位置。

(4) 将工作台横向及升降进给十字操纵手柄置于“中间”位置。

(5) 将冷却泵转换开关 SA3 置于“断开”位置。

(6) 将圆工作台转换开关 SA5 置于“断开”位置。

2. 开机操作调试的方法与步骤

(1) 合上铣床电源总开关 SA1。

(2) 将开关 SA6 扳到闭合状态，机床工作照明灯 EL 亮，此时说明机床已处于带电状态，同时告诫操作者该机床电气部分不能随意用手触摸，防止发生触电事故。

(3) 将主轴换向开关 SA2 扳在所需要的旋转方向上(主轴需顺时针方向旋转时，将主轴换向开关置于“顺”，反之置于“倒”，中间为“停”)。

(4) 将主轴制动上的刀开关 SA4(俗称松紧开关)置于“夹紧”位置，此时主轴电动机 M1 被制动锁紧，主轴无法转动，然后装上或更换铣刀后再将主轴制动上的刀开关 SA4 置于“放松”位置。

(5) 调整主轴转速。将主轴变速操纵手柄向左拉开，使齿轮脱离；手动旋转变速盘使箭头对准变速盘上所需要的转速刻度，再将主轴变速操纵手柄向右推回原位，同时压动行程开关 SQ6，使主轴电动机出现短时转动，从而使改变了传动比的齿轮重新啮合。

(6) 主轴起动操作。按下主轴电动机起动按钮 SB5，主轴电动机 M1 起动，主轴按预定方向、预选速度带动铣刀转动。

(7) 调整进给转速。将蘑菇形进给变速操纵手柄拉出，使齿轮脱离，转动工作台进给变速盘至所需要的进给速度挡，然后再将蘑菇形进给变速操纵手柄迅速推回原位。蘑菇形进给变速操纵手柄在复位过程中压动瞬时点动行程开关 SQ5，此时进给电动机 M3 做短时转动，使齿轮系统产生一次抖动，从而使齿轮顺利啮合。在进给变速时，工作台纵向进给移动手柄和工作台横向及升降操纵十字手柄均应置于中间位置。

(8) 工件与主轴对刀操作。预先固定在工作台上的工件，根据需要将工作台纵向进给操纵手柄或横向及升降操纵十字手柄置于某一方向，则工作台将按选定方向正常移动。若按下快速移动按钮 SB3 或 SB4，工作台将在所选方向作快速移动，检查工件与主轴所需的相对位置是否到位(这一步也可在主轴不起动的情况下进行)。

(9) 将冷却泵转换开关 SA3 置于"通"位置，冷却泵电动机 M2 起动，输送切削液。

(10) 工作台进给运动。分别操作工作台纵向进给操纵手柄或横向及升降操纵十字手柄，可使固定在工作台上的工件随着工作台做 3 个坐标 6 个方向(左、右、前、后、上、下)上的进给运动；需要时，可按下 SB3 或 SB4，工作台将进行快速进给运动。

(11) 加装圆工作台时，应将工作台纵向进给操纵手柄和横向及升降操纵十字手柄置于中间位置，此时可以将圆工作台转换开关 SA5 置于"接通"，圆工作台转动。

(12) 加工完毕后，按下主轴停止按钮 SB1 或 SB2，主轴随即制动停止。

(13) 断开机床工作照明灯 EL 的开关，使铣床工作照明灯 EL 熄灭。

(14) 断开铣床电源总开关 SA1。

检查评价

技能训练评价见表 8-6。

表 8-6　技能训练评价

班级		姓名		指导教师		总分		
项目及配分	考核内容			评分标准		小组自评	小组互评	教师评价
装前检查(15分)	1. 按照原理图选择元器件。 2. 用万用表检测元器件			1. 元器件选择不正确，扣 5 分。 2. 不会筛选元器件，扣 5 分。 3. 电动机质量漏检，扣 5 分				
安装元器件(20分)	1. 读懂原理图。 2. 按照布置图进行电路安装。 3. 安装位置应整齐、匀称、牢固、间距合理，便于元器件的更换			1. 读图不正确，扣 10 分。 2. 电路安装不正确，扣 5～10 分。 3. 安装位置不整齐、不匀称、不牢固或间距不合理，每处扣 5 分。 4. 不按布置图安装，扣 15 分。 5. 损坏元器件，扣 15 分				
布线(25分)	1. 布线时应横平竖直，分布均匀，尽量不交叉，变换走向时应垂直。 2. 剥线时严禁损伤导线线心和绝缘层。 3. 接线点或接线柱严格按要求接线			1. 不按原理图接线，扣 20 分。 2. 布线不符合要求，每根扣 5～10 分。 3. 接线点(柱)不符合要求，扣 5 分。 4. 损伤导线线心或绝缘层，每根扣 5 分。 5. 漏线，每根扣 2 分				

续表

项目及配分	考核内容	评分标准	小组自评	小组互评	教师评价
电路调试(20分)	1. 会使用万用表测试控制电路。 2. 完成电路调试使电动机正常工作	1. 测试控制电路方法不正确,扣10分。 2. 调试电路参数不正确,每步扣5分。 3. 电动机不转,扣5~10分			
检修(10分)	1. 检查电路故障。 2. 排除电路故障	1. 查不出故障,扣10分。 2. 查出故障但不能排除,扣5分			
职业与安全意识(10分)	1. 工具摆放、工作台清理、余废料处理。 2. 严格遵守操作规程	1. 工具摆放不整齐,扣3分。 2. 工作台清理不干净,扣3分。 3. 违章操作,扣10分			

任务小结

通过本任务的学习,学会识读X62W型万能铣床控制电路的电路原理图、元器件位置图、电气互连图,掌握X62W型万能铣床控制电路的安装、调试、检查电路的基本方法以及该控制电路一般故障的查找和排除的方法。

任务8.2 X62W型万能铣床电气控制系统的一般故障排除

任务引入

熟练运用直观法、电压测量法、电阻测量法、短路法等常见故障检查方法检修电路,了解故障前后的异常现象,判断故障的大致范围,找出故障的部位及元器件。

能够对X62W型万能铣床进行模拟电气操作,能正确使用万用表对电气控制系统进行有针对性的检查测试和维修。熟悉故障分析和排除的方法和步骤,掌握X62W型万能铣床控制系统的检修方法。

在学习过程中,教师设置故障由易到难、循序渐进,逐渐加大故障难度,根据故障现象进行诊断,逐步学会检修。

任务分析

X62W型万能铣床在使用一段时间后,由于机械磨损、电路老化、电气磨损或操作不当等原因不可避免地会导致铣床电气设备发生故障，从而影响机床正常使用。X62W 型万能铣床的主要控制是对主轴电动机、冷却泵电动机和进给电动机的控制，本任务主要分析和排除 X62W 型万能铣床主轴电动机起动、冲动、冷却泵电动机起动的常见故障。

知识链接　X62W 型万能铣床的故障分析

1. 主轴电动机不能起动

接通电源后，按下主轴电动机起动按钮 SB1 或 SB2，主轴电动机 M1 不能运转，检查变压器 TC1 是否正常，若不正常（无 110V 输出），测量 TC1 进线端电压；若变压器 TC1 正常，观察主轴变速是否冲动，不冲动，检查 1—2—3—4—5—6—7—8—9，若主轴变速冲动，检查 KM1 是否吸合，若不吸合，检查 7—8—9—6，若吸合，检查主电路各相；若 M1 断相运转，直接检查主电路各相。

2. 冷却泵电动机 M2 不能起动

合上电源 M1 起动后，合上冷却泵电动机开关 QS2，检查 M2 是否运转，若不运转，检查 KM2 是否吸合，若吸合，检查 FU2 的 L1 相及主电路中 KM2 的主触点的接触情况，若不吸合，检查控制电路中 SA2 的动断触点及接触器 KM2 的情况；若 M2 断相运转，检查 FU2 的 L1 相及主电路中 KM2 的主触点的接触情况。

3. 主电路常见故障分析

(1) 接通总电源，铣床不能开动

FU1、FU2 松动或熔断，控制变压器 TC1 损坏或二次接线端断线，主轴操纵手柄未复位，SB1、SB2、SB5、SB6 接触不良或损坏，热继电器 FR1 过载脱扣或触点接触不良或损坏，接触器 KM1 线圈损坏，主触点接触不良或损坏等，都有可能造成接通总电源后铣床不能开动。

(2) 接触器吸合，主轴电动机 M1 不能起动

机床外电源断一相或电源开关有一相接触不良，热继电器 FR1 热元件断一相或压线端为拧紧，电动机定子出线端脱焊或松动，接触器 KM1 主触点接触不良或损坏，主轴电动机 M1 本身故障等，都有可能造接触器吸合，主轴电动机 M1 不能起动。

(3) 主轴不能变速冲动

主轴变速冲动开关断线，SQ1 未接通，主轴箱机械撞杆在变速时未顶上 SQ1，SQ1 安装螺钉松动，使 SQ1 移位等，都有可能造成主轴不能变速冲动。

(4) 按下主轴停止按钮 SB5 或 SB6 后，主轴不停止转动

接触器 KM1 主触点发生熔焊，造成主触点不能切断电动机电源；主轴电动机 J 接触器 KM1 动静铁心接触面上有污物，使铁心不能释放。

一、准备工作

(1) 检查装置背面各元器件的接线是否牢固,各熔断器是否安装良好。

(2) 独立安装好接地线,设备下方垫好绝缘垫,将各个开关置于分断位置。

(3) 接入三相电源。

(4) 在不设故障的情况下操作一遍 X62W 型万能铣床,熟悉铣床的各种工作状态及操作方法,参见图 8-3 所示的电气原理图,按步骤正确进行操作,确保设备安全。

① 按下 SB1 或 SB2,主轴电动机 M1 起动。

② 按下 QS2,冷却泵电动机 M3 工作,断开 QS2,M3 停车。

二、教师人为设置自然故障点

常见的故障主要是主轴电动机控制电路和工作台进给控制电路的故障。X62W 型万能铣床常见故障设置见表 8-7。

表 8-7 X62W 型万能铣床常见故障设置

故障现象	可能原因	处理方法
主轴电动机 M1 不能起动	1. FU1 熔断。 2. SA3 处在“中间”的位置。 3. KM1 线圈断路或脱落。 4. 按钮 SB1、SB2、SB5、SB6 触点接触不良或接线松脱。 5. FR1、FR2 已动作,或动断触点接触不良。 6. 变速冲动开关 SQ1 动断触点损坏	1. 更换熔体。 2. 将 SA3 扳到正转或反转位置。 3. 检修或更换 KM1 线圈。 4. 检修或更换 SB1、SB2、SB5、SB6。 5. 查明 FR1、FR2 动作原因,检查触点是否正常。 6. 必要时更换 SQ1
按停止按钮后主轴不停	接触器 KM1 的主触点发生熔焊	主轴电动机起动和制动不能过于频繁,更换 KM1
主轴停车时没制动	制动电磁铁电路有问题	检查制动电磁铁电路
工作台各个方向不能进给	1. 控制圆工作台 SA2 处于得电位置。 2. KM1 线圈没有吸合或其动合触点接触不良。 3. SQ3、SQ4、SQ5、SQ6 位置移动或触点损坏。 4. FR3 动作或触点损坏。 5. 变速冲动开关 SQ2 的动断触点断开。 6. 两个操纵手柄均不在中间位置。 7. KM3、KM4 线圈断路或主触点接触不良。 8. 电动机 M2 接线脱落或绕组断路	1. 将 SA2 扳到断开位置。 2. 检查 KM1 线圈没有吸合原因,检查其动合触点,必要时更换。 3. 检查 SQ3、SQ4、SQ5、SQ6 位置并固定好,检查触点,若损坏则更换。 4. 查明 FR3 动作原因并复位,检查其触点,必要时更换。 5. 查明 SQ2 触点断开原因,必要时更换。 6. 将其中一个操纵手柄置于中间位置查明原因。 7. 更换 KM 线圈。 8. 检查 M2 接线或绕组

续表

故障现象	可能原因	处理方法
工作台左右能进给，但前后、上下不能进给	1. 左右进给位置开关 SQ5、SQ6 位置移动、触点接触不良。 2. 开关机构被卡住	1. 查明原因，调整位置或更换位置开关。 2. 查明原因后排除。 检查 SQ5、SQ6 的接通情况时，应操纵前后、上下进给手柄，使 SQ3、SQ4 断开，否则会误判断
工作台前后、上下能进给，但不能左右进给	同上例原因，主要是 SQ3、SQ4 触点接触不良	参照上例的处理方法。 检查 SQ3-2、SQ4-2、SQ2-2 上的三个触点，这三个触点中，SQ2 是变速冲动行程开关，变速时常因手柄扳动过猛而损坏
工作台不能快速进给	1. 牵引电磁铁电路不通，多数是由于接线头脱落、线圈损坏或机械卡死等原因造成的。 2. KM2 回路故障	1. 如果按下 SB3、SB4 后，牵引电磁铁吸合，故障大多是杠杆卡死或离合器摩擦片间隙调整不当所造成。调整，必要时更换。 2. 检查 SB3、SB4、KM2 线圈、FR3 触点
主轴或进给变速不能冲动	1. 冲动位置开关 SQ1、SQ2 位置移动或动合触点接触不良，使线路断开，M1、M2 不能瞬时点动。 2. 下压主轴变速手柄时，机械顶销未碰上主轴冲动行程开关 SQ1 所致	调整 SQ1、SQ2 的位置，检查触点接触情况，修复 SQ2-1 动合触点，必要时更换
合上 QS2，冷却泵电动机不工作	可能 QS2、FR2 线路和元器件故障	检查并修复
照明灯不亮	1. FU5 熔断。 2. 灯开关或照明灯泡损坏。 3. 变压器绕组断线或松脱、短路	1. 更换熔丝或灯泡。 2. 用万用表检测变压器绕组并修复

检查评价

设置两个故障点，技能训练评价见表 8-8。

表 8-8　技能训练评价

考核项目	配分	评分标准	扣分
元器件检查安装	5	1. 元器件漏检或错误，每处扣 1 分。 2. 不按接线图安装元器件，扣 1 分。 3. 元器件安装不牢固，每处扣 1 分。 4. 元器件安装不整齐、不均匀、不合理，每处扣 1 分。 5. 损坏元器件，每处扣 1 分	

续表

考核项目	配分	评分标准	扣分
电路安装	20	1. 不按图接线,扣2分。 2. 布线不合理、不美观,每根扣1分。 3. 线头松动、压绝缘层、反圈、露铜过长,每处扣1分。 4. 损伤导线绝缘层或线心,每根扣1分。 5. 错编、漏编号,每根扣1分	
通电试车	20	1. 配错熔管,每处扣1分。 2. 整定电流调整错误,扣1分。 3. 一次试车不成功,扣5分。 4. 二次试车不成功,扣10分。 5. 三次试车不成功,扣20分	
故障分析	30	1. 故障叙述不正确、不全面,扣3分。 2. 不会分析故障范围,扣5分。 3. 错标电路故障点,扣5分	
故障排除	20	1. 停电不验电,扣3分。 2. 工具和仪表使用方法不正确,扣2分。 3. 检测方法、步骤错误,扣5分。 4. 不能查出故障点,扣10分。 5. 查出故障,但不能排除,扣10分。 6. 排除故障过程中产生新故障,扣20分。 7. 损坏电动机、损坏元器件,扣20分	
安全生产	5	1. 漏接地线,每处扣5分。 2. 发生安全事故,0分。 3. 违反安全文明操作规程(视实际情况进行扣分)	

任务小结

通过本任务的学习,掌握X62W型万能铣床控制电路一般故障的检查、分析和排除的基本方法,能够正确使用万用表对电气控制系统进行检查、测试,掌握X62W型万能铣床电气控制系统的检修方法。

项目总结

通过本项目的学习,帮助学生了解X62W型万能铣床的主要结构、主要运动形式、电力拖动特点及电气控制要求,理解其工作原理,学会对X62W型万能铣床电气控制线路的安装、调试及一般故障的排除。

思考与练习

一、判断题

1. 当主轴电动机和冷却泵电动机过载时，进给运动必须立即停止，以免损坏刀具和铣床。 （ ）

2. 为了防止刀具和铣床的损坏，要求只有主轴旋转后才允许有进给运动。 （ ）

3. 无论出于什么目的，在不进行铣削加工时，都不可使工作台快速移动。 （ ）

二、填空题

1. 铣床可用于加工________、________和________。

2. 由于铣床主轴电动机的正反转并不频繁，因此采用________来改变电源相序实现主轴电动机的正反转。

3. 进给电动机与________配合，进行进给和快速移动。

4. 由于铣刀的切削是一种不连续的切削，为避免机械传动系统发生振动，在________停车时采用________制动。

5. X62W 型万能铣床主轴电动机采用两地控制，因此起动按钮 SB1、SB2 应________联，停止按钮 SB5、SB6 应________联。

6. X62W 型万能铣床更换铣刀时，应将转换开关 SA1 扳到________位置，其动合触点________，电磁离合器 YC1 ________，将主轴电动机轴抱住，同时动断触点________，切断控制电路，使________电动机不能工作，保证人身的安全。

三、选择题

1. X62W 型万能铣床中，主轴电动机 M1 要求正反转，不用接触器控制而用组合开关控制，是因为（ ）。

A. 省接触器　　B. 改变转向不频繁

C. 操作方便

2. X62W 型万能铣床由于主轴系统中装有（ ），为减小停车时间，采取制动措施。

A. 摩擦轮　　B. 惯性轮　　C. 电磁离合器

3. X62W 型万能铣床主轴变速冲动是为了（ ）。

A. 齿轮易啮合　　B. 提高齿轮转速　　C. 齿轮不滑动

4. X62W 型万能铣床中若主轴未起动，则工作台（ ）。

A. 不能有任何进给　　B. 可以进给

C. 可以快速进给

四、简答题

1. X62W 型万能铣床电气控制具有哪些特点？

2. X62W 型万能铣床工件台能在哪些方向上调整位置或进给？是如何实现的？

3. 为防止刀具和机床损坏，对主轴旋转和进给运动顺序上有何要求？是如何实现的？

4. X62W 型万能铣床对进给系统的运动有哪些电气要求？

5. X62W 型万能铣床电气控制电路中为什么设置变速冲动环节？简述 X62W 型万能铣床主轴变速冲动过程。

6. 简述 X62W 型万能铣床进给变速冲动过程。

7. X62W 型万能铣床电路中，行程开关 SQ1、SQ2、SQ3、SQ4、SQ6、SQ7 的作用是什么？它们与机械操作手柄有何联系？

8. X62W 型万能铣床电气控制设置了哪些联锁与保护？为何要有这些联锁与保护？它们是如何实现的？

9. 如果 X62W 型万能铣床的工作台能左右进给，但不能前后、上下进给，试分析故障原因？

10. X62W 型万能铣床电气控制线路中三个电磁离合器的作用分别是什么？

11. X62W 型万能铣床主轴变速能否在主轴停止时或旋转时进行？为什么？

12. X62W 型万能铣床进给变速能否在工作台运行中进行？为什么？

13. 识读 X62W 型万能铣床电路原理图，写出其工作台左右进给的工作原理。

14. 总结铣床电路检测方法，总结 X62W 型万能铣床安装调试过程中经常出现的故障。

参考文献

[1] 白玉岷,等.电工实用技术技能[M].北京：机械工业出版社,2012.
[2] 冯志坚,等.常用电力拖动控制线路安装与维修[M].北京：机械工业出版社,2012.
[3] 侯守军,等.电工技能训练项目教程[M].北京：国防工业出版社,2011.